Zeichen und Sprache im Mathematikunterricht

Gert Kadunz
(Hrsg.)

Zeichen und Sprache im Mathematikunterricht

Semiotik in Theorie und Praxis

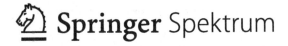 Springer Spektrum

Hrsg.
Gert Kadunz
Institut für Mathematik
Alpen-Adria-Universität Klagenfurt
Klagenfurt, Österreich

ISBN 978-3-662-61193-7   ISBN 978-3-662-61194-4   (eBook)
https://doi.org/10.1007/978-3-662-61194-4

Die Deutsche Nationalbibliothek verzeichnet diese Publikation in der Deutschen Nationalbibliografie; detaillierte bibliografische Daten sind im Internet über http://dnb.d-nb.de abrufbar.

Planung/Lektorat: Annika Denkert
Springer Spektrum ist ein Imprint der eingetragenen Gesellschaft Springer-Verlag GmbH, DE und ist ein Teil von Springer Nature.
Die Anschrift der Gesellschaft ist: Heidelberger Platz 3, 14197 Berlin, Germany

Vorwort

Der nun vorliegende dritte Band des GDM Arbeitskreises Semiotik, Zeichen und Sprache in der Mathematikdidaktik, setzt mit der Tradition fort, Semiotik als nutzbringendes Werkzeug für die Mathematikdidaktik vorzustellen. Die Wertschätzung dieses Mittels für das Lehren und Lernen von Mathematik zeigt sich sowohl in der Vielzahl einschlägiger Publikationen als auch in zahlreichen Vorträgen. Dies spiegelt die Themenvielfalt der in dieser Sammlung angebotenen Texte. Sie reicht von der Diskussion ontologischer Annahmen innerhalb der Mathematik über unterrichtspraktische Überlegungen bis hin zur Verwendung semiotischer Ansätze zur Interpretation von Gebärdensprache beim Lernen von Mathematik.

Mein Dank gilt allen Autorinnen und Autoren dieses Bandes, die mit großer Sorgfalt die Texte erstellt und mit der zu Gebote stehenden Strenge die Begutachtungstätigkeit durchgeführt haben. Die Veröffentlichung einer Anthologie bedarf aber auch der Unterstützung durch einen Verlag und einer Vielzahl von dort tätigen Personen. Ich darf daher dem Verlag Springer vertreten durch Frau Annika Denkert und Frau Agnes Herrmann für die Organisation und die jederzeit reibungslose Kooperation danken.

Klagenfurt
im Januar 2020

Gert Kadunz

Inhaltsverzeichnis

Autorenverzeichnis

Martin Brunner, Bundesgymnasium und Bundesrealgymnasium Lienz, Maximilianstraße 11, 9900 Lienz, Österreich

Willi Dörfler, Institut für Didaktik der Mathematik, Alpen-Adria-Universität Klagenfurt, Sterneckstraße 15, 9020 Klagenfurt a. W., Österreich

Melanie C. M. Huth, Institut für Didaktik der Mathematik und der Informatik, Goethe-Universität Frankfurt am Main, Robert-Mayer-Straße 6–8, 60325 Frankfurt am Main, Deutschland

Gert Kadunz, Institut für Mathematik, Alpen-Adria Universität Klagenfurt, Universitätsstraße 65–67, 9020 Klagenfurt a. W., Österreich

Hermann Kautschitsch, Institut für Mathematik, Alpen-Adria Universität Klagenfurt, Universitätsstraße 65–67, Klagenfurt a. W., Österreich

Angel Mizzi, Fakultät für Mathematik, Universität Duisburg-Essen, Thea-Leymann-Straße 9, 45127 Essen, Deutschland

Barbara Ott, Institut Lehr-Lernforschung, Pädagogische Hochschule St. Gallen, Notkerstrasse 27, 9000 St. Gallen, Schweiz

Sebastian Rezat, Institut für Mathematik, Universität Paderborn, Warburger Straße 100, 33098 Paderborn

Christof K. Schreiber, Institut für Didaktik der Mathematik, Justus-Liebig-Universität Gießen, Karl-Glöckner-Straße 21c, 35394 Gießen, Deutschland

Jan Schumacher, Institut für Mathematik, Universität Paderborn, Warburger Straße 100, 33098 Paderborn

Rose F. Vogel, Institut für Didaktik der Mathematik und der Informatik, Goethe-Universität Frankfurt am Main, Robert-Mayer-Straße 6–8, 60325 Frankfurt am Main, Deutschland

Annika M. Wille, Institut für Didaktik der Mathematik, Alpen-Adria-Universität Klagenfurt, Sterneckstraße 15, 9020 Klagenfurt a. W., Österreich

Einleitung

Gert Kadunz

In sehr unterschiedlicher Weise haben Mathematikdidaktikerinnen und Mathematikdidaktiker die Bedeutung des Sichtbaren und des schillernden Wortes „Visualisierung" betrachtet. Exemplarisch sei auf Arbeiten von N. Presmeg (1986, 1994) oder Texte, die in den Sammelbänden der Klagenfurter Visualisierungstagungen (Kautschitsch 1982, 1994) erschienen sind, verwiesen. Gerne verwendete Bezugsdisziplinen waren dabei z. B. die lernpsychologischen Theorien von Jean Piaget (1955) oder Jerome Bruner (1966). Schon in den Jahren des Erscheinens dieser Publikationen zur Visualisierung entstand in der Mathematikdidaktik, vorerst kaum rezipiert, der alternative Vorschlag, Sprechen, Schreiben und Lernen von Mathematik von einer alternativen Position aus zu betrachten (vgl. Otte 2018; Hoffmann 2005). Dieser Vorschlag bestand in der Konzentration auf die beim Lernen von Mathematik verwendeten *Zeichen,* deren Konstruktion und Gebrauch. Die Beschäftigung mit den Zeichen und deren Verwendung eröffnete den Blick auf einen historisch bestimmten Prozess (vgl. Nöth 2000), in dessen Verlauf eine größere Anzahl von Zeichentheorien entwickelt wurde. Wenige davon haben heute in die Mathematikdidaktik Eingang gefunden. In erster Linie ist der Ansatz nach Charles S. Peirce zu nennen, der als Autor das Wort „Semiotik" prägte. Vor allem Michael Hoffmann hat hier wegweisende Arbeiten vorgelegt, in denen Überlegungen von Peirce in die Mathematikdidaktik transformiert wurden. Darüber wurde in zahlreichen Arbeiten berichtet (z. B. Kadunz 2010; Sáenz-Ludlow und Kadunz 2016).

Einen lern- und sozialpsychologischen Ansatz, der ebenfalls unter dem Stichwort Semiotik in der Mathematikdidaktik Verwendung findet, hat Lew S. Vygotskii entwickelt. Bei ihm finden wir Überlegungen zur Kreativität oder kognitiven und kulturellen Entwicklung von Kindern (Vygotskii 1978). Zur Rezeption von Vygotskii sei

G. Kadunz (✉)
Institut für Mathematik, Alpen-Adria-Universität Klagenfurt, Klagenfurt, Österreich
E-Mail: gert.kadunz@aau.at

© Springer-Verlag GmbH Deutschland, ein Teil von Springer Nature 2020
G. Kadunz (Hrsg.), *Zeichen und Sprache im Mathematikunterricht,*
https://doi.org/10.1007/978-3-662-61194-4_1

auf Publikationen von Luis Radford (z. B. 2006) verwiesen. Eine dritte, wenn auch in der Mathematikdidaktik weniger verwendete semiotische Theorie ist noch zu erwähnen. Es ist eine linguistische Theorie, die von Ferdinand de Saussure entwickelt wurde. Deren mathematikdidaktische Umsetzung hat vor allem Raymond Duval versucht (vgl. Duval 2000).

Die hier aufgelisteten Semiotiken zeichnen sich durch eine Gemeinsamkeit aus. Die Bedeutung eines Zeichens besteht – sehr verkürzt gesprochen – in der Referenz auf ein Objekt, auf welches das Zeichen verweist. Diese Bedeutung kann z. B. bei Peirce auch als Resultat eines nicht endlichen Interpretationsprozesses gelesen werden. Ungeachtet eines solchen Prozesses verbleibt die postulierte Existenz eines Referenten. Die implizite Annahme solcher mathematischen Objekte, welche die Bedeutung und die korrekte Verwendung der mathematischen Zeichen regulieren, kann bei Lernenden zu Lernschwierigkeiten führen. Daher scheint es sinnvoll, dass bei Überlegungen zum Zeichengebrauch in der Mathematik eine Vorschlag präsentiert wird, der eine solche „platonistische" Sichtweise vermeidet, gleichzeitig aber keinen Konstruktivismus im Sinne einer kognitiven/ psychologischen Theorie darstellt. Es war Ludwig Wittgenstein, der sich in prononcierter Weise als Verfechter eines nichtplatonistischen Standpunktes zeigte (Mühlhölzer 2010). Werfen wir einen Blick auf die einzelnen Beiträge.

Im Band sind, wenn man von der Einleitung absieht, neun Beiträge dem Lernen von Mathematik gewidmet. Die Spannweite der Inhalte ist groß. So finden wir Ausführungen zu eben angedeuteten ontologischen Fragen der Mathematik, wie etwa bei jenen von Willi Dörfler oder auch bei Martin Brunner. Die Untersuchung der Sprache von Lernenden bildet einen zweiten Schwerpunkt. Hier ist nicht nur die Lautsprache gemeint, sondern auch die Verwendung von Gesten sowie die Gebärdensprache. Die Gebärdensprache und deren Verhältnis zum Lernen von Mathematik wird von Annika Wille gemeinsam mit Christof Schreiber sowie die Schnittstellen von Handlung und Gesten durch Rose Vogel und Melanie Huth dargestellt. Einen anderen Fokus richtet Angel Mizzi auf die Sprache, wenn er von einem Mathematikunterricht berichtet, in dem zwischen zwei Sprachen (Erst- und Zweitsprache) gewechselt wird. Die Beiträge von Barbara Ott, Jan Schumacher gemeinsam mit Sebastian Rezat und von Hermann Kautschitsch stellen Überlegungen in den Vordergrund, die unmittelbar mit dem Lernen und dem Gebrauch von Zeichen einhergehen. Vereinfachend gesprochen stehen diese drei Erörterungen für den „stoffdidaktischen" Anspruch der hier vertretenen Semiotik. Erweitern wir diese Überschriften durch knappe Skizzen der entsprechenden Inhalte.

Theoretische Überlegungen

Wenn von Mathematik die Rede ist, so werden mit ihr gerne Eigenschaften wie wahr, zeitlos oder auch allgemeingültig konnotiert. Es wundert wenig, wenn als Folge solcher Zuweisungen die Vorstellung entsteht, dass die Mathematik von Objekten rede, die unabhängig von Menschen existieren und sich durch „zeitlose" Gültigkeit auszeichnen. Dass eine solche Sichtweise zu Widersprüchen führt, zeigt ein Blick in die Geschichte der Philosophie der Mathematik. Willi Dörfler bietet in seinen Ausführungen eine Alternative an. Dabei orientiert er sich an Ludwig Wittgenstein und dessen nüchterner Distanz zu solchen metaphysisch geprägten Sichtweisen. Es ist aber nicht nur die Suche nach Vermeidung von Widersprüchen, die Dörflers Erläuterungen bestimmt. Der Autor möchte vor allem ein Angebot liefern, das es ermöglicht, ohne Rekurs auf ein für die meisten Lernenden unerreichbar scheinendes Objekt Mathematik zu lernen.

Als Charles S. Peirce seine Überlegungen zur Verwendung von Zeichen anstellte – und dieser Prozess dauerte bis an das Ende seines Lebens –, stieß er bald auf die Notwendigkeit der Beschreibung der Entstehung neuen Wissens. Dies führte ihn zum Begriff der theorematischen Deduktion, den Martin Brunner in seinem Text zum Lernen von Mathematik in Beziehung stellt. Brunner geht dabei pragmatisch vor und eröffnet eine instrumentelle Sicht auf die theorematische Deduktion. Es sind Beispiele aus dem Mathematikunterricht, die der Autor verwendet, um diese Deduktion als Mittel der Erkenntnisgewinnung, der Wissensbegründung und der Problemlösung zu präsentieren.

Semiotik in der Praxis, das Sichtbare ordnen
Können wir diagrammatisches Schließen im Sinne der Peirceschen Semiotik lehren und lernen? Dies fragt Hermann Kautschitsch und betont, dass ein auch handwerklich zu verstehender Gebrauch von Diagrammen das Lernen von Mathematik befördern kann. Dazu zählen z. B. die Generierung von Vermutungen und das Finden von Lösungsideen bei inner- und außermathematischen Fragestellungen. Der Autor stellt dazu Lernumgebungen vor, in denen dieses Handwerk gelernt werden könnte.

Jan Schumacher und Sebastian Rezat verwenden ein Thema der Didaktik der elementaren Arithmetik, nämlich das Erlernen der Subtraktion negativer Zahlen, um diagrammatisches Schließen – ein anderer zentraler Begriff der Peirceschen Semiotik – zu untersuchen. So ist ihr Text in zweifacher Weise zu lesen: Zum einen stellt er ein Thema der Mathematik der Sekundarstufe I ins Zentrum, zum anderen gehen die Autoren über eine stoffdidaktische Analyse hinaus und untersuchen gleichzeitig ihr Untersuchungswerkzeug. Wie kann diagrammatisches Schließen rekonstruiert werden? Eine Antwort gelingt den Autoren durch die Konstruktion eines Beziehungsnetzes dieser Art des Schließens zu zwei anderen theoretischen Ansätzen, dem Argumentationsschema nach Toulmin und dem Schema-Begriff von Vergnaud.

Barbara Ott unterstreicht die Bedeutung von Darstellungen für das mathematische Verständnis. In ihrem Beitrag werden die Unterschiede zwischen Textaufgaben und grafischen Darstellungen sowie die Herausforderungen beim Wechsel zwischen diesen beiden Darstellungsformen herausgearbeitet. Anhand typischer Fallbeispiele aus dem Mathematikunterricht in der Primarschule wird rekonstruiert, wie Kinder in einem Unterricht, der grafische Darstellungen in Reflexionsgesprächen ins Zentrum rückt, in ihren selbst generierten grafischen Darstellungen und Erklärungen dafür zunehmend auf mathematische Strukturen achten.

Zeichen hören und Zeichen sehen

Ein aktuelles Problem des alltäglichen Mathematikunterrichts stellt Angel Mizzi in seinem Text vor. Es ist dies die Relation zwischen Erst- und Zweitsprache beim mehrsprachigen Lehren und Lernen. Der damit verbundene Begriff des „Translanguaging" wird von der Vorstellung bestimmt, dass beim Lernen eine entsprechend befähigte Person mehrere Sprachen aktiviert. Neben theoretischen Überlegungen erläutert Mizzi das schwierige Verhältnis von Erstsprache, also der Muttersprache, zur Zweitsprache, die ebenfalls im Unterricht verwendet wird. An einer Fallstudie zeigt er, dass die Erstsprache tendenziell zur Darstellung konkreter Alltagssituationen und Handlungen verwendet wird, während Lernende die Zweitsprache zum formalen und meist schriftlichen Notieren von mathematischen Sachverhalten einsetzen.

Mit Blick auf den Einfluss der Wahl der Mittel bei mathematischen Erklärungen werden von Annika Wille und Christof Schreiber drei sehr unterschiedliche mediale Umsetzungen von Erklärungen unter einer semiotischen Perspektive untersucht. Die mathematischen Erklärungen wurden als Video und Audio in Lautsprache und als Video in Österreichischer Gebärdensprache realisiert. Zur Analyse der Produkte zum Thema „Haus der Vierecke" wird das Konzept der „semiotic mediation" nach Hasan verwendet und für die drei medial unterschiedlichen Erklärungen zum Vergleich herangezogen.

Darüber hinaus hat Annika Wille einen Text erstellt, der gezielt auf die mathematische Gebärdensprache, die in Österreich verwendet wird, einen semiotischen Blick wirft. Dies heißt, dass die bei Peirce herausgearbeiteten Begriffe Index und Ikon zu einer differenzierten Beschreibung von mathematischen Fachgebärden eingesetzt werden. So ist dieser Text ein Beitrag, um Differenzen von Laut- und Gebärdensprache beim Lernen von Mathematik einschätzen zu können.

Rose Vogel und Melanie Huth konzentrieren sich besonders auf die Schnittstellen von Handlungen und Gesten im mathematischen Lernprozess in der Primarstufe. Die Autorinnen fokussieren drei verschiedene Arten von Modusschnittstellen, nämlich funktionale, semantische und chronologische. Hierbei zeigen sie, dass Gesten und Handlungen diagrammatisch verwendet werden können, was sich besonders anhand der Schnittstellen rekonstruieren lässt.

Literatur

Bruner J (1966) Studies in cognitive growth. Wiley, Hoboke

Duval R (2000) Basic issues for research in mathematics education. Paper presented at the proceedings of the 24th conference of International Group for the Psychology of Mathematics Education (PME 24), Hiroshima University, Japan

Hoffmann MHG (2005) Erkenntnisentwicklung. Vittorio Klostermann, Frankfurt a. M.

Kadunz G (Hrsg) (2010) Sprache und Zeichen Zur Verwendung von Linguistik und Semiotik in der Mathematikdidaktik. Franzbecker, Hildesheim

Kautschitsch H, Metzler W (Hrsg) (1982) Visualisierung in der Mathematik. Teubner, Wien

Kautschitsch H, Metzler W (Hrsg) (1994) Anschauliche und Experimentelle Mathematik II (Vol. 22, Schriftenreihe Didaktik). Teubner, Wien

Mühlhölzer F (2010) Braucht die Mathematik eine Grundlegung? Ein Kommentar des Teils III von Wittgensteins Bemerkungen über die Grundlagen der Mathematik. Vittorio Klostermann, Frankfurt a. M.

Nöth W (2000) Handbuch der Semiotik, 2. Aufl. Metzler, Stuttgart

Otte M (2018) Semiotics, epistemology, and mathematics. In: Presmeg N, Radford L, Roth W-M, Kadunz G (Hrsg) Signs of signification. Springer, Heidelberg, S 155–172

Piaget J, Inhelder B (2013) The growth of logical thinking from childhood to adolescence (Parsons A, Milgram S, Trans). New York: Routledge (Erstveröffentlichung 1958, 1955)

Presmeg NC (1986) Visualisation in high school mathematics. Learn Math 6(3):42–46

Presmeg NC (1994) The role of visually mediated processes in classroom mathematics. ZDM 26(4):114–117

Radford L (2006) The anthropology of meaning. Educ Stud Math 61:39–65

Sáenz-Ludlow A, Kadunz G (Hrsg) (2016) Semiotics as a tool for learning mathematics (Semiotic perspectives in the teaching and learning of mathematics series). Sense Publishers, Rotterdam

Vygotskii LS (1978) Mind in society. Harvard University Press, London

Teil I
Theoretische Überlegungen

Zeichen statt Metaphysik

2

Willi Dörfler

Inhaltsverzeichnis

2.1   Mathematik und ihre Objekte in der Philosophie

In der Philosophie der Mathematik (vgl. Shapiro 2000 oder Thiel 1995) kann man eine weit verbreitete Obsession mit der Frage nach der Existenz und Art mathematischer Objekte beobachten. Dabei gewinnt man den Eindruck, dass irgendeine Form mathematischer Objekte eigentlich außer Frage steht. Die Diskussion dreht sich dementsprechend vorwiegend um deren Eigenschaften und besonders um deren Existenzform sowie deren Verortung. Man kann sogar die Philosophie der Mathematik grob einteilen nach der Art und Weise der Antworten auf diese grundlegenden Fragen, wobei dann natürlich im Detail Differenzierungen vorzunehmen sind. So gibt es unterschiedlichste Schattierungen eines Realismus, eines Platonismus, eines Empirismus, eines Idealismus/Mentalismus, eines Formalismus und anderer Ismen noch darüber hinaus. Allen ist

W. Dörfler (✉)
Institut für Didaktik der Mathematik, Alpen-Adria-Universität Klagenfurt, Klagenfurt, Österreich
E-Mail: willi.doerfler@aau.at

© Springer-Verlag GmbH Deutschland, ein Teil von Springer Nature 2020
G. Kadunz (Hrsg.), *Zeichen und Sprache im Mathematikunterricht*,
https://doi.org/10.1007/978-3-662-61194-4_2

jedoch gemein, dass ihre Grundannahme über die Mathematik darin besteht, dass mathematische Begriffe, Definitionen, Sätze, Beweise, Theorien etc. eine deskriptive Natur haben. Das heißt, die Mathematik spricht über „etwas", beschreibt etwas, handelt von etwas, hat also einen Gegenstand, der auch als Prüfstein für ihre Gültigkeit oder Wahrheit gilt, an dem sie sich bewähren muss (siehe Thiel 1995, Kap. 1). In den meisten Formen des Empirismus sind dies die mathematischen Eigenschaften empirischer/ materieller Gegenstände, wie schon Aristoteles gedacht hat (Mathematik in der Natur, vgl. Shapiro 2000, S. 63 ff.). Bei Brouwers Intuitionismus (Shapiro 2000, Kap. 7) sind es dagegen „mentale" Objekte, die mental „konstruiert" werden (Mathematik im Kopf). Auch in anderen Formen des Konstruktivismus (etwa in Thiel 1995, S. 238 ff.) hat Mathematik Objekte, die sie als Wissenschaft erforscht; diese werden jedoch hier (nach unterschiedlichen Methoden) erst erzeugt und sind somit nicht wie beim Platonismus bereits vorgegeben. Selbst in radikalen philosophischen Positionen etwa des Fiktionalismus (Shapiro 2000, S. 227 ff.) gibt es mathematische Objekte, auch wenn diese jetzt nur mehr fiktiv, vorgestellt oder postuliert sind. In anderen Positionen wie den Finitismen unterschiedlichster Art werden den mathematischen Objekten diverse Einschränkungen auferlegt wie etwa die, „endlich" zu sein. Es werden also unendliche Mengen als mathematische Objekte nicht „zugelassen", wie man an der Alltagspraxis der Mathematik sieht, das jedoch ohne weitere Auswirkungen auf die mathematische Praxis. Zum Finitismus verweise ich auf die ausführliche Darstellung bei Welti (1986).

Es muss allerdings schon gesagt werden, dass die Problematik mathematischer Objekte nicht überall von gleicher Dominanz oder Brisanz ist. In Arten des Formalismus (Shapiro 2000, Kap. 6) stehen formale Systeme aus Axiomen und Deduktionsregeln im Vordergrund, was aber schnell dazu verführt, diese Systeme – oder auch bloß schon die sie aufbauenden Zeichen und Symbole – als die neuen Gegenstände der Mathematik anzusehen, so etwa bei Haskil Curry (1958). Eine Ausnahme könnte auch die formale Arithmetik bei Eduard Heine und Johannes Thomae (ausführlich kritisiert von Frege in seinen „Grundgesetzen der Arithmetik" 1893) sein, die sich auf die Spielmetapher stützt und dadurch das mathematische Tun ins Zentrum rückt. Die Fixierung auf die Frage nach den mathematischen Objekten gilt auch nicht oder nur sehr eingeschränkt für diejenigen Strömungen, die die mathematische Praxis des „working mathematician" aus philosophischer oder soziologischer Sicht reflektieren. Eines der ersten Beispiele dafür ist „Proofs and Refutations" von Imre Lakatos (1976), aktueller sind die Arbeiten von Paolo Mancosu (z. B. 2008). Aber dennoch möchte ich – jedenfalls für diesen Essay – bei meiner Diagnose bleiben. Ein Blick in ein relativ aktuelles Textbuch wie „Thinking about Mathematics" von Stewart Shapiro (2000) ist ein gewisser Beleg für diese, auch wenn der Autor mit einer Variante des Strukturalismus aufwartet (in Kap. 10), in dem jetzt nicht mehr einzelne mathematische Objekte (wie etwa natürliche Zahlen) von Relevanz sind (ontologisch wie epistemologisch), sondern die von ihnen gebildeten „Strukturen", wobei dieser Begriff zwangsweise vage bleiben muss und sich wahrscheinlich mit der Mathematik weiterentwickeln wird und muss. Aber das tiefe Verlangen danach, der Mathematik einen Gegenstand zuzuweisen, ist auch hier ungebrochen. Das hängt vielleicht auch mit der philosophischen Doktrin über Bedeutung zusammen: Bedeutung von Zeichen und Sprache resultiert daraus, dass diese auf etwas von ihnen Verschiedenes, etwas außerhalb von ihnen Liegendes verweisen, sich darauf beziehen in einer Form, die als Referenz bezeichnet wird. Gibt es diese nicht, so werden die Zeichen oder Wörter als „bedeutungslos" angesehen. Und niemand will, dass die Mathematik bedeutungslos wird! Also braucht die Mathematik aus philosophischer (traditioneller) Sicht einen Gegenstand bzw. Objekte. Auch schon deswegen, weil ja jedermann/-frau die Aussagen der Mathematik als unzweifelhaft „wahr" ansieht. Und auch dafür bedarf es der Gegenstände, für die die mathematischen Sätze dann eben gelten müssen, damit sie „wahr" sein können. Fehlen die (unabhängigen) Gegenstände, dann werden die Aussagen im philosophischen Diskurs einfach als falsch angesehen, und auch das kann man nicht wollen. Meine Diagnose passt auch sehr gut zur Meinung vieler prominenter Mathematiker und Logiker (etwa Gottlob Frege, Kurt Gödel oder G.H. Hardy) wie auch (vgl. Heintz 2000, wo auch Zitate dieser Autoren zu finden sind) zu der Meinung der Mehrheit der professionellen Mathematiker (meist als „naiver Platonismus" einzuordnen). Eine traditionelle Sicht auf Wissenschaft, auf Forschung und Erforschung, auf Begriffe wie Wahrheit, Wissen, Erkenntnis und Ähnliches erfordert fast zwangsweise eine solche Sicht auf Mathematik und ihre „Objekte". Wissenschaft ist in einem solchen Verständnis immer „Wissenschaft von etwas", und die Frage nach diesem „Etwas" scheint eben das Grundthema einer Philosophie der Mathematik von Plato bis heute zu sein.

2.2   Mathematik als ganz besondere Wissenschaft

Es gibt in der Philosophie der Mathematik einen anderen Strang von Überlegungen, die sich mit der Mathematik zugeschriebenen besonderen Eigenschaften und Charakteristika beschäftigen. Dies wird von Bettina Heintz (2000) sehr ausführlich dargelegt. Derartige Untersuchungen sind oft eng mit den Positionen zur Qualität und Seinsweise der mathematischen Objekte verknüpft. Dabei gilt ganz allgemein, dass sich die verschiedenen philosophischen Sichtweisen unterschiedlich gut dazu eignen, diese Charakteristika der Mathematik zu erklären oder sie zumindest plausibel zu machen. Ein Grundzug besteht bei diesen Bemühungen darin, die an der Mathematik beobachteten Phänomene auf entsprechende Eigenschaften ihres Gegenstandes oder ihrer Objekte zurückzuführen: Die Mathematik ist so, wie sie ist, bzw. muss sogar so sein, weil ihre Objekte so und so sind. Man könnte hier natürlich den Verdacht äußern, dass die mathematischen Objekte gerade so gedacht oder postuliert werden, damit sie zu den besonderen Eigenschaften der Mathematik passen. Dabei treten jedoch zum Teil unüberwindbare Schwierigkeiten und auch Widersprüche auf, weil jede der Sichtweisen auf mathematische Objekte gewisse der sogenannten Charakteristika „erklärt", bei anderen aber in dieser Hinsicht versagt. Meine Einschätzung ist, dass keine der im ersten Abschnitt erwähnten philosophischen Richtungen mit dem Phänomen „Mathematik" vollständig kompatibel ist. Als Beispiel sei etwa erwähnt, dass der traditionelle

Platonismus (wenn man an ihn glaubt) sehr gut die Exaktheit und Universalität der Mathematik „erklärt", aber hinsichtlich Anwendungen und Lernbarkeit von Mathematik in große Schwierigkeiten hineinschlittert. Mit den Anwendungen haben dagegen alle Versionen des Empirismus keine Probleme, wohl aber etwa mit der Exaktheit sowie der Nicht-Falsifizierbarkeit der Mathematik durch empirische Beobachtungen. Das mathematische Unendliche ferner ist für die Empiristen ein „Ärgernis"; Platonisten haben aber in aller Regel keine Bedenken, auch entsprechende platonische Objekte anzunehmen, wie dies beispielhaft und extrem Kurt Gödel (vgl. Shapiro 2000, S. 202 ff.) vorführt.

Nach dieser einleitenden Skizze sollen die wichtigsten sogenannten Charakteristika der Mathematik vorgestellt werden. Manche davon stehen weitgehend außer Diskussion und sind in diesem Sinne anerkannt: in der Mathematik, in der Philosophie und auch Soziologie der Mathematik wie zudem in der populären Alltagssicht auf die Mathematik. Andere wiederum werden heftig diskutiert und auch infrage gestellt, wie zum Beispiel die Ahistorizität der Mathematik. Generell ist es möglich, diese Charakteristika als gegebene Eigenschaften des ebenfalls fix vorliegenden Phänomens „Mathematik" anzusehen, oder aber umgekehrt zu sagen, dass wir eben nur das zur Mathematik zählen, was weitgehend diesen Charakteristika entspricht. Im ersten Fall erhalten wir eine Beschreibung der Mathematik, im zweiten Fall eine Art Übereinkunft, was wir zur Mathematik zählen wollen. In beiden Fällen ist aber eine Begründung oder eine Rechtfertigung erforderlich, die im ersten Fall auch einer empirischen Überprüfung zugänglich sein sollte. Zu diesen Charakteristika möchte ich die folgenden Aspekte zählen (vgl. dazu etwa Heintz 2000). Für ihre besondere Bedeutung und Rolle für die Mathematik und auch für ein allgemeines Verständnis ist ein Vergleich mit den Naturwissenschaften hilfreich und informativ.

Mathematische Aussagen über mathematische Objekte sind absolut exakt und genau, sie sind eben apodiktisch. Es gibt keine Messfehler, keine Näherungswerte oder dergleichen. Mathematische Aussagen sind in diesem Sinne eindeutig.

Zu mathematischen Aussagen gibt es keine sinnvolle Alternative, eine solche ist nicht vorstellbar, jedenfalls nicht nachdem ein Beweis erfolgt ist. Was könnte denn eine irgendwie sinnvolle und vorstellbare Alternative etwa zu arithmetischen Gleichungen sein? Aber demgegenüber ist es vorstellbar, dass die Sonne oder die Erde stillstehen, dass ein Stein nach oben fällt (man denke an die Wunder in der Religion).

Mathematische Aussagen/Sätze sind unveränderlich, sie haben keine zeitliche Entwicklung, sie gelten immer, oder besser, sie sind zeitlos oder außerzeitlich. Mathematische Theorien können zwar aus der Mode kommen, aber sie werden nie ungültig oder gar falsch. Ein solches Schicksal bleibt bekanntlich vielen naturwissenschaftlichen Theorien nicht erspart. Beispiele sind die aristotelische Mechanik, Phlogiston, die Vortex-Theorie von Descartes, ja selbst die Newtonsche Mechanik! Aber unsere Arithmetik oder die (euklidische) Geometrie sind seit Jahrtausenden im Wesentlichen unverändert. Das zeigt sich auch in der üblichen Formulierung mathematischer Sätze, die immer im Präsens erfolgt und keinerlei Angabe über einen Zeitpunkt der Formulierung enthält. Die Zuschreibung zu einem Mathematiker ist hier vollkommen unwesentlich für das Verständnis des Satzes.

Mathematik ist unabhängig von sozialen, politischen, ökonomischen und historischen Bedingungen und Umständen, jedenfalls was die Gültigkeit ihrer Aussagen betrifft. Das hat sogar Karl Mannheim, der Begründer der Wissenssoziologie, mit Bedauern festgestellt, nachzulesen bei Heintz (2000). Natürlich ist es von gesellschaftlichen und kulturellen Bedingungen abhängig, ob überhaupt Mathematik betrieben wird und zu welchen Zwecken. In den Naturwissenschaften lässt sich demgegenüber ein gewisser Einfluss solcher Bedingungen auch auf die Inhalte und die Form der Theorien nachvollziehen, ja selbst Religion wirkt(e) auf das naturwissenschaftliche Denken ein, siehe etwa die bekannten Bücher von Kuhn (1978) oder Feyerabend (1986).

Mathematische Sätze – wenn einmal bewiesen – sind unveränderlich „wahr“, noch nie wurde ein solcher Satz falsifiziert im Sinne etwa von Karl Popper, wie das für die Naturwissenschaften dagegen fast zu einem konstitutiven Merkmal wurde. Dieses Phänomen darf nicht mit Fehlern oder Irrtümern in Beweisen verwechselt werden, die es natürlich (in großer Zahl) gibt. Es wird auch von Autoren wie Putnam oder Quine (vgl. dazu Shapiro 2000, S. 212 ff.) infrage gestellt, die eher nur einen graduellen Unterschied zwischen Mathematik (und Logik) und Naturwissenschaften machen (etwa hinsichtlich Allgemeinheit), aber nicht einen kategoriellen, wie wir ihn bei Wittgenstein finden werden. Hier liegt ein anderer Aspekt der Unzeitlichkeit oder Außerzeitlichkeit der Mathematik vor.

Es gibt keine konkurrierenden mathematischen Theorien wie in der Physik oder besonders in den Sozialwissenschaften. Selbst intuitionistische und klassische Mathematik leben friedlich nebeneinander und es werden etwa die Gemeinsamkeiten und Unterschiede mathematisch untersucht. Ähnlich ist das Phänomen, dass es keinen mathematischen Streit gibt, der nicht relativ leicht „mathematisch“ beigelegt werden kann, worauf auch schon Wittgenstein hingewiesen hat. Davon zu unterscheiden sind natürlich Diskussionen darüber, welche Theorie die „schönere“ oder „elegantere“ ist. Man hat sich auch daran gewöhnt, dass Euklidische und Nichteuklidische Geometrien mathematisch gleichberechtigt sind und ihre Anwendbarkeit auf physikalische Phänomene keine mathematische Frage sein kann. „Konkurrenz“ zwischen mathematischen Theorien besteht also vielleicht hinsichtlich Anwendbarkeit oder „Schönheit“, aber nicht hinsichtlich Gültigkeit.

Mathematischen Aussagen kommt zeitliche und geografische Universalität zu, sie gelten unabhängig von Zeit und Ort; sie können ohne große Schwierigkeiten in verschiedenste Kulturen transportiert werden. Ein überzeugendes Beispiel dafür ist das erfolgreiche und historisch gut dokumentierte Zusammentragen mathematischer Ergebnisse und Methoden aus den verschiedensten Quellen in der arabisch-muslimischen Kultur vom 8. bis ins 15. Jahrhundert sowie deren Vertiefung und Weiterführung dort (etwa Dezimalzahlen, Algebra bei al-Khwarizmi, siehe z. B. Katz 2014, Kap. 9).

Zum Teil in einem scheinbaren Widerspruch oder zumindest einem Spannungsverhältnis zu den bisherigen Aspekten steht die notorische Anwendbarkeit der Mathematik in den Naturwissenschaften und natürlich weit darüber hinaus. Dies schon allein dadurch, dass, wie mehrfach angemerkt, diese Wissenschaften teilweise zur Mathematik konträre Charakteristika aufweisen.

Diese Liste kann man auch noch weiter fortführen und die Leserin wird dafür auf das Buch von Bettina Heintz (2000) verwiesen. Insgesamt ergibt sich, zumindest wenn man diese Zuschreibungen ernst nimmt, ein Bild von Mathematik, in dem diese einen Sonderstatus gegenüber allen anderen Wissenschaften besitzt, weil zumindest einige dieser Charakteristika auf selbige nicht zutreffen. Man sollte vielleicht noch auf das Faktum verweisen, dass in der Mathematik das Beweisen in seinen vielfältigsten Formen als die einzige legitime Methode zur Sicherung von Ergebnissen akzeptiert wird. Wittgenstein betont immer wieder, dass es in der Mathematik keine Experimente im Sinne der Physik gibt, und verweist auf den essenziellen Unterschied zwischen Experiment und Beweis. So sagt er etwa, dass ein Film oder ein Foto eines Experimentes kein Experiment ist, wohingegen ein Film/Foto von einem Beweis sehr wohl ein Beweis ist (oder als solcher verwendet werden kann).

Diese weithin anerkannte Sonderstellung der Mathematik (bei Wittgenstein: die Härte des logischen Muss, vgl. Kroß 2008) verlangt natürlich nach einer Aufklärung oder Legitimierung. Worin begründet sich die Sonderstellung, was kann sie plausibel machen? Dies hat meines Erachtens auch didaktische Relevanz, weil die Mathematik durch die ihr so zugeschriebenen Eigenschaften einen eigenartigen mystischen und unwirklichen Charakter erhält, der Ehrfurcht, aber eventuell auch Angst einflößen kann. Vor allem die Unausweichlichkeit mathematischer Ergebnisse, der Zwang, der von der Mathematik auszugehen scheint, die Wittgensteinsche „Unerbittlichkeit" sind vielleicht für viele/manche Lernende abschreckend und schwierig zu akzeptieren. Das heute im Mathematikunterricht und besonders auch bei Prüfungsthemen oft zu beobachtende Ausweichen in diverse Anwendungen mit Entscheidungsspielräumen und Diskussionsbedarf ist leider nur eine Notlösung oder eigentlich gar keine Lösung des damit nur verdeckten Problems. Mathematik lässt sich eben nicht auf die Anwendungen reduzieren und auch nicht auf sie begründen. Auch eine Reduktion des Mathematiklernens auf mathematische Techniken ist nicht hilfreich, weil im Prinzip für diese dieselben Phänomene gelten. Eine Möglichkeit bestünde darin zu sagen, dass diese Charakterisierungen der Mathematik gar nicht zutreffend sind oder höchstens eingeschränkt und graduell gelten. Quine (nach Shapiro 2000, S. 212 ff.) etwa versucht, die Mathematik und die Logik in ein Kontinuum mit den Naturwissenschaften zu stellen, was aber erwartungsgemäß beim Begriff des Unendlichen (transfinite Mengen bei Cantor) auf unüberwindliche Schwierigkeiten oder sehr artifizielle Kunstgriffe führt. Etwas vergröbert kann man sagen, dass alle eingangs genannten philosophischen Positionen an einer auch nur halbwegs vollständigen Aufklärung der skizzierten Sonderstellung der Mathematik scheitern. Dies ließe sich im Detail nachvollziehen, doch liegt der Hauptzweck dieses Beitrages nicht in den negativen Analysen, sondern eben im dem positiven Versuch, ausgehend von Wittgensteinschen Gedanken eine positive Analyse anzubieten. Auch kann gesagt werden, dass die genannten philosophischen Ansätze alle einen starken metaphysischen Anteil oder Aspekt haben, der hochgradig spekulativ ist und eigentlich das, was erklärt werden soll, als Erklärung einsetzt. So wird die Zeitlosigkeit oder Außerzeitlichkeit der Mathematik als Begründung für die entsprechenden Eigenschaften der mathematischen Objekte angeführt, als deren Beschreibung die Mathematik in Versionen des Platonismus angesehen wird. Kurz – und sicher auch verkürzt – möchte ich behaupten, dass alle Philosophien der Mathematik, die einer Vorstellung von mathematischen Objekten anhängen, welche in irgendeiner Weise der Mathematik vorgängig sind, keine befriedigenden Lösungen für die hier diskutierte Problematik anbieten können. Unabhängig davon, wo die mathematischen Objekte „verortet" werden (als platonische Ideen, in der Natur, im Geist, in der Gesellschaft oder Kultur etc.): Es treten stets ziemlich künstliche Annahmen auf, die es dann erst ermöglichen, von den Objekten auf die Eigenschaften der Mathematik zu „schließen".

Irgendwie ist dieses fast verkrampfte Festhalten am Konzept der mathematischen Objekte durchaus verständlich. Mathematische Texte und ihre Sätze verwenden ja eine Sprache, in der es nur so von „Objekten" wie Zahlen, Funktionen, Figuren, Räumen etc. wimmelt. Mathematische Sätze haben stets die grammatische Form einer Aussage über solche Objekte und deren Eigenschaften, sodass sie formal etwa von empirischen Sätzen nicht unterscheidbar sind. Also: Mathematik hat prima facie Objekte, und sie handelt von diesen. In dieser Situation hilft nur ein radikales Umdenken, und ein solches kann man, wenn man dies will, in den Erörterungen über Mathematik bei Wittgenstein finden (vgl. Wittgenstein 1984a). Dem möchte ich mich nun zuwenden.

2.3   Sprachspiele, Regeln und ihre Objekte

Die nachfolgenden Überlegungen wurden durch die Lektüre verschiedener Texte von Wittgenstein selbst („Bemerkungen zu den Grundlagen der Mathematik", „Philosophische Untersuchungen" u. a.) bzw. von Arbeiten über seine Philosophie, insbesondere die der Mathematik (etwa bei Mühlhölzer 2010), angeregt. Sie stellen meine Interpretation der Äußerungen von Wittgenstein über die Mathematik dar und ich beanspruche nicht, damit eine authentische Sichtweise einer Position Wittgensteins zu bieten (falls es eine solche in eindeutiger Form überhaupt gibt). Jedoch muss ich zugestehen, dass ich ohne das Nachdenken über Wittgensteins Anmerkungen und insbesondere seine Fragen nicht zu der nun zu präsentierenden Sichtweise gekommen wäre. Im Folgenden werden auch Kenntnisse über Wittgensteins Philosophieren vorausgesetzt, weil es unmöglich ist, hier eine halbwegs ausreichende Darlegung dessen vorzunehmen. Aber ich verweise dafür auf die Bücher im Literaturverzeichnis sowie auf meine eigenen Arbeiten (Dörfler 2013a, b, 2014, 2016).

Jedoch möchte ich durch eine kleine Auswahl von Zitaten versuchen, eine groben Eindruck von Wittgensteins Art des Philosophierens zu geben – und damit auch einen Hintergrund, aber sicher keine „Belege" für die anschließenden Überlegungen liefern. Die Zitate sind mit einer Ausnahme aus den „Bemerkungen über die Grundlagen der Mathematik" entnommen und es werden in Klammern immer Teil und Paragraf angegeben.

Was ist das Kriterium dafür, wie die Formel gemeint ist? Doch wohl die Art und Weise, wie wir sie ständig gebrauchen, wie uns gelehrt wurde, sie zu gebrauchen. (I, § 2)

Worin liegt dann aber die eigentümliche Unerbittlichkeit der Mathematik? [...] Zählen (und das heißt: so zählen) ist eine Technik, die täglich in den mannigfachsten Verrichtungen unseres Lebens verwendet wird. Und darum lernen wir zählen, wie wir es lernen: mit endlosem Üben, mit erbarmungsloser Genauigkeit. (I, § 4)

Wenn wir sagen: „dieser Satz folgt aus jenem", so ist hier „folgen" wieder unzeitlich gebraucht. (Und das zeigt, daß dieser Satz nicht das Resultat eines Experiments ausspricht.) (I, § 104)

Die Schritte, welche man nicht in Frage zieht, sind logische Schlüsse. Aber man zieht sie nicht darum nicht in Frage, weil sie „sicher der Wahrheit entsprechen" – oder dergl. –, sondern dies ist es eben, was man „Denken", „Sprechen", „Schließen", „Argumentieren" nennt. (I, § 156)

In welchem Verhältnis steht er [der mathematische Satz, W. D.] zu diesen Erfahrungssätzen? Der mathematische Satz hat die Würde einer Regel. (I, § 165)

Sie [die Mathematik, W. D.] schafft immer neue Regeln: baut immer neue Straßen des Verkehrs; indem sie das Netz der alten weiterbaut. (I, § 166)

Der Mathematiker ist ein Erfinder, kein Entdecker. (I, § 168)

Wir beschreiben mit Hilfe der Regel. Wozu? Warum? Das ist eine andere Frage. / Der mathematische Satz bestimmt einen Weg; er legt für uns einen Weg fest. / Es ist kein Widerspruch, daß er eine Regel ist und nicht einfach festgelegt, sondern nach Regeln erzeugt. (IV, § 8)

Mit anderen Worten: Wer an die mathematischen Gegenstände glaubt, und ihre seltsamen Eigenschaften, kann der nicht doch Mathematik betreiben? Oder: treibt der nicht auch Mathematik? / Idealer Gegenstand. „Das Zeichen ‚a' bezeichnet einen idealen Gegenstand" soll offenbar etwas über die Bedeutung, also den Gebrauch von „a" aussagen. Und es heißt natürlich, daß dieser Gebrauch ähnlich ist dem eines Zeichens, das einen Gegenstand hat, und daß es keinen Gegenstand bezeichnet. Es ist interessant, was der Ausdruck „idealer Gegenstand" aus diesem Faktum macht. (V, § 5)

[...] als unterschiede sich der mathematische Satz von einem Erfahrungssatz insbesondere darin, daß wo die Wahrheit des Erfahrungssatzes schwankend und ungefähr ist, der mathematische Satz sein Objekt exakt und unbedingt wahr beschreibt. Als wäre eben die „mathematische Kugel" eine Kugel. (V, § 4)

Ist schon das mathematische Alchemie, daß die mathematischen Sätze als Aussagen über mathematische Gegenstände betrachtet werden, also die Mathematik als die Erforschung dieser Gegenstände? (V, § 16)

Die Regel ist als Regel losgelöst, steht, sozusagen, selbstherrlich da; obschon, was ihr Wichtigkeit gibt, die Tatsachen der täglichen Erfahrung sind. (VII, § 3)

Man kann es so auffassen – will ich sagen –, daß die Schlußregeln den Zeichen ihre Bedeutung geben, weil sie Regeln der Verwendung dieser Zeichen sind. Daß die Schlußregeln zur Bedeutung der Zeichen gehören. In diesem Sinne können die Schlußregeln nicht falsch oder richtig sein. (VII, § 30)

Warum rede ich immer vom Zwang durch die Regel; warum nicht davon, daß ich ihr folgen wollen kann? Denn das ist ja ebenso wichtig. Aber ich will auch nicht sagen, die Regel zwinge mich so zu handeln, sondern sie mache es mir möglich, mich an ihr anzuhalten und von ihr zwingen zu lassen. (VII, § 66)

Die Mathematik bildet ein Netz von Normen. (VII, § 67)

Ist aber nicht bei uns das Verhältnis der Längen des Meters und des Fußes experimentell bestimmt worden? Doch; aber das Ergebnis wurde zu einer Regel gestempelt. (VII, § 69)

In der Mathematik ist alles Algorithmus, nichts Bedeutung; auch dort, wo es so scheint, weil wir mit Worten über die mathematischen Dinge zu sprechen scheinen. Vielmehr bilden wir dann eben mit diesen Worten einen Algorithmus. (siehe Wittgenstein 1984b, S. 468)

Auch sei vorweg festgehalten, dass es ausschließlich um die Mathematik als sogenannte „reine" Mathematik geht, um deren Sonderstellung und um die teilweise fast mystischen Eigenschaften, die ihr zugeschrieben werden (wie oben ja ausgeführt). Wittgenstein ist vielfach bemüht, das „Mathematische" an der Mathematik zu klären, was dann auch eine Klärung der „Sonderstellung" ermöglichen würde. Er versucht den qualitativen und konstitutiven Unterschied zwischen Mathematik und empirischen Wissenschaften, insbesondere den Naturwissenschaften, herauszustellen. Dabei steht immer wieder im Fokus, dass Letztere beschreibend sind, dass sie von Sachverhalten handeln, an denen sie sich bewähren müssen, und dass es dort Experimente sind, die zur Prüfung von Aussagen verwendet werden. All dies, so interpretiere ich Wittgenstein, trifft auf die Mathematik und ihre Aussagen nicht zu; insbesondere gibt es keine mathematischen Sachverhalte, die sozusagen erst durch die Mathematik aufgeklärt oder durch ihre Aussagen beschrieben werden. Damit sind wir aber noch nicht viel weiter, als ohnedies durch die Sichtweise der Sonderstellung schon vorliegt, sondern diese wird nur noch erweitert oder vertieft.

Unser Klärungsversuch wird jedoch weitergeführt, wenn man sich zu einer Kernthese Wittgensteins wendet: Will man erfahren, was ein Zeichen, ein Wort, ein Satz, ein Beweis etc. „bedeutet", so muss man nachsehen, wie sie verwendet werden. Bedeutung in ihrer traditionellen Form der Beziehung auf „etwas" als den Träger der Bedeutung wird damit durch den Gebrauch ersetzt. Für Wittgenstein ist auch die übliche Referenz ein Aspekt des Gebrauchs der Zeichen. Dieser Gebrauch der Zeichen jeder Art erfolgt jedoch nicht isoliert, sondern organisiert in der Form von Zeichenspielen oder Sprachspielen, für die Wittgenstein viele, auch artifizielle Beispiele gibt. Wenn wir eine Sprache sprechen, so sprechen oder „spielen" wir viele verschiedene, aber auch miteinander verwobene Sprachspiele, in denen die Wörter und Zeichen durch ihren Gebrauch im Sprachspiel Bedeutung erhalten oder einfach haben. Analoges gilt für die Zeichenspiele in der Mathematik: das Rechnen in der Arithmetik, das Zeichnen in der Geometrie, das Beweisen in der Analysis etc. Wichtig ist dabei der Gedanke Wittgensteins, dass das Zeichenhandeln im Zeichenspiel durch Regeln geleitet (aber nicht determiniert) wird, die sowohl explizit als auch implizit sein können. Wittgenstein verwendet wie schon andere vor ihm (u. a. J. Thomae, siehe Shapiro 2000, S. 141 ff.) dabei die Analogie insbesondere zum Schachspiel. Ob und wie ein Zeichen etwas bezeichnet, wird also durch das jeweilige Zeichenspiel festgelegt, durch gewisse Regeln des Zeichengebrauchs (im krassen Gegensatz zur klassischen Sicht, dass das Bezeichnete den Gebrauch der Zeichen steuert und kontrolliert). Nach solchen Regeln kann etwa ein Hauptwort so verwendet werden, als ob es für einen Gegenstand stünde, obwohl es für keinen Gegenstand steht. Nach meiner Meinung denkt Wittgenstein dabei insbesondere an Zahlnamen oder Zahlzeichen.

Diese Verschiebung zum Gebrauch und zur Verwendung von Zeichen jeglicher Art ermöglicht nun auch einen Ansatz zur Klärung des „Mathematischen" an der Mathematik und ihren Aussagen, etwa im Unterschied zu den Naturwissenschaften. Dieses „Mathematische" muss sich demgemäß im Gebrauch zeigen (und nicht an irgendeiner äußerlichen Form etwa mathematischer Sätze). Wittgenstein bietet hier verschiedene Konzepte an, die sich aber auf einen gemeinsamen Nenner bringen lassen: Mathematische Sätze werden in der mathematischen Praxis, und zwar in Theorie und Anwendung, als Regeln verwendet. Gleich vorweg: Damit sind andere, dann eben nicht mathematische Verwendungsformen aber nicht ausgeschlossen. Wittgenstein verweist mehrfach auf den Vorgang, wobei empirische Sätze – wie er sagt – zur Regel verhärtet werden (vgl. dazu Ramharter und Weiberg 2006).

Diese weit reichende Sichtweise bedarf aber jetzt der Erläuterung. Jede arithmetische Gleichung ist eine solche Regel, die wir dann auch zur Prüfung empirischer Sachverhalte verwenden können oder zur Prüfung der Korrektheit einer Rechnung. Ihre Verwendung in der Mathematik besteht eben gerade nicht in der Beschreibung eines „arithmetischen Sachverhalts" (als einer Eigenschaft von oder einer Beziehung zwischen Zahlen). Eine solche Auffassung ist vielleicht eine der großen „Schwächen" vieler Philosophien der Arithmetik, indem sie genau von dieser Prämisse ausgehen und dann nach der Qualität der Zahlen fragen. Aber auch in dem, was Wittgenstein die „Prosa" zur Mathematik nennt, dominiert eine solche eher metaphysische Sichtweise, also in der umgangssprachlichen Deutung mathematischer Ergebnisse als Aussagen über eine Art von mathematischer Realität. Dies wird durch die äußere Form mathematischer Sätze suggeriert, die ja im Allgemeinen als Aussagen über Eigenschaften von Objekten und Beziehungen zwischen solchen formuliert sind, in sprachlicher Analogie zu empirischen Aussagen. Dies erfolgt meist in einer Subjekt-Prädikat-Form, was zu einer der von Wittgenstein aufgezeigten „Täuschungen" durch die Sprache führt, an denen nach ihm die Philosophie leidet (vgl. Wittgenstein 1989). Auch dieses Phänomen bedarf natürlich der Aufklärung: Wieso sind mathematische Sätze prima facie Aussagen über „Sachverhalte"? Und wie ist dies mit der These vereinbar, dass mathematische Sätze gerade nicht deskriptiv sind, oder noch schärfer formuliert, dass mathematische Sachverhalte nicht unabhängig von den mathematischen Zeichenspielen „existieren" bzw. die Rede von ihnen außerhalb der Zeichenspiele (also von mathematischen „Theorien") nicht sinnvoll ist? Ich meine, dass auch dies durch die Interpretation von mathematischen Sätzen als Regeln in einem Zeichen- und Sprachspiel geleistet werden kann.

2.4   Hinweise auf den Regelcharakter

Kehren wir also zur Kernthese zurück: Mathematische Sätze werden in der Mathematik als Regeln verwendet, haben in der Mathematik Regelcharakter. Ich möchte dies noch dadurch erweitern, dass selbst wenn mathematische Sätze in irgendeinem metaphysischen Sinne (wahre) Beschreibungen von Eigenschaften ebenso metaphysischer Objekte sein sollten, dies in der mathematischen Tätigkeit etwa des Beweisens keine wie auch immer geartete Rolle spielt. Ein nüchterner Blick auf Beweise zeigt nämlich, dass die Objekte, für die Zeichen gegebenenfalls stehen könnten, dort in keiner Weise auftreten. Was wir vorfinden, sind eben nur die Zeichen, die nach bereits etablierten Regeln verwendet und manipuliert werden. Es werden ausschließlich Definitionen und bereits bewiesene Sätze verwendet, der eher mystische Bezug auf von den Zeichen verschiedene Objekte findet nicht die geringste Verwendung (wie sollte das auch erfolgen?). Die Sätze sind in dieser Weise ein System von Regeln zum Gebrauch, zur Verwendung der Zeichen, Terme und auch Fachausdrücke. Das Regelsystem legt fest, wie mit den diversen Zeichen operiert werden kann oder soll, welche Zeichen gebildet werden können, wie sie sich kombinieren lassen etc. Gewisse Zeichen spielen dabei die Rolle von Indizes, indem sie im Zeichenspiel die Rolle der Referenz auf Objekte übernehmen, wobei diese Rolle ausschließlich durch die Regeln des jeweiligen Zeichenspiels festgelegt bzw. konstituiert wird. Im Zeichenspiel der Arithmetik werden die Zahlzeichen zu Zeichen für Zahlen. Was die Zahlen „sind", ist aber ausschließlich durch die arithmetischen Regeln festgelegt – in Analogie dazu, dass beim Schach durch die Spielregeln festgelegt ist, was etwa ein Bauer „ist". Es gibt also gar keine sinnvolle Möglichkeit, außerhalb der Arithmetik sozusagen vorab festzulegen, was Zahlen sind. Wir haben also nach dieser These (die eigentlich bloß der Vorschlag für eine mögliche Sichtweise auf die Mathematik ist) in der Mathematik ein System von Zeichen-/Sprachspielen, in denen Regeln für den Gebrauch von Zeichen verschiedenster Art entworfen und entwickelt werden.

Als ein Beispiel erwähne ich noch unendliche Mengen. Deren mathematische Definition legt meines Erachtens fest, wie in der Mathematik das Wort (oder vielleicht der Begriff) „unendliche Menge" verwendet werden, wie mit ihm operiert werden soll. Aus einer solchen Festlegung (durch Axiome) werden dann mannigfaltige Konsequenzen wieder nach festgelegten Regeln abgeleitet. In dieser Sichtweise ist es verwirrend, von einer „Theorie transfiniter Mengen" zu sprechen, was ja eine Verwandtschaft mit naturwissenschaftlichen Theorien suggeriert. Besser wäre: Theorie des mathematischen Sprechens über das Unendliche (auch wenn es dieses gar nicht gibt). Das lässt die Möglichkeit verschiedener solcher „Sprechweisen" offen, was man ja in den unterschiedlichen Mengentheorien realisiert findet. Überhaupt kann man feststellen, dass diese Wittgensteinsche Sichtweise ein klare Realisierung oder Entsprechung in Form der formalen axiomatischen Theorien gefunden hat, in denen durch die Axiome ein Regelsystem zur Handhabung der für die Theorie vereinbarten Zeichen festgelegt wird. Formale axiomatische Theorien (wie etwa die Gruppentheorie) haben im Allgemeinen viele verschiedene nichtisomorphe „Modelle", was meines Erachtens schon zeigt, dass diese Theorien nicht als deskriptiv aufgefasst werden können, d. h. nicht als Beschreibungen von Sachverhalten. Konsistenter erscheint mir die Interpretation solcher Theorien als ein System von Regeln zur Beschreibung, als ein Paradigma, wie es Wittgenstein nennt, für Beschreibungen. Die Regeln des Systems (die Axiome und Sätze) bestimmen, wie eine Beschreibung mittels dieses Systems auszusehen hat und welche Regeln eben dort gelten müssen. Das Regelsystem kontrolliert seine Anwendungen, es ist ein System von Normen im Sinne Wittgensteins, die bei Anwendungen innerhalb und außerhalb der Mathematik eingehalten werden müssen: Wo beispielsweise die arithmetischen Sätze nicht gelten, kann die Arithmetik nicht angewendet werden. Die mathematische Kugel ist in dieser Hinsicht kein Objekt, sondern eine Norm, eine Regel zur Prüfung auf „Kugelförmigkeit".

Wittgenstein verwendet auch das Konzept eines „Bildes", aber wohl im Sinne eines Bildes „für" und nicht eines Bildes „von". Mathematische Sätze werden danach (auch) wie Bilder verwendet, an denen und mit denen wir anderes beurteilen oder messen. Erwähnt sei in diesem Zusammenhang noch, dass Wittgenstein mathematischen Sätzen die Rolle eines Maßstabes zuerkennt, worin sich auch wieder der Regelcharakter zeigt.

Eine andere Interpretation des Regelcharakters ist die, dass die Sätze oder auch besonders Definitionen in der Mathematik (oft) den Charakter von Konstruktionsregeln haben. In diesem Sinne werden keine mathematischen Objekte konstruiert, sondern es werden „nur" Konstruktionsregeln angegeben. So kann man etwa die Peano-Axiome deuten oder die sogenannten Konstruktionen der reellen oder auch der hyperreellen Zahlen. Die daran anschließenden Theorien zeigen dann: Wenn man so und so konstruiert (oder besser: konstruieren würde), dann haben die konstruierten Objekte diese und jene Eigenschaften. Es ist dies so ähnlich wie bei einem architektonischen Entwurf oder beim Design eines technischen Artefaktes. Diese Sicht enthebt uns des Glaubens an eine besondere kreative Schöpferkraft der Mathematiker, nämlich die zur Erschaffung mathematischer Objekte, die dann als quasi unabhängige zur Erforschung bereitstehen. Aber natürlich erfordert der Entwurf mathematischer Objekte durch Angabe der Konstruktionsregeln große Kreativität und Fantasie, manchmal Genialität. Aber bei diesen Entwürfen und ihren konstitutiven Regeln weiß man genau, wo sie sind, nämlich in den mathematischen Texten mit ihren Zeichen und Symbolen und den Regeln für ihre Verwendung, ihren Gebrauch. Also wie im Titel gesagt: Zeichen statt Metaphysik.

Hinweise auf den Regelcharakter der Mathematik gibt auch das Faktum, dass in der Mathematik oft selbst von Regeln gesprochen wird. Da gibt es Rechenregeln, Ableitungsregeln, Integrationsregeln, Lösungsmethoden (die natürlich auch Regeln sind) für Gleichungen aller Art, Schlussregeln, Substitutionsregeln, Kürzungsregeln und viele andere mehr. Manche Regeln haben sogar einen Namen erhalten: Vorzeichenregel von Descartes, die Regeln von Hudde, Keplersche Fassregel u. a. Diese Regeln könnten auch in der Form von Sätzen formuliert werden, und dies gilt auch umgekehrt (wenn das eventuell auch mühsam sein mag).

Alle diese Überlegungen und Hinweise sind natürlich kein „Beweis" für einen Regelcharakter der Mathematik bzw. ihrer Sätze und Aussagen, und dieser Regelcharakter ist ja auch nicht in einem essenziellen Sinne gemeint. Wittgenstein meint meines Erachtens nicht, dass mathematische Sätze Regeln sind, sondern er versucht das Augenmerk darauf zu lenken, dass ihr Gebrauch als Regeln im Fokus der mathematischen Tätigkeiten aller Arten einschließlich der Anwendungen ist. Für diesen Gebrauch sind nun aber keinerlei ontologische Annahmen erforderlich, man braucht keine Metaphysik, um Mathematik als Phänomen menschlich kultureller und produktiver Tätigkeit zu verstehen.

Zum Abschluss der Interpretation von Wittgensteinschen Gedanken soll er selbst nochmals zu Wort kommen (aus „Vorlesungen 1930–1935", S. 210 f.):

> Mit der Behauptung, dass der Gebrauch eines Wortes (z. B. „Würfel") aus seiner Bedeutung folgt, fasst man das Wort so auf, als wäre es die sichtbare Oberfläche eines verborgenen Körpers – seiner Bedeutung –, dessen Regeln der Zusammenstellung mit anderen verborgenen Körpern durch die Gesetze der Geometrie angegeben werden. Wäre es möglich, die Geometrie der Würfel aus den Figuren abzuleiten? Redet die Geometrie über Würfel? Von Würfeln aus Eisen oder Kupfer handelt sie offenkundig nicht, doch man könnte behaupten, dass sie von geometrischen Würfeln spricht. In Wirklichkeit handelt die Geometrie nicht von Würfeln, sondern von der Grammatik des Wortes „Würfel", so wie die Arithmetik von der Grammatik der Zahlen handelt. Das Wort „Würfel" wird in einer Geometrie definiert, und eine Definition ist kein Satz über ein Ding. Wenn wir die Geometrie ändern, ändern wir auch die Bedeutung der verwendeten Wörter, denn die Geometrie ist für die Bedeutung konstitutiv. Erhielte man bei der Multiplikation von 457 mit 63 ein anderes Resultat als beim gewöhnlichen Spiel, so würde das heißen, dass „Kardinalzahl" mit einer anderen Bedeutung verwendet wird. Die arithmetischen Sätze machen keine Aussagen über Zahlen, sondern bestimmen, welche Sätze über Zahlen Sinn und welche keinen Sinn haben. Ebenso sagen die geometrischen Sätze nichts über Würfel […]. Diese Bemerkung deutet auf die Beziehung zwischen Mathematik und ihrer Anwendung hin, d. h. zwischen einem Satz, der die Grammatik eines Wortes angibt, und einem gewöhnlichen Satz, in dem das Wort vorkommt. […] müssen wir zwei Arten der Untersuchung auseinanderhalten: die Untersuchung der Eigenschaften eines Gegenstandes und die Untersuchung der Grammatik der Verwendung eines Wortes, das sich auf diesen Gegenstand bezieht. Ich möchte sagen, dass eine geometrische Untersuchung im Sinne der Untersuchung der Eigenschaften geometrischer Geraden und Würfel nicht möglich ist. […] Die Geometrie ist keine Physik der geometrischen Geraden und Würfel, sondern sie ist konstitutiv für die Bedeutung der Wörter „Gerade" und „Würfel". Die Rolle, die der Würfel in der Geometrie des Würfels spielt, ist die eines Symbols und nicht die eines Festkörpers […]. Aus diesem Grunde ist es belanglos, ob eine Zeichnung genau ist.

2.5 Konsequenzen hinsichtlich Sonderstellung

Hier soll nun diskutiert werden, in welcher Weise der beschriebene Regelcharakter zur Aufklärung oder Plausibilisierung der eingangs geschilderten Sonderstellung der Mathematik beitragen kann. Die einfachste Aufklärung wäre zu sagen, dass diese Aspekte bloße Täuschungen oder Sichtweisen ohne realen Hintergrund sind. Doch selbst dann kann man noch fragen, wie es zu solchen Zuschreibungen oder Täuschungen kommen kann. Wie schon erwähnt, haben ja auch viele traditionelle Philosophien der Mathematik zum Ziel, das Besondere an der Mathematik und auch ihrer Anwendbarkeit zu erklären, wobei dies meist in Form einer Ontologie der mathematischen Objekte angestrebt wird. Und genau hierin unterscheidet sich Wittgenstein, was er auch explizit etwa in seinen Auseinandersetzungen mit Frege oder mit Hardy darlegt.

Um die Reichweite einer Analyse von Mathematik mit einer Interpretation ihrer Sätze als Regeln abschätzen zu können, müssten wir hier zunächst die Wittgensteinsche Diskussion des Regelbegriffs skizzieren, was aber den Rahmen dieses Beitrages bei Weitem sprengen würde. Wittgenstein hat sich oft und immer wieder mit der Frage beschäftigt, was es heißt, einer Regel zu folgen, um damit den Regelbegriff schärfen zu können. Ich möchte mich jedoch hier mit einigen „naiven" Aspekten von Regeln begnügen, vor allem im Hinblick auf die Sonderstellung der Mathematik. Ganz wichtig dabei erscheint mir, dass es keinen Sinn macht, von Wahrheit oder Falschheit einer Regel zu sprechen, weil wir mit Regeln keine Aussagen über Sachverhalte machen. Regeln beziehen sich auf das intendierte Handeln, im Fall der Mathematik ist dies ein Handeln mit Zeichen. Regeln erfordern daher Zustimmung bzw. Akzeptanz und nicht den Glauben an ihre Wahrheit. Dies stimmt wieder gut überein mit der modernen Sicht auf mathematische Axiome, die nicht mehr selbstevidente oder sogar beweisbare „Wahrheiten" sein müssen, sondern vereinbarte Regeln für den Gebrauch gewisser Zeichen in der jeweiligen mathematischen Theorie. Die langwierigen Diskussionen über die Zulässigkeit mancher Axiome (z. B. das Auswahlaxiom) machen diesen Charakter sehr augenscheinlich. Die Akzeptanz der Schluss- und Ableitungsregeln im Beweisen führt dann zur Akzeptanz der Folgerungen aus den Axiomen, die jedoch durchweg wieder Regelcharakter haben: Aus Regeln können nur wieder Regeln abgeleitet werden. Die „Härte des logischen Muss" resultiert also daher, dass die Mathematiker auf gewisse Regeln eingeschworen werden, die dann nicht mehr hinterfragt werden (dürfen). Sie resultiert also daraus, wie wir Mathematik lernen, und nicht aus einer speziellen Qualität mathematischer Objekte. Wir erfahren ja auch die Schachregeln als zwingend, jedenfalls nach ausreichend lang andauerndem Schachspielen. Und am Anfang des Lernens von Mathematik werden deren Regeln wohl kaum als so zwingend erfahren. Man hat durchaus die Möglichkeit, Regeln abzulehnen, anders gesagt, das jeweilige Spiel nicht mitzuspielen, allerdings mit vielen auch bedrohlichen Konsequenzen. Bei mathematischen Regeln wird natürlich eine besondere Klarheit und Präzision gefordert, aber es bleibt oft auch hier noch ein gewisser Interpretationsspielraum (etwa in Form nichtexpliziter Annahmen, siehe dazu Lakatos 1976). Dennoch: Das Apodiktische der Mathematik verdankt sich dem Regelcharakter, dem Gebrauch ihrer Aussagen als Regeln und deren bedingungsloser Akzeptanz durch die Mathematiker. Jedenfalls erscheint mir dies als eine plausible Alternative zu den vielen metaphysischen Erklärungen.

Regeln sind per se zeitlos oder, besser gesagt, außerzeitlich. Sie werden zwar irgendwann formuliert und gelten dann im Sinne der Akzeptanz, bis sie außer Kraft gesetzt werden. Gewisse Spiele werden eben nur eine gewisse Zeit gespielt und werden dann unmodern oder obsolet. Aber es macht einfach keinen Sinn zu sagen, dass Regeln oder ein Regelsystem falsifiziert werden, schon allein deswegen nicht, weil man auf sie keinen Begriff von Wahrheit anwenden kann. Sie können sich höchstens nichtbewähren, woraufhin sie geändert, adaptiert oder einfach aufgelassen werden. Die Regeln bleiben jedoch in einem gewissen Sinne bestehen, man könnte prinzipiell die betreffenden Spiele auch weiterspielen. Darin sieht man quasi die Ewigkeit mathematischer „Wahrheiten". Solange man nicht die wichtigsten Regeln ändert, bleiben mathematische Aussagen gültig, d. h. in unserem Sinne: Sie sind weiterhin zu akzeptieren. Die Zeitlosigkeit oder die Außerzeitlichkeit der Mathematik wird somit durch die entsprechenden Eigenschaften der mathematischen Aussagen als Regeln erklärbar. Es sei nur am Rande erwähnt, dass in sozialen oder religiösen Zusammenhängen Regeln (wie Vorschriften oder Gebote) als Beschreibungen etwa von essenziellen Eigenschaften des Menschen aufgefasst werden. Analog dazu wird so mancher Platonist die Axiome der Mathematik als Beschreibungen mathematischer Objekte auffassen. Selbst dann kann man aber daran festhalten, dass mathematische Aussagen in der Mathematik als Regeln verwendet werden. Wir sehen jedenfalls: Regeln sind gültig und damit in einem gewissen Sinne sogar „wahr", solange sie akzeptiert werden. Diese Akzeptanz erfolgt dabei meist in einer relativ homogenen sozialen Gruppe (Forschergemeinschaft, Religionsgemeinschaft) und kann bei Außenstehenden auf Unverständnis stoßen.

Im allgemeinen Verständnis sind mathematische Sätze entweder wahr oder falsch. Ist ein Satz wahr, so ist seine Negation oder sein Gegenteil falsch (tertium non datur). Dies ist auch die Grundlage für Beweise durch Widerspruch. Es scheint nun aber keinen Sinn zu machen, vom Gegenteil einer Regel zu sprechen. Was sollte denn zum Beispiel ein Gegenteil zu den Schachregeln sein? Wir können uns andere Regeln vorstellen, aber damit ändert man das Zeichenspiel und damit auch die Bedeutung der Zeichen, die ja im Gebrauch innerhalb des Zeichenspiels besteht. Verschiedene Geometrien (euklidische, hyperbolische etc.) sind eben nicht verschiedene oder konkurrierende „Erklärungen" oder Beschreibungen desselben Phänomens „Raum", sondern verschiedene mathematische Regelsysteme. Diese Regeln sind, wie gesagt, auch Regeln der Beschreibung und können daher als solche verwendet werden, als Modelle etwa für empirische Sachverhalte. Das ist auch Grund und Legitimation dafür, dass in den mathematischen Zeichenspielen gewisse Zeichen die Rolle von Zeichen für Objekte (Indizes) spielen, was für die Verwendung zur Beschreibung von Objekten und ihren Beziehungen erforderlich ist. Mathematik stellt symbolische Regelsysteme zur Verfügung, die als Modelle für verschiedenste Gegebenheiten verwendet werden können, aber auch als Baupläne zur Herstellung von Gegenständen. In einem üblichen Bauplan gibt es auch eine Fülle von Indizes (Zeichen für gewisse Gegenstände, Bauteile etc.), deren „Referenten" noch nicht existieren und eventuell bei einer Ausführung des Planes realisiert werden. Im Stadium des Bauplanes, des Entwurfs bestimmt dieser zusammen mit konventionellen Regeln zur Erstellung von solchen Entwürfen die Rolle dieser Indizes innerhalb des Planes und damit deren Bedeutung. Niemand (außer vielleicht hartgesottene Platonisten) kommt auf die Idee, dass die Indizes auf irgendwelche „ideale" oder „abstrakte" Objekte verweisen. Natürlich wird die Erstellung des Planes (entspricht in etwa der Definition mathematischer Konzepte) von den intendierten Anwendungen und potenziellen Realisierungen motiviert und angeleitet. Ähnliches gilt auch für den Entwurf mathematischer Objekte, der ebenso nicht bloß willkürlich ist (gegen den Vorwurf des reinen Konventionalismus!).

Jede Philosophie der Mathematik, die implizit oder explizit als Prämisse den Gegenstandscharakter der Mathematik hat, also dass Mathematik von wie auch immer gearteten mathematischen Gegenständen handelt, hat das Problem, mit diesen

Gegenständen die Anwendungen der Mathematik insbesondere in Naturwissenschaften zu erklären. Dies vor allem deswegen, weil stets ein wesentlicher qualitativer Unterschied zu den empirischen Gegenständen zugestanden werden muss, der dann die Anwendbarkeit (meist noch verstanden als zumindest approximative Beschreibung einer unabhängigen Realität) zu einem Mirakel werden lässt. Die Wittgensteinsche „Regelsicht" behält demgegenüber diese Differenz zwischen Mathematik und „Natur" bei. Mathematik liefert kein (eventuell unscharfes) Abbild empirischer Sachverhalte, sondern bietet symbolische Regelsysteme als funktionale Modellierungen, über deren „Passen" oder Viabilität die Nutzer entscheiden müssen. In der Natur findet sich also überhaupt keine Mathematik, selbst wenn wir doch mathematische Modelle als „Bilder" oder Vorstellungen von der Natur verwenden. Ein ganz anderer Aspekt in diesem Problemfeld wäre noch die konstruktivistische Sicht, dass wir mit Mathematik nicht eine autonome Natur beschreiben, sondern „nur" unsere Erfahrungen modellieren, wie dies etwa Glasersfeld (1997) unterstreicht.

Einer der Punkte bei der Sonderstellung der Mathematik ist ihre zeitliche und geografische Universalität: Mathematik wandert scheinbar mühelos durch Zeiten und Orte. Wir verstehen (wenn auch eventuell mit Anstrengung) die Mathematik der alten Griechen, der Babylonier, Ägypter, Chinesen etc. Sieht man in der Mathematik nach Wittgenstein ein System von Zeichenspielen als Regelsysteme, so ist dieses Phänomen nicht mehr so verwunderlich. Das zeigt ein Vergleich mit der Analogie zum Schachspiel. Akzeptiert man die Regeln (was man eventuell als das Verstehen des Spieles bezeichnen könnte), so kann man das Spiel spielen. Und Schach wird, so wie andere Spiele auch (Fußball, Tennis, Go), weltweit gespielt und „verstanden", ganz wie es auch bei der Mathematik der Fall ist. Dieses Phänomen wird also durch den Regelcharakter einerseits verständlich und ist andererseits ein guter Grund für diese Interpretation. Hier finden wir einen deutlichen Unterschied zu sozialen und kulturellen Regelsystemen, die nicht so leicht oder gar nicht transferierbar sind. Aber damit möchte ich mich hier nicht weiter befassen, obwohl darin schon die Frage verborgen ist, was eine Regel zu einer mathematischen macht. Vermutung: Es geht um das formale Operieren mit Zeichen nach Regeln und vor allem um das Beweisen, also das „Ableiten" neuer Regeln aus bereits bekannten oder besser akzeptierten. Dann wäre also Beweisen konstitutiv für Mathematik?

In der Regelsicht auf Mathematik stellen mathematische Sätze keine wahren Aussagen über (mathematische) Sachverhalte dar. Beweise beweisen dementsprechend auch nicht die allgemeine Gültigkeit einer allgemeinen Aussage, also etwa dass ein geometrischer Satz für alle Figuren des jeweiligen Typs gilt oder zutrifft. Diese unterstellte Allgemeinheit stellt für viele Lernende ein notorisches Problem dar: Trotz eines allgemeinen Beweises (also für „alle" Objekte einer gewissen Art) wird ein Spezialfall eigens untersucht. Was heißt denn eigentlich „alle" (etwa natürliche oder reelle Zahlen) in diesem Zusammenhang? Der Mathematik kommt hier wie auch in anderen Fällen eine mystische „Kraft" zu, nämlich Wissen oder Erkenntnis über meist unendlich und unüberblickbar viele Fälle zu gewinnen (vgl. Krämer 2016). Viele Lernende scheinen das aber nicht zu akzeptieren, wenn sie nach einem „allgemeinen" Beweis die Behauptung doch wieder in einem Spezialfall überprüfen. In der Regelsicht „verschwinden" demgegenüber sowohl Wahrheit als auch Allgemeinheit. Wir reden nicht mehr über unüberschaubare Mannigfaltigkeiten, sondern über Beziehungen zwischen Regeln. Eine Inspektion von Beweisen zeigt relativ leicht, dass die Rede von der extensionalen Allgemeinheit von Sätzen zur „Prosa" der Mathematik im Wittgensteinschen Sinne gehört, also zur sprachlichen Interpretation der Resultate mathematischen Schließens. Ein Spezialfall ist dann immer ein Anwendungsfall der jeweiligen Regel: Gelten die Ausgangsregeln, so auch die abgeleitete Regel. Es gibt dann auch kein „Wandern" von Wahrheit von den Axiomen zu den Sätzen, sondern die Ausweitung eines Regelsystems. Wir brauchen keine Metaphysik des Beweises, aus der folgt, dass Beweise von wahren Sätzen zu wahren Sätzen führen, solange man sich nur an die logischen Regeln hält.

2.6   Resümee

Ausgangspunkt der hier durchgeführten Überlegungen sind die weithin akzeptierten Zuschreibungen von sehr spezifischen Eigenschaften und Besonderheiten an die Mathematik, die diese sowohl graduell wie kategorisch von anderen Wissenschaften unterscheiden. Unabhängig davon, in welchem Ausmaß diese Unterschiede nun objektiver Natur sind oder bloß Sichtweisen auf die Mathematik darstellen, ist es ein Desiderat, Erklärungen oder plausible Gründe dafür zu geben. Auch Sichtweisen müssen rational begründbar sein. In den meisten philosophischen Reflexionen zur Mathematik spielt die Frage nach den Gegenständen der Mathematik eine zentrale Rolle. Dies gilt auch für sich als „alternativ" verstehende Ansätze wie den Quasi-Empirismus oder den Formalismus, wo bei letzterem die formalen Systeme die Rolle der mathematischen Gegenstände übernehmen. Dem steht die Radikalität eines Vorschlages von Wittgenstein gegenüber, bei dem nicht Gegenstände oder Objekte, welcher Art auch immer, Ausgangspunkt oder Grundlage der mathematischen Tätigkeiten sind. Mathematische Aussagen oder Formeln, Beweise und Theorien haben danach keine inhärente, fixe, essenzielle und unveränderliche Bedeutung, sondern deren Bedeutungen entstehen in der Verwendung, im Gebrauch in Abhängigkeit von den jeweiligen Zeichen- oder Sprachspielen. In den eigentlich mathematischen Zeichenspielen ist dieser Gebrauch am besten als die Verwendung als Regel zu verstehen, wobei diese „Gebräuche" wieder eine Vielfalt aufweisen, die durch Familienähnlichkeiten verbunden sind. Der Regelcharakter mathematischer Aussagen etc. ist also nicht eine a priori gegebene Eigenschaft, sondern eine Form der Verwendung. Neben dieser Verwendung gibt es auch andere, ebenso wichtige wie die als Beschreibung oder besser als Norm zur Beschreibung, etwa in den Anwendungen der Mathematik. Wichtig erscheint mir dabei, dass auf dieser Basis die aufgeführten „Besonderheiten" der Mathematik nicht so etwas wie eine Essenz der Mathematik darstellen, sondern sich in einer spezifischen Verwendungsform ergeben, vielleicht sogar eine Voraussetzung für diese sind. Jedenfalls verlieren die

„Besonderheiten" ihren mystischen Charakter und erweisen sich als Konsequenz und/ oder Bedingung für das vielfältige System auf Zeichensystemen basierender (inner-) mathematischer Tätigkeiten. Auf mögliche didaktische Konsequenzen einer solchen Sichtweise habe ich in Dörfler (2014) hingewiesen. Zentral dabei ist die Sichtweise von Mathematik als die Handhabung, als der Gebrauch von vielfältigen Zeichensystemen nach Regeln, zu denen die innermathematischen „Rechenregeln" genauso gehören wie Regeln zur Anwendung. Eine wichtige Konsequenz mag sein, dass die sogenannten Darstellungen oder Visualisierungen auch Zeichenspiele mit ihren je eigenen Regeln sind und daher nicht quasi automatisch eine erklärende Funktion haben können, weil sie eben erst gelernt werden müssen. Natürlich haben verschiedene Zeichenspiele unterschiedliche Zugänglichkeit, aber auch dies wieder individuell je nach Schüler verschieden. Mit anderen Worten: Das gründliche Erlernen von Zeichenspielen und ihren Regeln ist nicht umgehbar, weil sich erst in ihnen die mathematische Bedeutung zeigt bzw. kognitiv konstruierbar wird. Entlastend mag wirken, dass man dabei nicht über eine Welt ewiger Wahrheiten lernen muss, zu denen vielleicht nur „Auserwählte" Zugang haben, sondern (auch sehr schwierige!) „Spiele" spielen lernt, die von Menschen für Menschen für bestimmte Zwecke und nach bestimmten Regeln entworfen wurden. Man muss aber ernsthaft die Regeln und deren Gebrauch lernen und auch einüben. Wie man Schachspielen durch Schachspielen lernt, so lernt man Mathematik durch das „Spielen" der mathematischen Zeichenspiele innerhalb der Mathematik und in ihren Anwendungen.

Literatur

Curry H (1958) Outline of a formalist philosophy of science. North Holland, Amsterdam

Dörfler W (2013a) Was würden Peirce oder Wittgenstein zu Kompetenzmodellen sagen? In: Rathgeb M, Helmerich M, Krömer R, Lengnink K, Nickel G (Hrsg) Mathematik im Prozess. Philosophische, Historische und Didaktische Perspektiven. Springer Spektrum, Wiesbaden, S 73–88

Dörfler W (2013b) Bedeutung und das Operieren mit Zeichen. In: Meyer M, Müller-Hill E, Witzke I (Hrsg) Wissenschaftlichkeit und Theorieentwicklung in der Mathematikdidaktik. Festschrift zum sechzigsten Geburtstag von Horst Struve. Franzbecker, Hildesheim, S 165–182

Dörfler W (2014) Didaktische Konsequenzen aus Wittgensteins Philosophie der Mathematik. In: Hahn H (Hrsg) Anregungen für den Mathematikunterricht unter der Perspektive von Tradition, Moderne und Lehrerprofessionalität. Festschrift für Regina Dorothea Möller. Franzbecker, Hildesheim, S 68–80

Dörfler W (2016) Signs and their use: Peirce and Wittgenstein. In: Bikner-Ahsbahs A, Vohns A, Schmitt O, Bruder R, Dörfler W (Hrsg) Theories in and of mathematics education. Springer, Cham

Feyerabend P (1986) Wider den Methodenzwang. Suhrkamp taschenbuch wissenschaft 597. Suhrkamp, Frankfurt a. M.

Frege G (1893) Grundgesetze der Arithmetik 1. Olms, Hildesheim

Glasersfeld E von (1997) Radikaler Konstruktivismus. Suhrkamp taschenbuch wissenschaft 1326. Suhrkamp, Frankfurt a. M.

Heintz B (2000) Die innenwelt der mathematik. Springer, Wien

Katz VJ (2014) History of mathematics. Pearson, Harlow

Krämer S (2016) Figuration, Anschauung, Erkenntnis. Suhrkamp taschenbuch wissenschaft 2176. Suhrkamp, Berlin

Kroß M (Hrsg) (2008) Ein Netz von Normen. Wittgenstein und die Mathematik. Parerga, Berlin

Kuhn T (1978) Die Struktur wissenschaftlicher Revolutionen. Suhrkamp taschenbuch wissenschaft 25. Suhrkamp, Frankfurt a. M.

Lakatos I (1976) Proofs and refutations. Cambridge University Press, Cambridge

Mancosu P (Hrsg) (2008) The philosophy of mathematical practice. Oxford University Press, Oxford

Mühlhölzer F (2010) Braucht die Mathematik eine Grundlegung?. Klostermann, Frankfurt a. M.

Ramharter E, Weiberg A (2006) Die Härte des logischen Muß. Wittgensteins Bemerkungen über die Grundlagen der Mathematik. Parerga, Berlin

Shapiro S (2000) Thinking about mathematics. Oxford University Press, Oxford

Thiel Ch (1995) Philosophie und Mathematik. Wissenschaftliche Buchgesellschaft, Darmstadt

Welti E (1986) Die Philosophie des Strikten Finitismus. Lang, Frankfurt a. M.

Wittgenstein L (1984a) Bemerkungen über die Grundlagen der Mathematik. Suhrkamp taschenbuch wissenschaft 506. Suhrkamp, Frankfurt a. M.

Wittgenstein L (1984b) Philosophische Grammatik. Suhrkamp taschenbuch wissenschaft 504. Suhrkamp, Frankfurt a. M.

Wittgenstein L (1989) Vorlesungen 1930–1935. Suhrkamp taschenbuch wissenschaft 865. Suhrkamp, Frankfurt a. M.

Theorematische Deduktion als kreative Verwendung von Inskriptionen

3

Theorematische Deduktion – Kreativität – Zeichen – Verwendung – Regeln – Bedeutung

Martin Brunner

Inhaltsverzeichnis

3.1 Einleitung

Der Begriff „Kreativität" ist im Zusammenhang mit Mathematik schwer zu fassen. Nach Peirce (Hoffmann 2005, S. 160) ist Kreativität im Zusammenhang mit mathematischem Tun vor allem durch den Begriff „theorematische Deduktion" beschreibbar. Nach Hoffmann (2005, S. 177) ist der geschickte Wechsel des „Blickpunktes" das eigentlich kreative Merkmal dieses Begriffs. Kreativität ist aber speziell auch im Zusammenhang mit dem Mathematikunterricht schwer festzumachen. Ein schuladäquater Kreativitätsbegriff kann und darf beispielsweise nicht an der „Genialität" einzelner Schüler/innen

M. Brunner (✉)
Bundesgymnasium und Bundesrealgymnasium Lienz, Lienz, Österreich
E-Mail: brunner.martin1@gmx.at

© Springer-Verlag GmbH Deutschland, ein Teil von Springer Nature 2020
G. Kadunz (Hrsg.), *Zeichen und Sprache im Mathematikunterricht*,
https://doi.org/10.1007/978-3-662-61194-4_3

und deren Leistungsfähigkeit orientiert werden. Will man vielen Lernenden zu persönlichen mathematischen Kreativitätserlebnissen verhelfen, so ist eine mögliche Methode
die, ihnen Schemata gut nachvollziehbarer, trainierbarer und praktikabler Schritte an
die Hand zu geben, mit deren Hilfe sie immer wieder persönliche Erfolgs- und Kreativi-
tätserlebnisse erfahren können. Ein solches Schema soll im vorliegenden Artikel vorgestellt werden. Im Kern geht es dabei um den Versuch, dem oben angeführten Begriff
„theorematische Deduktion" bzw. dem damit verbundenen kreativen „Blickpunktwechsel" (Sichtweisenwechsel) als epistemologischem Mittel des Kenntnisgewinns und
der Problemlösung eine schultaugliche instrumentelle Form zu geben. Aus didaktischer
Sicht geht es dabei darum, Lernende einerseits mit dieser instrumentellen Form vertraut zu machen und sie andererseits durch begleitende Maßnahmen im Hinblick auf
die Anwendbarkeit dieses Instrumentariums zu unterstützen. Im Folgenden wird daher
zunächst eine instrumentelle Form des Begriffes „theorematische Deduktion" hergeleitet.
Es werden dann Möglichkeiten des Erwerbs von Vertrautheit mit diesem Schema durch
die Anbindung an gängige Lernkonzepte aufgezeigt. Schließlich werden methodische
und didaktische Strategien erläutert, die helfen sollen, die mathematischen Zeichenspiele
und Zeichensysteme (diese Begriffe werden im Abschn. 3.2 erklärt) für Lernende als
manipulier- und gestaltbar erfahr- und anwendbar zu machen.

3.2   Zu den Betrachtungsgrundlagen

Bedeutung kann im Zusammenhang mit mathematischen Zeichen referenziell oder
nichtreferentiell gesehen werden. Im Fall einer referenziellen Sichtweise werden
mathematische Zeichen als Darstellungen von implizit existierenden abstrakten
Objekten (Gegenständen) betrachtet. Eine Vielzahl von Strömungen in der Philosophie
der Mathematik (Platonismus, Empirismus, Mentalismus usw., vgl. Dörfler im gleichen
Buch) unterstützen diese Sichtweise. Abstrakte Objekte sind aber nicht physisch wahrnehmbar. Um etwas über sie erfahren zu können, bleibt nichts anderes übrig, als ihre
Darstellungen, also die mathematischen Zeichen selbst zu untersuchen. Es scheint daher
speziell im Zusammenhang mit dem Lernen von Mathematik zielführender, von vorn-
herein eine nicht-referenzielle Perspektive auf mathematische Zeichen zu beziehen.
Im Fall einer nichtreferenziellen Sichtweise sind mathematische Zeichen selbst das
Betrachtete und das Benutzte. Ein Anliegen des vorliegenden Artikels ist es, die Nütz-
lichkeit der präferierten nichtreferenziellen Perspektive zu betonen. Im Zusammenhang
mit den nachfolgend angeführten Betrachtungen wird daher immer wieder auf Vorteile
einer nichtreferenziellen gegenüber einer referenziellen Sicht auf mathematische Zeichen
verwiesen. Ein Bedeutungsbegriff, der diese nichtreferenzielle Sichtweise unterstützt, ist
jener von Wittgenstein. Dies ist der Bedeutungsbegriff, der den nachfolgend angeführten
Überlegungen zugrunde gelegt ist.

Nach dem Wittgensteinschen Sprachspiel haben Wörter und Sätze keine Bedeutung
an sich. Die Bedeutung eines Wortes ist durch seine Rolle im Sprachspiel bestimmt.

Mit Rolle ist die Art und Weise gemeint, nach der im Sprachspiel mit dem Wort kalkuliert wird. Wittgenstein (1984a, S. 67) schreibt:

> Ich sagte, die Bedeutung eines Wortes sei die Rolle, die es im Kalkül der Sprache spiele. (Ich verglich es mit einem Stein im Schachspiel.) Und denken wir nun daran, wie mit einem Wort, sagen wir z. B. „rot", kalkuliert wird. Es wird angegeben, an welchem Ort sich die Farbe befindet, welche Form, welche Größe der Fleck oder der Körper hat, der die Farbe trägt, ob sie rein oder mit anderen vermischt, dunkler oder heller ist, gleich bleibt oder wechselt, etc. etc. Es werden Schlüsse aus den Sätzen gezogen, sie werden in Abbildungen, in Handlungen übersetzt, es wird gezeichnet, gemessen und gerechnet.

Wittgenstein definiert aber nicht, was er als Sprachspiel versteht. „Er gebraucht das Wort, indem er Beispiele anführt und den Umgang mit ihm beschreibt" (Meyer 2010, S. 59). Wittgenstein (2003, S. 26) gibt eine Vielzahl von Beispielen für solche Sprachspiele wie etwa: „Herstellen eines Gegenstands nach einer Beschreibung (Zeichnung)", „Über den Hergang Vermutungen anstellen", „Ein angewandtes Rechenexempel lösen". Die Bedeutung eines Satzes resultiert nach Wittgenstein aus dem Zusammenwirken einzelner Wörter und der daraus resultierenden Spielstellung. Er schreibt (1984a, S. 172): „Es gibt auch keinen alleinstehenden Satz. Denn was ich Satz nenne, ist eine Spielstellung in einer Sprache." Der angeführte Wittgensteinsche Bedeutungsbegriff kann auch auf sogenannte mathematische Darstellungen angewandt werden (vgl. etwa Brunner 2015b, 2017). Man kann mathematische „Darstellungen" als Sprach- oder Zeichenspiele (auch dieser Begriff geht auf Wittgenstein zurück, vgl. etwa Wittgenstein 1984b, S. 257) betrachten. Bedeutung entsteht in diesen Sprach- bzw. Zeichenspielen durch die Verwendung der involvierten Zeichen nach Regeln (Bedeutung als Gebrauch). Zeichen spielen im Sinne des obigen Zitats Rollen in den jeweiligen Sprach- bzw. Zeichenspielen. Man kann daher auch von Zeichenrollen (Inskriptionsrollen) sprechen (vgl. Brunner 2017). Die mathematischen Zeichenspiele sind eng miteinander verbunden. Man kann daher auch von Zeichensystemen sprechen. Trotz der Verwendung des Wortes „Spiel" im Zusammenhang mit Mathematik ist Wittgenstein (Wittgenstein 1978, S. 171) aber nicht der Meinung, dass Mathematik in jeder Hinsicht ein Spiel ist:

> Es ist sehr oft behauptet worden, die Mathematik sei ein Spiel, dem Schach vergleichbar. In einem Sinne ist diese Behauptung offensichtlich falsch: die Mathematik ist kein Spiel in der gewöhnlichen Bedeutung dieses Wortes. In einem anderen Sinn ist sie offensichtlich wahr: es gibt eine gewisse Ähnlichkeit. Nun sollte man aber nicht Partei ergreifen, sondern vielmehr eine Untersuchung anstellen. Manchmal ist es eben nützlich, die Mathematik mit einem Spiel zu vergleichen, und manchmal ist es irreführend.

Wittgenstein (2003, S. 56) sieht aber „Familienähnlichkeiten", speziell im Zusammenhang mit dem Regelcharakter und der Bedeutungskonstitution.

Der Begriff „theorematische Deduktion" ist bei Peirce eng mit den Begriffen „Diagramm" und „diagrammatisches Denken" verbunden. Diese Begriffe sind zusammen mit der sogenannten Zeichentriade bestens zur Beschreibung

- strukureller Eigenheiten mathematischer Zeichen,
- mathematischer Bedeutungsbildungsprozesse,
- des Gebrauchs (der Verwendungsregeln) mathematischer Zeichen,
- von Fähigkeiten, die der kompetente Umgang mit mathematischen Zeichen erfordert,
- von Wirkungen regelkonformer Zeichenverwendungen,
- erforderlicher Lernprozesse im Zusammenhang mit mathematischem Tun usw.

geeignet (vgl. etwa Hoffmann 2005; Dörfler 2006; Brunner 2009, 2015a). Anstelle des Begriffs „Diagramm" werden im Folgenden die Begriffe „Zeichenspiel" bzw. „Sprachspiel" verwendet. Es wird aber nicht behauptet, dass die Begriffe „Diagramm" und „Sprachspiel" („Zeichenspiel") synonym verwendet werden können. Mathematische Darstellungen können als beides betrachtet werden, als Diagramm, aber auch als Sprach- bzw. Zeichenspiel. Es stehen dabei unterschiedliche Aspekte im Vordergrund. Trotzdem gibt es zumindest auf den ersten Blick deutliche Unterschiede zwischen den Begriffen. So werden Diagramme nach Peirce (1990, S. 98) etwa „gemäß einem vollständig konsistenten Darstellungssystem, das auf einer einfachen und leicht verständlichen Grundidee aufbaut", konstruiert. In solchen Darstellungssystemen werden Mittel zur Erstellung der Inskriptionen (Zeichen) und Regeln bereitgestellt (vgl. etwa Dörfler 2010, 2015). Von einem solchen zugrunde gelegten System ist, zumindest auf den ersten Blick, bei Wittgensteins Sprachspiel nicht die Rede. Dennoch lassen sich viele Aspekte der oben angeführten Aufzählung, wie etwa der Gebrauch mathematischer Zeichen oder mathematische Bedeutungsbildungsprozesse (vgl. etwa Brunner 2015b), auch mithilfe des Wittgensteinschen Sprachspiels adäquat beschreiben. Es ist nun ein weiteres Anliegen des vorliegenden Artikels, den Peirceschen Begriff „theorematische Deduktion" durch dessen Beschreibung und Erläuterung in der „Sprache" Wittgensteins neu zu beleuchten und damit besser verständlich zu machen. Im Folgenden wird daher auf die Peircesche Begrifflichkeit weitgehend verzichtet. Implizit bestimmt sie die eingenommene Perspektive aber maßgeblich mit. Die Beschreibung und Erläuterung des mathematischen Tuns erfolgt mithilfe der Begriffe „Sprach-" bzw. „Zeichenspiel". Der Übergang vom „Sprachspiel" zum „Zeichenspiel" ist dabei ein fließender. Geht es eher um phonetische Inskriptionen und Sprechweisen, so wird der Begriff „Sprachspiel" verwendet, und geht es eher um nonphonetische Inskriptionen, dann der Begriff „Zeichenspiel". Beispiel: Geht es etwa um eine mit Wörtern formulierte Gesetzmäßigkeit wie „Bruch als Anteil", so wird von einem Sprachspiel gesprochen, geht es um „Brüche als Kalkül", von einem Zeichenspiel. Ein Begriff der Peirceschen Semiotik, der im Folgenden ebenfalls von Bedeutung ist, ist jener des diagrammatischen Schließens (Denkens). Beim sogenannten diagrammatischen Schließen (Denken) werden in der Mathematik im Sinne von Peirce mathematische „Darstellungen" (Diagramme) als Forschungsmittel verwendet. Mithilfe von Experimenten, Manipulationen, Operationen, Transformationen, Verwendungsänderungen usw. sowie der Beobachtung, Notation und Verifizierung der auftretenden Resultate können so mathematische Kenntnisse gewonnen und verifiziert bzw. Probleme mathematischer oder deskriptiver Art gelöst werden.

Im Folgenden wird nun der Peircesche Begriff der theorematischen Deduktion mithilfe von Konzepten, die auf dem Wittgensteinschen Bedeutungsbegriff fußen, in eine konstruktive instrumentelle Form gebracht.

3.3   Theorematische Deduktion

Für Peirce stand der apodiktische Charakter der Mathematik lange im Gegensatz zur endlosen Serie überraschender Entdeckungen. Hoffmann (2005, S. 155) schreibt über Peirce:

> In *On the Algebra of Logic* hatte er ein paar Jahre vorher bemerkt, dass es lange ein Rätsel gewesen sei, wie es sein könne, dass „die Mathematik auf der einen Seite ihrer Natur nach rein deduktiv ist und ihre Schlussfolgerungen apodiktisch zieht, während sie sich auf der anderen Seite wie jede Beobachtungswissenschaft als eine reiche und offensichtlich endlose Serie von überraschenden Entdeckungen präsentiert".

Dieses „Rätsel" löste sich für Peirce, nachdem er den Begriff „Deduktion" in einem weiteren Sinn verstanden und wie schon Kant vom Begriff der Tätigkeit hergeleitet hatte (Hoffmann 2005, S. 155). Für Peirce waren es drei Tätigkeiten, die nicht nur generell zur Mathematik, sondern auch zur Deduktion gehören (ebd., S. 155): die Konstruktion von Zeichenspielen (Diagrammen), das Experimentieren mit diesen Zeichenspielen und die Beobachtung der Resultate dieser Experimente. So wird es möglich, „unbemerkte und versteckte Beziehungen zwischen den Teilen" der involvierten Zeichenspiele zu entdecken (ebd., S. 155). Peirce unterscheidet zwischen theorematischer und korollarer Deduktion. Diese Unterscheidung nennt er seine „erste wirkliche Entdeckung" (ebd., S. 160). Beim korollaren Schließen reicht es, allein durch Beobachtung die „Wahrheit eines Korollariums evident zu machen" (ebd., S. 161). Dies ist nach Peirce aber für den Beweis eines Theorems nicht ausreichend. Peirce schreibt (Hoffmann 2005, S. 161):

> Thinking in general terms is not enough. It is necessary that something should be DONE. In geometry, subsidiary lines are drawn. In algebra permissible transformations are made. Thereupon, the faculty of observation is called into play. Some relation between the parts of the schema is remarked. But would this relation subsist in every possible case? Mere corollarial reasoning will sometimes assure us of this. But, generally speaking, it may be necessary to draw distinct schemata to represent alternative possibilities. Theorematic reasoning invariably depends upon experimentation with individual schemata.

Theorematische Deduktion erfordert also kreatives Handeln mit den Inskriptionen selbst (Inskriptionsveränderungen, Hilfskonstruktionen, Transformationen usw.). Durch derartige kreative Manipulationen werden neue Beobachtungsmöglichkeiten eröffnet, mithilfe derer korollar geschlossen werden kann. Hoffmann (2005, S. 161) führt aus, dass der Begriff „theorematische Deduktion" nicht leicht präzisiert werden kann. Für Peirce selbst hat nach Hoffmann der Begriff zu verschiedenen Zeiten unterschiedliche Bedeutung. Hoffmann (ebd., S. 161 ff.) versucht sich daher dem Begriff mithilfe von Standpunkten verschiedener Autoren wie Shin, Hintikka, Müller oder Ketner zu nähern.

Letztendlich ist für Hoffmann (2005, S. 177) der „Wechsel des Blickpunktes" das entscheidende Merkmal, welches theorematische Deduktion ermöglicht. Diesen „Wechsel
des Blickpunktes" nennt er in Anlehnung an Peirce „theorische Transformation". Peirce
definiert „theorische Transformation" als „the transformation of the problem, – or its
statement, – due to viewing it from another point of view" (zitiert nach Hoffmann 2005,
ebd.). Für Peirce war stets der berühmte Beweis des Satzes von Desargues (Abb. 3.1)
durch Christian von Staudt wegweisend für theorematische Deduktion (ebd., S. 170).
Von Staudt war es mithilfe der von ihm mitbegründeten Projektiven Geometrie gelungen,
einen neuen Beweis zu führen. Über viele Jahre war es nur über „mühseliges Berechnen
von Längen" möglich gewesen, den Satz zu beweisen (ebd., S. 170). Nach der Beweis-
methode von Staudt werden die beiden Dreiecke nicht in der Ebene, sondern in räumlicher Perspektive, also dreidimensional verwendet. Die entscheidende Idee, nämlich
die Einführung eines außerhalb der Ebene angenommenen Perspektivpunktes, ist nach
Hoffmann ein „genuin kreativer Akt, der die Deduktion zu einer theorematischen macht"
(ebd., S. 176). Eine interessante Frage ist in diesem Zusammenhang, ob bei diesem
„genuin kreativen Akt" immer abduktives Schließen erforderlich ist. Nach Hoffmann
(2005, S. 203) wird in der Forschungsliteratur öfters davon ausgegangen, dass Abduktion
immer eine Voraussetzung für theorematische Deduktion ist. Dem widerspricht aber

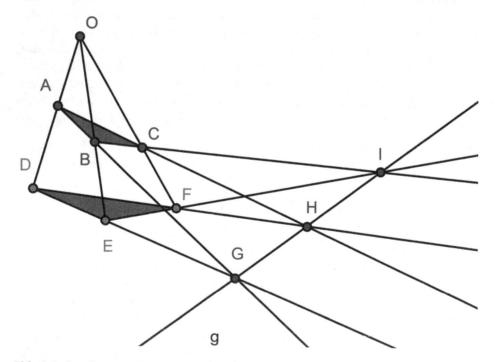

Abb. 3.1 Der Satz von Desargues, anschaulich dargestellt. Zwei Ebenen schneiden sich in einer
Geraden. (Grafik nach Hilbert und Cohn-Vossen 1996)

Hoffmann (2005, S. 203 f.). Er konnte in den Peirceschen Texten keinen Beleg für diese These finden. Hoffmann (2005, S. 204) schreibt in Bezug auf den „theorischen Schritt":

> So wie in der ersten Fassung betont war, dass die Abduktion die Voraussetzung der Entwicklung neuer Ideen in der Mathematik ist, so wird diese Aufgabe hier nur dem „theorischen Schritt" zugesprochen. Hinsichtlich ihrer Funktion in Prozessen der Erkenntnisentwicklung sind beide damit zwar, wie Peirce hier sagt, „ganz klar verwandt", aber während die Abduktion zu Hypothesen führt, die immer bezweifelbar bleiben, führt die theorische Transformation – wenn sie denn zu etwas führt – immer zur Beweisbarkeit. So wie wir das bei der Betrachtung der Desarguesschen Figur gesehen haben: Wenn wir diese erst einmal in einem Akt theorischer Transformation als eine räumliche Figur sehen, dann ist der weitere, korollare Schluss zunächst einmal „undiskutierbar", also apodiktisch.

Wie ausgeführt, ist der Rest des Beweises nach dem „genuin kreativen Akt" nach Peirce korollares Schließen „mittels einiger weniger offensichtlicher, in der Theorie der Perspektive bekannter Definitionen" (zitiert bei Hoffmann 2005, S. 176).

Nach der im vorliegenden Aufsatz eingenommenen Sichtweise auf mathematische Zeichen reicht beim angeführten Satz von Staudt der Blickpunktwechsel alleine nicht aus. Man benötigt auch die kreative Manipulation mit Inskriptionen etwa in Form der Einführung einer zusätzlichen Inskription in der Rolle eines außerhalb der Ebene liegenden Perspektivpunktes. Erst dadurch wird der Rollenwechsel der ansonsten gleich gebliebenen Inskriptionen und damit der Perspektivenwechsel ermöglicht. Damit erscheint auf Basis der obigen Peirceschen Beschreibung in Anlehnung an das prototypische Beispiel des Beweises von Staudt zum Satz von Desargues die nachfolgend angeführte Adaption des Begriffes der theorematischen Deduktion sinnvoll. Mithilfe von drei Schritten wird eine instrumentelle Ausformung des angesprochenen Begriffs festgelegt, die für den Mathematikunterricht sinnvoll erscheint. Die drei Schritte sind (erläutert mithilfe des Beweises von Staudt):

1. **Kreative Inskriptionsmanipulation:** Einführung eines außerhalb der Ebene angenommenen Perspektivpunktes; dieser Punkt taucht in der ursprünglichen Formulierung des Theorems in keiner Weise auf (Hoffmann 2005, S. 176); diese Inskriptionskombination erfüllt das von Peirce als Bedingung für die theorematische Deduktion in der obigen Definition verlangte kreative Tun.
2. **Geschickter Rollenwechsel der involvierten Inskriptionen – Wechsel des Zeichenspiels:** Der neu eingeführte Punkt wird in der Rolle „Perspektivpunkt" verwendet; die gleich bleibenden Inskriptionen werden nun im Raum, also in anderen Rollen, verwendet; es ergibt sich ein vorteilhafter Wechsel des gesamten Zeichenspiels, es gelten andere Regeln.
3. **Andere Perspektive mit verbesserten Deduktionsmöglichkeiten,** vertrauten Gesetzmäßigkeiten, neuen Beobachtungsmöglichkeiten und operativen Vorteilen. Der Rest ist korollares Schließen. Beispiel: Es wird beobachtbar, dass sich die Ebenen E und E', welche jeweils die Dreiecke ABC und DEF enthalten, in der Geraden g schneiden.

Mithilfe dieser drei Schritte wird eine spezielle Ausformung des Begriffes der theorematischen Deduktion festlegt. Die Schritte 1 und 2 ergeben die angeführte „theorische Transformation". Durch sie wird der kreative Wechsel der Inskriptionsrollen und damit letztlich der Wechsel des Zeichenspiels erreicht. Ein derartiger Zeichenspielwechsel ist nur dann sinnvoll, wenn er strategisch geschickt erfolgt und verbesserte Beobachtungsmöglichkeiten sowie zielgerichtetes korollares Schließen aufgrund bekannter Gesetzmäßigkeiten (Regeln) ermöglicht.

Die im Folgenden angeführten exemplarischen Aufgaben sollen die Schulrelevanz des instrumentellen „Dreischritts" (Schemas) belegen. Beim ersten Beispiel (Abb. 3.2) kann mithilfe kreativer Inskriptionsmanipulation im Zusammenhang mit dem Zeichenspiel „Umfang" leicht beobachtet werden, dass dieses von y unabhängig ist. Die gestrichelten Linien resultieren aus kreativer Inskriptionsmanipulation (1). Es ergeben sich neue Rollen der Inskriptionen: Zwei Striche (gestrichelte Linie zusammen mit der mit y bezeichneten Linie) können einmal als Seite mit der Länge x und einmal als Seite mit der Länge z des neuen Zeichenspiels „Rechteck" verwendet werden (2). Mithilfe von korollarem Schließen sieht man:

$$u = 2x + 2z \ (3).$$

Das zweite Beispiel zeigt eine Möglichkeit der Herleitung der Flächenformel des Dreiecks:

$$A = \frac{a \cdot h}{2}$$

Ergänzt man ein Dreieck durch Inskriptionsmanipulation (Abb. 3.3) zu einem Parallelogramm (1), so können a und h in neuen Rollen (Seite und Höhe) als Inskriptionen des Parallelogramms verwendet werden (2). Es kann beobachtet werden, dass die Dreiecksfläche genau die Hälfte der Fläche des neuen Zeichenspiels „Parallelogramm" beträgt (3).

Die ebenfalls mithilfe der angeführten instrumentellen Form theorematischer Deduktion beschreibbare Lösung des dritten Beispiels wird dem jungen Gauß zugeschrieben. Soll man die natürlichen Zahlen von 1 bis 100 zusammenzuzählen, so ist eine geschickte Vorgehensweise die folgende:

Abb. 3.2 Die kreative Veränderung der Linien (gestrichelt) führt im Zeichenspiel Umfang zu einer Erkenntnis: $u = 2x + 2z$

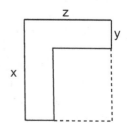

Abb. 3.3 Durch die kreative Manipulation mit Inskriptionen und die Änderung der Inskriptionsrollen sieht man, dass die Fläche des Dreiecks die Hälfte der Parallelogrammfläche beträgt

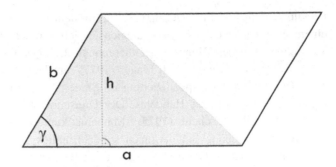

$$1 + 2 + 3 + \ldots + 99 + 100 = (1 + 100) + (2 + 99) + (3 + 98) + \ldots + (49 + 52) + (50 + 51)$$

$$= 50 \cdot 101 = 5050.$$

Nach Brunner (2017) sind Inskriptionen in den mathematischen Zeichenspielen in Anlehnung an Wittgenstein durch ihre Rolle bestimmt. In diesem Sinne ist ein Zahlzeichen des Zeichenspiels „Stellenwertsystem" ebenfalls durch seine Rolle bestimmt. Würde man die Rollen beispielsweise so verteilen: „1", „2", „3", „5", „4", „6", „7" usw., so wären die Rollen der Zahlzeichen „4" und „5" gegenüber dem etablierten System getauscht. Die Bedeutung der Zahlzeichen hätte sich geändert. Mit dem Ausbau des Dezimalsystems und der Einführung der Grundrechenarten werden die jeweiligen Rollen auf immer mehr Arten beschreibbar. Die Rolle des Zahlzeichens „101" kann im etablierten System etwa so „beschrieben" werden: $101 = 100 + 1 = 99 + 2 = 98 + 3 = 97 + 4 = 96 + 5$ usw. Dies bedeutet, dass Zahlzeichen wie hier „101" nach Regeln durch andere Zahlzeichen ersetzt werden können. Sieht man das Beispiel des jungen Gauß auf die angeführte Weise, so kann es dem obigen Dreischritt zugeordnet werden. Durch kreative Inskriptionsmanipulation (1) – die Zahlzeichen müssen ja kreativ umgeordnet werden wie etwa bei $1 + 2 + 3 + \ldots + 99 + 100 = 1 + 100 + 2 + 99 + 3 + 98 + \ldots + 49 + 52 + 50 + 51$ – eröffnen sich neue Möglichkeiten: Die Inskriptionen können nun jeweils zur Rolle „101" zusammengefasst werden: $(1 + 100) + (2 + 99) + (3 + 98) + \ldots + (49 + 52) + (50 + 51)$. Es erfolgt damit ein geschickter Rollenwechsel. Die „Genialität" der kreativen Inskriptionsverwendung zeigt sich: Aufgrund der nun gleichen Summanden kann anstelle des Zeichenspiels der „Addition" jenes der „Multiplikation" verwendet werden (2). Die Lösung der Aufgabe ist nun ein Akt korollaren Schließens: „$50 \cdot 101 = 5050$" (3). Der beobachtbare operative Vorteil ist gegenüber „$(((1+2)+3)+4)+\ldots$" enorm.

3.4 Anbindung an etablierte Lerntheorien

Der angeführte Dreischritt kann im Einklang mit anerkannten didaktischen Lernkonzepten für Schüler/innen zu einem Schema des kreativen mathematischen Handelns und Problemlösens entwickelt werden. Die hierfür erforderliche Entwicklung von

Handlungskompetenz im Zusammenhang mit dem Dreischritt kann wohl am besten mit einem Mix verschiedener Lernstrategien erreicht werden. Sieht man den Erwerb von Vertrautheit mit dem Konzept der theorematischen Deduktion als Lernziel, so geht es bei dem Dreischritt etwa nach Mager (1977) um die Operationalisierung dieses Lernziels. Es geht um eine Spezifizierung im Sinne eines Lernens zur Selbsthilfe als Basis eigenständigen kreativen Handelns. Der Dreischritt entspricht auch dem genetischen Prinzip von Wagenschein (1975): Mathematikunterricht soll nicht in erster Linie Fertigprodukte lehren, Schüler/innen sollen Einblick in den Prozess der Genese von Mathematik erhalten. Die zuletzt angeführten Beispiele zeigen, dass viele Lösungs- und Beweismethoden des täglichen Mathematikunterrichts als theorematische Deduktion interpretiert werden können. Der Dreischritt kann im Schulkontext im Zusammenhang mit dem Beweisen von Sätzen und im Zusammenhang mit Lösungsstrategien bei verschiedensten Aufgaben thematisiert werden. Er kann zur Entwicklung von deduktivem Denken und Problemlösefähigkeit genutzt werden. Er bietet als spezielle epistemologische Strategie viele nützliche Transfermöglichkeiten. Das Schema kann im Laufe des Lernprozesses dem Alter der Lernenden entsprechend erläutert und im Hinblick auf komplexere Anwendungen der kognitiven Entwicklung der Lernenden angepasst werden. Insofern empfiehlt es sich, für den Schulgebrauch einen „handlicheren" Begriffsnamen als „theorematische Deduktion" zu entwickeln. Der angeführte Dreischritt kann auch nach dem Konzept der „fortschreitenden Schematisierung" (Treffers 1983) entwickelt werden. Hier kann ausgehend vom anwendungsbezogenen Handeln das Schema Schritt für Schritt abgeleitet und entwickelt werden.

Es ließen sich hier viele weitere Autoren mit ihren Lernkonzepten nennen (vgl. Bruner 1970; Heymann 1996; Aebli 1983 usw.). Bei den „neueren" Lernkonzepten könnte im Zusammenhang mit dem angeführten Schema eventuell eine Mischung aus Expositionslernen und Entdeckungslernen gewinnbringend eingesetzt werden. Nach Sweller et al. (2007), Klahr (2009), Baxter und Williams (2010) erweisen sich die von Lernenden nachahmbare Präsentation von Musterlösungen sowie „Expositionsphasen, die Entdeckungsphasen inhaltlich und methodisch strukturierend vorausgehen", als lernförderlich (Kollosche 2017, S. 226). Beim Übergang zum Entdeckenden Lernen könnten hier unter Umständen Typen von Inskriptionsverwendungen gezielt entwickelt werden. Beim obigen Beispiel 3 gibt es etwa viele weitere Möglichkeiten, Inskriptionsmanipulationen und Rollenänderungen des gleichen Typs zu entdecken:

$$1 + 2 + 3 + \ldots + 99 + 100$$
$$= (100 + 1) + (99 + 2) + (98 + 3) + \ldots$$
$$= 100 + (99 + 1) + (98 + 2) + (97 + 3) + \ldots$$
$$= 99 + (1 + 98) + (2 + 97) + \ldots$$
$$= 98 + (1 + 97) + (2 + 96) + \ldots + (48 + 50) + 49 + 99 + 100 = \text{usw.}$$

Es ergeben sich schrankensetzende Rahmungen – nicht alle möglichen „Umordnungen" erlauben beispielsweise einen Zeichenspielwechsel von der Addition zur Multiplikation.

Mit der Zeit kann so ein ganzes Repertoire an verschiedensten Typen theorischer Transformation erarbeitet und gefestigt werden. Spezielle Typen geschickter Inskriptionsmanipulationen wie etwa die „kreative Einführung von Hilfslinien" oder der „Nulltrick" können gezielt geübt und erkundet werden. Beim „Nulltrick" wird ein Term mit dem Wert 0 hinzugefügt. Beweise wie etwa jener der Quotientenregel können mit dem „Nulltrick" gut geführt werden (es wird $u(x)v(x) - u(x)v(x)$, also 0 eingefügt):

$$\frac{f(z) - f(x)}{z - x} = \frac{\frac{u(z)}{v(z)} - \frac{u(x)}{v(x)}}{z - x} = \frac{u(z)v(x) - u(x)v(x) + u(x)v(x) - v(z)u(x)}{(z - x)v(z)v(x)}$$

$$= \frac{1}{v(z)v(x)} \cdot \left[\frac{u(z) - u(x)}{z - x} \cdot v(x) - u(x) \cdot \frac{v(z) - v(x)}{z - x} \right]$$

$$(3.1)$$

Mithilfe des Grenzübergangs ergibt sich die Quotientenregel. Solche Typen von Inskriptionsverwendungen können als „aktivierende Instruktionen" aufgefasst werden. Nach Tobias und Duffy (2009) sind „aktivierende Instruktionen" durchaus realisierbar und „erfolgreicher, als entdeckendes Lernen sein kann" (Kollosche 2017, S. 226). Jedenfalls scheint in Anlehnung an Kollosche irgendeine Form von Lenkung sinnvoll. Scaffolding-Strategien wären ebenfalls zu erwägen. Gemeint ist hier etwa die Bereitstellung von Hilfsmitteln wie beispielsweise altersgemäßen „Entdeckerpäckchen", mit deren Hilfe Lernende im Zusammenhang mit Typen von Inskriptionsverwendungen wie den angeführten eigenständig Erfahrungen sammeln können. In Anlehnung an Polya (1949) kann das Schema auch nach der Strategie des geschickten Fragestellens (sokratisches Prinzip, vgl. etwa Pfeifer 2009, S. 125) gebraucht werden. Mathematisches Arbeiten erscheint hier als reflektierendes Handwerk, bei dem, ausgehend von geschickt gestellten Fragen, kreativ mit Inskriptionen probiert und manipuliert wird und Rollen strategisch überlegt gewechselt werden können. In Anlehnung an Fragen Polyas (1949) wie:

> Hier ist eine Aufgabe, die schon gelöst ist. Kannst Du sie gebrauchen? Kannst Du ihr Resultat verwenden? Kannst Du ihre Methode verwenden? Würdest Du irgend ein Hilfselement einführen, damit Du sie verwenden kannst?

könnte nun gefragt werden: Kennst Du einen Lösungsweg im Zusammenhang mit einem anderen als dem gegebenen Zeichenspiel? Kannst Du mithilfe von kreativen Inskriptionskombinationen und Rollenwechseln an ein solches anderes Zeichenspiel anschließen? In welchen Zeichenspielen, die Dir vertraut sind, kommen gleiche oder ähnliche Inskriptionsrollen vor?

Lernende werden also mithilfe von Fragen zur Erkundung der Möglichkeiten der jeweiligen Zeichenspiele ermutigt, um so letztlich an Bekanntes anschließen und korollar schließen zu können. Im Sinne von Glasersfeld (1987) kann der Dreischritt für das lernende Individuum zu einem subjektiven Werkzeug des selbstständigen und bedeutungsvollen mathematischen Handelns gemacht werden (vgl. Leuders 2014). Er sollte bei allen Gelegenheiten, die sich im Unterricht ergeben, thematisiert, wiederholt und diskutiert werden. Die Unterscheidung zwischen theorischer Transformation (Schritte 1 und 2) und korollarer Deduktion (Schritt 3) kann übrigens helfen, Schwierigkeiten zu isolieren und diese eigens zu bearbeiten. Die Entwicklung von persönlichen Charaktereigenschaften darf im Zusammenhang mit mathematischer Kreativität ebenfalls nicht unterschätzt werden. Beispielsweise betont Serve (1994, S. 124) im Zusammenhang mit dem Finden kreativer Lösungen die Erfordernisse Ausdauer und Durchhaltevermögen. Dies ist ein wichtiger Hinweis im Hinblick auf die Behandlung, Ausformung und Gestaltung mathematischer Schulaufgaben.

3.5   Kreativität und der flexible Sichtweisenwechsel

Wittgenstein (zitiert nach Krämer 2016, S. 312) betont, „dass Darstellungen den Einblick und Überblick, den sie geben, immer nur in Relation zu bestimmten Betrachtern eröffnen". Er erklärt des Weiteren (ebd., S. 313): „Dass etwas offen zutage liegt, heißt gerade nicht, dass wir es auch sehen können; vielmehr müssen wir selbst sehend gemacht werden." Was bedeutet es nun, „sehend zu sein", und wie können Lernende bestmöglich „sehend gemacht werden"? „Sehend zu sein" hat in der Mathematik viel mit der Fähigkeit zur Wahrnehmung der „Realität" der verwendeten Zeichenspiele und der Fähigkeit zur Auslotung und Nutzung der gegebenen Möglichkeiten zu tun. Sogenannte mathematische Darstellungen dürfen nicht willkürlich verwendet werden. Es gibt Erlaubtes, Nichterlaubtes, Mögliches und Unmögliches. Ist man in mathematische Zeichen- bzw. Sprachspiele eingearbeitet und hat man Vertrautheit mit ihnen entwickelt, so ergibt sich eine Art von Realität. Sie wird im Folgenden „Zeichenspielrealität" genannt.

3.5.1   Wahrnehmung von Zeichenspielrealität

Die Ursache für Zeichenspielrealität wird je nach philosophischer Grundposition verschieden gesehen. Im Fall einer auf dem Wittgensteinschen Bedeutungsbegriff fußenden nichtreferenziellen Sichtweise ist es der regelbestimmte Zeichengebrauch, der als konstitutiv für diese Zeichenspielrealität betrachtet wird. Bei entsprechender Vertrautheit mit dem Zeichengebrauch wird diese Zeichenspielrealität für das Individuum wahrnehmbar. Wahrnehmbarkeit bedeutet hier etwa, dass man involvierte Zeichen nach bestimmten Regeln zu verwenden und gleichzeitig andere Verwendungen auszuschließen imstande ist. Verwendet man etwa eine Linie als „gerade", so kann man sie eben nicht gleichzeitig als „rund" verwenden. Demgegenüber erscheinen im Fall einer referenziellen Perspektive implizit wirksame abstrakte Objekte die angeführte Zeichenspielrealität zu bestimmen. Da diese abstrakten Objekte aber nicht wahrnehmbar sind, bleibt auch in diesem Fall nichts anderes übrig, als sich an die Darstellungen der abstrakten Objekte und damit wieder an physisch wahrnehmbare Zeichen und geltende Verwendungsregeln zu halten. Die abstrakten Objekte, falls man an sie glaubt, können also nicht wirksam werden. Auch aus diesem Grund wird im vorliegenden Artikel einer nichtreferenziellen Sichtweise auf mathematische Zeichen der Vorzug gegeben.

Wie bei herkömmlichen Spielen, so ist man auch bei mathematischen Sprach- und Zeichenspielen gezwungen, sofern man diese „Spiele" spielen will, festgelegten Regeln zu folgen und die Spielwirklichkeit zu akzeptieren. Im Gegensatz zu mathematischen Sprach- und Zeichenspielen wird diese Form des sozialen „Drucks" im Zusammenhang mit herkömmlichen nichtmathematischen Spielen meist nicht negativ gesehen. Das Erlernen von Spielen könnte daher generell als Vorbild für das Erlernen der mathematischen Sprach- und Zeichenspiele dienen. Regeln und deren Sinn erschließen sich hier einfach schrittweise mit dem Spielen der Spiele. Regelübertretungen und Fehler sind dabei kein Problem, sondern ein zu erwartender und akzeptierter Teil des Lernprozesses. Erläuterungen durch Mitspielende und Regelbegründungen sind im Normalfall willkommen. In diesem Sinne sollte das Einfordern des Regelfolgens im Mathematikunterricht auch mit der Begründung der Regeln einhergehen. Die Bereitschaft, Regeln zu akzeptieren und einzuhalten, ist sicher größer, wenn ihre Zweckmäßigkeit sichtbar gemacht und begründet wird. Dies beginnt bei der Offenlegung von Erfordernissen des Regelfolgens. Viele Regeln wie etwa Grundregeln kann man beispielsweise nicht wirklich verstehen. Man kann sie nur befolgen. Beispiel: $(-1)(-1) = +1$ ist eine reine Ersetzungsregel. Man kann eine solche Regel befolgen, man kann ihre Zweckmäßigkeit begründen, man kann sie aber nicht „verstehen". Gleichermaßen kann das Zusammenwirken von Regeln begründet und nur in diesem Sinne „verstanden" werden. Generell können innermathematisch geltende Regeln nicht durch irgendeine außermathematische „Wirklichkeit" begründet werden.

Wie bei Spielen sind in der Mathematik Regeln so gefasst, dass es keine Ungeklärtheiten gibt. Wittgenstein (2003, S. 100) schreibt: „Es ist doch kein Spiel, wenn es eine Vagheit in den Regeln gibt." Man kann sich in diesem Sinne die Regeln nicht aussuchen. Man muss das Gesamtpaket akzeptieren. Die Wahrnehmung von Zeichenspielrealität basiert daher auch auf einem Auslotungsprozess. Es geht nicht nur um die Frage: „Welche Regeln gelten?", es geht auch um Fragen wie: „Welche Regeln gelten generell oder in gewissen Kontexten nicht?" Wichtig ist in diesem Zusammenhang auch das Zusammenwirken der Regeln. Die Verwendungsregeln der Zeichen in den mathematischen Zeichensystemen sind nicht willkürlich, sondern aufeinander aufbauend und ineinandergreifend, also begründet festgelegt. Die Verwendungsregeln in den „übergeordneten" sind etwa durch Verwendungsregeln in den „untergeordneten" Zeichenspielen bestimmt. Beispiel: Die Verwendungsregeln für Potenzen – sie „reorganisieren" bestimmte Multiplikationen – werden durch die Verwendungsregeln der Multiplikationen bestimmt. Dies kann im Unterricht sichtbar gemacht werden.

Der Ausbau der Bedeutung der Zeichen kann mithilfe regelkonformer Verwendungen rein konstruktiv und damit ohne Rückgriff auf existente abstrakte Objekte erläutert werden (vgl. Brunner 2017, S. 154). Beispiel: Ein Zahlzeichen wie etwa „5" ist anfänglich nur durch seine Rolle im Zeichenspiel „0, 1, 2, 3, 4, 5, 6, 7, …" bestimmt. Es ist

Nachfolger des Zahlzeichens „4" und Vorgänger des Zahlzeichens „6". Mithilfe von Ersetzungs- und Operationsregeln sowie dem Ausbau des Zeichenspiels mittels Inskriptionskombination und Rollenanpassung kann das Dezimalsystem auf die bekannte Art und Weise ausgebaut werden. Es gelten Inskriptionsersetzungen wie

$$5 = 6 - 1 = -2 + 7 = 40{:}8 = 4{,}7 + 0{,}2 + 0{,}1 = \frac{17}{3} - \frac{2}{3} = 6{,}6 - 1{,}6 = \text{usw.}$$

(3.2)

Die Rolle „5" kann so durch eine ständig zunehmende Anzahl von Arten „beschrieben" werden. Eine Sprache der Verwendung und Regeln kann generell helfen, Einzuführendes als sinnvoll und begründet erscheinen zu lassen. Definitionen können beispielsweise als Festlegungen von Rollen (Verwendungen und Regeln) verstanden werden. Beispiel: Ein Zeichenspiel wie „$|x| = x$ für $x \geq 0$ und $|x| = -x$ für $x < 0$" regelt die Verwendung der Betragsstriche. Demgegenüber erinnern Erklärungen mithilfe der Existenz abstrakter Objekte eher an Glaubensgrundsätze. Es ist im Hinblick auf das angestrebte Verständnis von Relevanz, ob man etwa das Zusammenwirken sogenannter Darstellungen der komplexen Zahlen ($a + bi$, Gaußsche Zahlenebene, Polarkoordinaten, Matrizen, Riemannsche Zahlenkugel) und damit zusammenhängend auftretende Phänomene wie jenes, dass Operationen mit verschiedenen dieser „Darstellungen" zu gleichen Ergebnissen führen, mithilfe von Inskriptionskombinationen, Rollenkombinationen und entsprechenden Regelanpassungen detailliert konstruktiv erklärt, oder ob man einen „Glaubenssatz" wie „diese Darstellungen repräsentieren das gleiche abstrakte Objekt" als Erklärung ausreichend findet (vgl. Brunner 2013, 2015b, 2017).

Im Zusammenhang mit der Aufschlüsselung von Verwendungsregeln ist auch das Sichtbarmachen des Sinns der Regeln mithilfe von Analogien aus der Lebenswelt der Lernenden eine gute Methode, um neues Wissen auf der Basis von altem generieren, memorieren und erfolgreich integrieren zu können (vgl. Brunner 2017). Lernen mithilfe von Analogien garantiert nach Metzig und Schuster (2000) langfristiges Behalten, verbessertes Verständnis für den Wissensbereich, mehr Kreativität, da das alte Wissen neue Hypothesen über den neuen Wissensbereich erlaubt, emotionale Ankopplung usw. Hier ein Beispiel für eine Analogie zur Erläuterung der Regel „Regeln haben Konsequenzen": Gilt im Straßenverkehr die Rechtsfahrregel, so muss links überholt; gilt hingegen die Linksfahrregel, so muss rechts überholt werden.

Die Akzeptanz des Regelfolgens kann im Mathematikunterricht nicht nur durch eine Kultur des sinnvollen Explizitmachens und der Begründung der geltenden Verwendungsregeln unterstützt werden, es muss auch ein adäquater Umgang mit Fehlern der Lernenden gefordert werden. Fehler können für produktive Konflikte im Sinne einer reflektierenden Beschäftigung mit den Verwendungsregeln genützt werden. Nach Wittgenstein handelt es sich bei Fehlern im Zusammenhang mit Verwendungsregeln um Regelkonflikte und nicht um Konflikte zwischen Regeln und Wirklichkeit. Wittgenstein (zitiert nach Gerrard 1991, S. 132) schreibt: „Contradiction is between one rule and another, not between rule and reality." Es ist in der Mathematik aber nicht alles durch

Regeln bestimmt. Die geltenden Regeln determinieren die mathematischen Spiele nicht vollständig. Es gibt auch Freiräume und Möglichkeiten.

3.5.2 Ausloten und Nutzen der Möglichkeiten

„Sehend zu sein" heißt nicht nur die Bedeutung der Zeichen „wahrnehmen" zu können, man muss die Möglichkeiten, die sie eröffnen, auch auszuloten und zu nützen imstande sein. Regeln haben Konsequenzen. Beispiel: Transformiert man das gegebene Zeichenspiel des Zylindervolumens

$$V = r^2 \pi h \ \text{ in } \ r^2 = \frac{V}{\pi h}, \tag{3.3}$$

so sieht man, dass sich das „Quadrat des Radius" durch den angeführten Quotienten beschreiben lässt (Konsequenz einer Gesetzmäßigkeit). In diesem Sinne kann das Ausloten der Möglichkeiten als Ableitung von Konsequenzen aus gegebenen Regeln mithilfe regelkonformer Operationen, Transformationen, Inskriptionsveränderungen, Rollenveränderungen usw. gesehen werden. Beim Ableiten von Konsequenzen aus Regeln macht man in der Mathematik die Erfahrung von „Unausweichlichkeit". Führt man an mathematischen Zeichenspielen regelkonform Operationen, Transformationen usw. durch, so macht man unausweichlich bestimmte Erfahrungen. Beispiel: Verwendet man in einem Dreieck drei Striche als gleich lang, so wird man durch geeignete Transformationen und Überlegungen feststellen, dass alle Winkel gleich groß, nämlich 60° sind und Umkreismittelpunkt, Schwerpunkt und Höhenschnittpunkt in einem Punkt zusammenfallen. Wie bereits erwähnt, nennt Peirce (vgl. etwa Hoffmann 2005, S. 127) solche Untersuchungen an mathematischen Zeichenspielen Experimente. In der Mathematik gibt es im Gegensatz zu empirischen Experimenten Vorhersehbarkeit. Man kann Ergebnisse von Experimenten wie das angeführte begründen und, da „alles offen zutage liegt", auch vorhersagen. „Sehend zu sein" bedeutet also auch im Sinne dieser Vorhersehbarkeit, Ergebnisse vorhersehen und dadurch bestehende Möglichkeiten abschätzen zu können.

Eine weitere erforderliche Fähigkeit des „Sehend-Seins" ist jene, mathematische Inskriptionen und Zeichen als Typ verwenden zu können. Hoffmann (2005, S. 59) betont in Anlehnung an Peirce, dass Zeichen nur dann für uns für eine bestimmte Bedeutung stehen, wenn wir in der Lage sind, sie als Typ wahrzunehmen. Nach Brunner (2013) sind Typen Äquivalenzklassen von Inskriptionen, die im Hinblick auf bestimmte Verwendungen gebildet werden. Beispiel: $3 + 4i \sim 5 + 12i \sim a + bi$. Typen werden hier wiederum als Zeichenverwendungen und nicht als Eigenschaften implizit existenter abstrakter Objekte gesehen. Bedeutung erscheint dadurch gestaltbar. „Sehend zu sein" heißt also auch, Zeichen (Inskriptionen) nach unterschiedlichen Typen verwenden zu können. Typbildungen können nach Brunner (2017) auch als Rollenübertragungen interpretiert werden. Die Fähigkeit zur Rollen- bzw. Regelübertragung ist auch grundlegend für die Fähigkeit, deduktiv Schlüsse ziehen zu können. Meyer (2015, S. 20) definiert Deduktion als Folgerung aus einem gegebenen Fall und einem gegebenen Gesetz:

Fall: $F(x_1)$
Gesetz: $\forall i : F(x_1) => R(x_1)$
Resultat: $R(x_1)$

Eine schulmathematische Anwendung dieses Schemas ist nach Söhling (2017, S. 104) etwa die folgende:

Fall: $23 - 15 = 8$
        $20 - 12 = ?$

Gesetz: Wenn in einer Differenz Minuend und Subtrahend gleichsinnig verändert werden, dann bleibt die Differenz gleich.

Resultat: $23 - 15 = 20 - 12 = 8$

Nach Meyer (2015, S. 20) ist das Resultat der Deduktion bereits in der „Folgerung (Konsequenz) des allgemeinen Gesetzes enthalten und somit schon zuvor in seinen Grundzügen erfasst". Wie bereits erwähnt, kann diese Art der Deduktion nach Brunner (2017) als Rollenübertragung gesehen werden: Inskriptionsrollen werden aufgrund einer gegebenen Gesetzmäßigkeit von einem Fall auf ein Resultat übertragen. Beim angeführten Beispiel ist die Inskription $(20 - 12)$ im Hinblick auf die angeführte Gesetzmäßigkeit nach der gleichen Rolle wie die jene von $(23 - 15)$ verwendbar. Die Übertragung einer solchen Gesetzmäßigkeit kann für Lernende komplizierter sein, als es auf den ersten Blick erscheint. Gesetzmäßigkeiten werden häufig nicht in den betreffenden Zeichenspielen selbst, sondern in zugehörigen Sprachspielen formuliert. Dies ist auch an obigem Beispiel beobachtbar. Die bestimmende Gesetzmäßigkeit wird nicht im Zeichenspiel der Subtraktion, sondern in einem Sprachspiel von „Minuend", „Subtrahend" und „Differenz" formuliert. Diese Wörter stehen für Rollen der Inskriptionen im Zeichenspiel der Subtraktion. Lernende müssen also nicht nur mit dem Zusammenwirken der beiden „Spiele" bestens vertraut sein, sie müssen auch in der Lage sein, die im Sprachspiel formulierten Regeln auf das Zeichenspiel zu übertragen. Deduktive Schlüsse können übrigens häufig im zugehörigen Sprachspiel erfolgen. Beispiel:

Fall: Flächeninhalt des Deltoids: $A = \frac{e \cdot f}{2}$
Gesetz: Ein Quadrat ist ein Deltoid.
Resultat: Flächeninhalt des Quadrats: $A = \frac{d \cdot d}{2}$

Die deduktive Begründung legt einen Gebrauch der Sprechweise „Flächeninhalt des Quadrats" fest. Es wurde eine Rollenbeschreibung für die Sprechweise „Flächeninhalt des Quadrats" hinzugewonnen.

  Nach Hoffmann ist auch für das korollare Schließen immer ein Minimum an Kreativität erforderlich (Hoffmann 2005, S. 166). Er differenziert in der Folge den

Begriff „korollare Deduktion" und unterscheidet in Anlehnung an Peirce zwischen „unkritisch-korollarer" und „selbstkritisch-korollarer" Deduktion (ebd., S. 166). Peirce selbst hatte bereits die Unterscheidung zwischen „unkritischem" und „selbstkritischem" Schließen vorgeschlagen. Bei der ersten Form des Schließens orientierte er sich an algorithmisch ablaufender Deduktion, die er im Zusammenhang mit zu seiner Zeit neuartigen „logischen Maschinen" beobachtet hatte (ebd., S. 166). Im Sinne des „unkritischen" bzw. „selbstkritischen" Schließens hat „sehend zu sein" auch mit geltenden Konventionen etwa im Zusammenhang mit den Anschauungsgrundlagen zu tun. Speziell betrifft dies die Verlässlichkeit der Anschauung. Hier ein Beispiel: Beim folgenden Zeichenspiel aus Platos „Menon" (Abb. 3.4) kann mithilfe von theorematischer Deduktion geschlossen werden, dass die Fläche über der Diagonale eines gegebenen Quadrats zweimal so groß wie der Flächeninhalt dieses Quadrats ist.

Im Hinblick auf die angeführte Verlässlichkeit der Anschauung stellen sich hier Fragen wie die folgende: Reicht es, mithilfe bloßer Anschauung festzustellen, dass das große Quadrat aus vier gleichen Dreiecken besteht, deren Fläche jeweils gleich groß ist wie die Hälfte (Vermutung) des ursprünglichen Quadrats, oder muss etwa auch nachgewiesen werden, dass ein Quadrat immer über einer gegebenen Diagonale errichtet werden kann oder dass die vier Dreiecke, bei denen jeweils ein Quadrat durch die Diagonalen geteilt wird, kongruent sind? Derartige Fragen können im Schulkontext zumindest angesprochen werden. Für Lernende kann es aber auch interessant und lehrreich sein, wenn neben unkritisch anschaulicher auch formal exakte Deduktion an verschiedenen Beispielen im Unterricht behandelt wird.

Aus den angeführten Beispielen zur theorematischen Deduktion ist ersichtlich, dass die Schritte 1 und 2 (theorische Transformation), ausgehend von gegebenen Zeichenspielen, dem „Erreichen" einer vertrauten Gesetzmäßigkeit in „anderen" Zeichenspielen dienen. Solche vertrauten Gesetzmäßigkeiten sind bei den in Abschn. 3.3 angeführten Beispielen 1 und 2 beispielsweise Formeln (Umfangs des neuen Zeichenspiels „Rechteck", Fläche des neuen Zeichenspiels „Parallelogramm"). Es sind aber nicht nur Formeln, die als Gesetzmäßigkeiten genutzt werden können. Mathematische Zeichenspiele können generell als Regelsysteme und mathematische Sätze, Theoreme usw. als Regeln (Normen, Gesetzmäßigkeiten) begriffen werden, mithilfe derer korollar deduziert werden kann. Für Wittgenstein sind mathematische Sätze grammatikalische Sätze. Er schreibt (1984b, S. 162):

Abb. 3.4 Figur aus Platos „Menon"

Bedenken wir, wir werden in der Mathematik von *grammatischen* Sätzen überzeugt; der Ausdruck, das Ergebnis dieser Überzeugtheit ist also, daß wir *eine Regel annehmen.*

Die Normativität der Mathematik bringt er auch an anderer Stelle zum Ausdruck (ebd., S. 425):

Was ich sage, kommt darauf hinaus, die Mathematik sei *normativ.* Aber „Norm" bedeutet nicht dasselbe wie „ideal".

Für Wittgenstein (1984b, S. 431) bildet die Mathematik ein Netz von Normen. In diesem Sinne können für Lernende bestimmte Zeichenspiele, Formeln und Sätze bei entsprechender Vertrautheit Orientierungspunkte in diesem Netz von Normen sein. Diese Orientierungspunkte können flexibles und kreatives mathematisches Handeln unterstützen. Diesem Aspekt sollte im Mathematikunterricht entsprechende Aufmerksamkeit geschenkt werden.

3.5.3   Ausloten des epistemologischen Potenzials

Das epistemologische Potenzial der mathematischen Zeichenspiele kann nur entfaltet werden, wenn man zur kreativen operativen Nutzung derselben imstande ist. Es geht hier um kreative Schritte im Sinne von Hoffmanns theorischer Transformation, die über ein reines Ausloten von Möglichkeiten hinausgehen. Ein „Blickpunkt", eine eingenommene Sichtweise muss kreativ gewechselt werden können (Hoffmann 2005, S. 177). Die Bedeutung der Fähigkeit, „etwas anders sehen können", betont auch Wittgenstein (Krämer 2016, S. 312). Er sagt, dass

[…] Darstellungen den Einblick und Überblick, den sie geben, immer nur in Relation zu bestimmten Betrachtern eröffnen: Übersichtlichkeit ist keine intrinsische Eigenschaft der Darstellung, sondern beobachterrelativ. Daher kann und muss die aufklärende Wirkung, die eine übersichtliche Darstellung evoziert, darin bestehen, dass der Betrachter selbst – mehr oder weniger plötzlich – seinen Gesichtspunkt ändert und die Dinge jetzt anders zu sehen vermag.

Für Peirce (vgl. Hoffmann 2005, S. 222) wird mit dem angeführten Blickpunktwechsel eine Vorstellung eingeführt, „die in den Daten nicht enthalten war und die Verbindungen herstellt, die jene sonst nicht gehabt hätten". Die eigentliche Kreativität ist für Hoffmann an der Stelle zu verorten, wo in Experimenten mit mathematischen Zeichenspielen (Diagrammen)

[…] plötzlich etwas beobachtet wird, das nur abduktiv mit der Entwicklung einer neuen Hypothese oder theorisch mit einem Wechsel des Blickpunktes erklärt werden kann. Peirce spricht hierzu einmal von der „höchste(n) Form der Synthesis", bei der der menschliche Geist „im Interesse der Intelligibilität" aktiv werde.

Hier wird an die Genialität des menschlichen Geistes appelliert. Es kann natürlich zu Recht bezweifelt werden, ob Derartiges unterrichtet werden kann. Dennoch sind die in Abschn. 3.3 angeführten Beispiele (bis auf den Satz von Desargues) gut schultauglich. Lernende werden bei entsprechender Vertrautheit mit den jeweiligen mathematischen Zeichen die für diese Beispiele erforderlichen kreativen Schritte auch zuwege bringen können. Wie kann nun aber diese Form der Kreativität bestmöglich unterstützt und gefördert werden? Es erscheinen in diesem Zusammenhang u. a. zwei Gesichtspunkte als relevant:

1. die Ermutigung zu kreativer Regeldurchbrechung.
2. die Entwicklung der Fähigkeit des kreativen Manipulierens mit Inskriptionen.

Zunächst zur Ermutigung zu kreativer Regeldurchbrechung. Die Schritte 1 und 2 (theorische Transformation) erfordern eine „Grenzüberschreitung". Beim Lösen der Aufgaben werden die Inskriptionen nicht im Sinne der vorgegebenen Zeichenspiele verwendet. Man darf daher gegebene Inskriptionen und deren Rollen nicht als unumstößlich ansehen. Man muss Mut zur Veränderung des Gegebenen haben. Dies steht in gewisser Weise im Widerspruch zum nötigen und im Mathematikunterricht eingeforderten Regelfolgen. Von den Lernenden sind hier also Selbstsicherheit und Experimentierfreude auf der Basis großer Vertrautheit im Umgang mit den involvierten mathematischen Zeichenspielen und Zeichensystemen gefordert. Diese Experimentierfreude sollte im Unterricht nicht nur erwähnt, sondern anhand von didaktischen Vorgangsweisen, wie sie im Abschn. 3.4 vorgeschlagen werden, gezielt gefördert werden.

Die Entwicklung der zweiten Fertigkeit hat im Unterricht maßgeblich mit der Erfahrbarkeit der mathematischen Zeichensysteme als manipulier- und gestaltbar zu tun. Was kann im Mathematikunterricht aber getan werden, um die angeführte Manipulier- und Gestaltbarkeit der mathematischen Zeichensysteme für Lernende sichtbar zu machen? Im Folgenden sind einige Anregungen angeführt.

Forschungen im Zusammenhang mit der sogenannten „Repräsentationskompetenz" („meta-representational competence", kurz MRC, vgl. diSessa und Sherin 2000; Sherin 2000) zeigen, dass es sinnvoll ist, Lernende nicht nur im Umgang mit Standardrepräsentationen zu unterrichten, sondern sie auf breiter Basis ein allgemeines Verständnis für Repräsentation entwickeln zu lassen (vgl. Brunner 2011, S. 37). Bereits kleine Kinder besitzen nach diSessa und Sherin (2000, S. 391) eine reiche Sammlung an Repräsentationsmitteln, auf die aufgebaut werden kann. Dabei geht es nicht nur um die Auswahl und produktive Verwendung von Repräsentationen, sondern auch um die Fähigkeit, Repräsentationen zu modifizieren, zu kritisieren oder neu zu entwickeln. Nach diSessa und Sherin (z. B. 2000, S. 398) spielt in diesem Zusammenhang Zeichnen eine große Rolle. Sherin (2000, S. 424) spricht überhaupt von einem möglichen Pfad vom Zeichnen hin zu standardisierten wissenschaftlichen Repräsentationen. Standardisierte mathematische Zeichenspiele könnten so quasi in einem Prozess der Restrukturierung aus etablierten Repräsentationsmitteln der Lernenden entwickelt werden. Mit der angesprochenen Entwicklung der mathematischen Zeichen kann also nicht früh genug begonnen werden.

Nach Sattlberger (2006, S. 3) fällt „kreativen Personen der Wechsel zwischen verschiedenen Darstellungsweisen leicht, sie können […] sich leichter von ‚ihrem' vorgegebenen Weg lösen". Dies spricht für die Bedeutung des Erwerbs von Flexibilität im Zusammenhang mit den mathematischen Zeichenspielen und Zeichensystemen. Im Sinne der angesprochenen Manipulier- und Gestaltbarkeit geht es hier um die Fähigkeit, nicht nur einzelne, sondern mehrere Zeichenspiele in ihrem Zusammenwirken und mit der Zeit größere Teile der Zeichensysteme flexibel verwenden zu können. Es geht um eine Perspektive auf mathematische Zeichen, bei der gegebene Zeichenspiele potenziell als andere Zeichenspiele gesehen werden können. Mithilfe von Inskriptionskombinationen und entsprechenden Rollenänderungen kann ja die Bedeutung gegebener Zeichenspiele geändert werden. Beispiele: Ein Dreieck kann potenziell als 4-, 5-, 6-, …, n-Eck betrachtet werden. Jede Gleichung in zwei Variablen kann als Funktion verwendet werden. Jedes Polynom kann potenziell ein anderes sein usw. In diesem Sinne können die mathematischen Zeichensysteme für sich alleine und in ihrem Zusammenwirken wie ein „Baukasten" betrachtet werden. Mit verschiedenen konstruktiven Erklärungsweisen (Brunner 2013, 2015b, 2017) kann die angesprochene Gestaltbarkeit der Zeichensysteme für die Lernenden zusätzlich erfahrbar gemacht werden. Als nützliche Anregung erscheint hier auch der im Zusammenhang mit Anschauungsmitteln von Söbbeke (2005, S. 371) unterbreitete Vorschlag, die potenzielle Mehrdeutigkeit der Anschauungsmittel für „produktive kognitive Konflikte" zu nützen. Dieser Vorschlag kann generell auf mathematische Zeichen umgelegt werden. Durch eine entsprechende Unterrichtskultur kann bewusstes Umdeuten von Zeichen gezielt gefördert werden. Die Schüler/innen müssen so „die theoretische Mehrdeutigkeit von Zeichen immer wieder neu und bewusst entdecken und durchdringen" (ebd., S. 378). Söbbeke (2009) beschreibt vier verschiedene Ebenen der „visuellen Strukturfähigkeit", ausgehend von einer „Ebene konkret empirischer Deutungen" bis hin zu einer „Ebene strukturorientierter, relationaler Deutungen mit umfassender Nutzung von Beziehungen und flexiblen Umdeutungen". Lernende können so im Verlauf eines Interaktionsprozesses mathematische Zeichen (bei Söbbeke Anschauungsmittel) einer neuen Sinngenerierung unterziehen. Der Gebrauch der mathematischen Zeichen kann so, durch ein „Ins-Gespräch-mit-den Lernenden-Kommen" (Söbbeke 2009, S. 8), zu einem Thema des Unterrichts gemacht werden. Im Sinne des im vorliegenden Aufsatz propagierten Kreativitätsbegriffs können Lernende im Zusammenhang mit der angeführten aktiven Umdeutung und Sinngenerierung Ideenreichtum entwickeln. Der kreative Typwechsel (Brunner 2013) ist in diesem Zusammenhang sicher auch von Bedeutung. Bei der explorativen Erforschung der Zeichenspiele können auch die elektronischen Werkzeuge von Nutzen sein. Vertrautes kann zeitsparend hervorgebracht und Neues erkundet werden. Die vorgeschlagenen methodischen und didaktischen Vorgehensweisen werden für Lernende die mathematischen Zeichenspiele und Zeichensysteme nicht als statisch, sondern als gestalt- und manipulierbar erlebbar machen.

3.5.4 Denken und Schreiben als Einheit

Im Zusammenhang mit mathematischer Kreativität geht es auch um Strategien und Vorgangsweisen, die Peirce im Zusammenhang mit dem erwähnten diagrammatischen Denken betont. Die Entwicklung kreativer Lösungen erfordert die flexible Nutzung mathematischer Zeichen als Denk- und Experimentiermittel. Nach Peirce haben wir „kein Vermögen, ohne Zeichen zu denken" (z. B. Misak 2004, S. 241). Ähnliches sagt Wittgenstein (zitiert nach Krämer 2016, S. 315): „Wir können gar nicht anders denken als im Medium von Zeichen." Mithilfe von Zeichen kann „Vages" überhaupt fixiert und zum Gegenstand von Betrachtungen gemacht werden. Dies betont die Bedeutung des Schreibens. Mathematisches Problemlösen wird im Zusammenhang mit anspruchsvolleren Aufgabenstellungen schon alleine wegen der erforderlichen Gedächtnisleistungen nie ein reiner Denkprozess sein können. Es wird ein iterativer Prozess des Schreibens, Denkens, Probierens, Beobachtens, Verwerfens, des Probierens von etwas Neuem usw. sein müssen. Rotman (2000) bringt es mit seiner Einheit von „scribbling/thinking" auf den Punkt. Nach Dörfler (2006, S. 211) ist Mathematik nicht nur

> [...] „episteme" (intellektuelles Wissen über etwas), sondern wird ganz essentiell zur „techne" (Aristoteles), zum reflektierten Handwerk (Schreibwerk) des produktiv-kreativ-imaginativen Arbeitens [...]

Nach Dörfler (2006, S. 214) sollte übrigens auch das Erfinden und Entwerfen von Zeichenspielen (Diagrammen) ein wesentlicher Bestandteil des Mathematikunterrichts sein.

Dem Aspekt des kreativ-imaginativen Schreibens (Arbeitens) soll im Folgenden noch etwas Aufmerksamkeit geschenkt werden. Kreatives Probieren als Grundelement des mathematischen Problemlösens hat sicher auch etwas mit assoziativem Schreiben zu tun. Bereits Aristoteles betont in seinem Werk „Über das Gedächtnis und die Erinnerung" die Bedeutung von Assoziationen (vgl. https://de.wikipedia.org/wiki/Assoziationspsychologie). Speziell betont er die Aspekte „Ähnlichkeit" und „Nichtähnlichkeit" (Kontrast). In diesem Sinne fließen mithilfe von kreativ-imaginativem Schreiben Assoziationen mit Bekanntem in den Lösungsprozess ein. Hier können etwa erlernte Strategien theorischer Transformation (vgl. Abschn. 3.4) ihre Wirkung zeigen. Es können aber auch als Kontrast zu bereits erlernten kreativ neue Strategien entwickelt werden. Dies entspricht auch dem sogenannten „divergierenden Denken" und der oben angeführten Regeldurchbrechung. Für Guilford (vgl. Ulmann 1973) bildet dieses Denken die Grundlage des kreativen Denkens und des Problemlösens. „Divergierend" bedeutet hier „abweichend vom Üblichen", was nach Ulmann (1973, S. 17) immer schon als Synonym für Kreativität gegolten hat. Es gehören aber auch Spiel und Kreativität zusammen. Insofern könnte der Spielaspekt im Mathematikunterricht öfters in den Vordergrund gestellt werden. Durch die Loslösung von Mathematik aus dem Kontext von „seriös", „real", „ernst", „unantastbar", „nicht infrage stellbar", „unmanipulierbar" usw. wird es für die Lernenden wahrscheinlich eher möglich, Neues aus individueller Sicht kreativ

zu entwickeln. Überspitzt formuliert könnten speziell in gewissen, besonders aussichts-
los erscheinenden Phasen des mathematischen Arbeitens einmal Hand und Bleistift die
Führung übernehmen, um so hilfreiche Assoziationen wachzurufen und den Lösungsprozess zu beleben.

3.6   Fazit

Peirces Konzept der theorematischen Deduktion ist in der angeführten Form für den
Mathematikunterricht relevant. Kreativität wird durch das in drei Schritten formulierte
Fokussieren auf wahrnehmbare Inskriptionen und deren Rollen didaktisch fass-
bar. Das Konzept erscheint nach etablierten Lerntheorien entwickelbar, die Fähigkeit zu kreativem mathematischem Handeln durch die vorgeschlagenen begleitenden
Maßnahmen gut förderbar. Beispielsweise kann der Erwerb von Vertrautheit mit
einem mathematischen „Baukasten" kombinierbarer Inskriptionen und Rollen
helfen, die mathematischen Zeichensysteme als gestalt- und manipulierbar erleben
zu können. Der anzustrebende flexible Umgang mit den mathematischen Zeichensystemen erscheint durch konstruktive Erklärungsweisen mithilfe von Begriffen wie
„Inskriptionsmanipulation", „Inskriptionsrolle", „Rollenwechsel" oder „Zeichenspiel"
gut förderbar. Den geltenden Regeln kommt im Hinblick auf die kreative Auslotung der
mathematischen Sprach- und Zeichenspiele zentrale Bedeutung zu. Das erforderliche
Regelbefolgen kann durch die Begründung, das Explizitmachen und die Erläuterung
(etwa mithilfe von Analogien) der Regeln gut unterstützt werden. Im Hinblick auf die
angestrebte kreative Inskriptionsverwendung dürfte neben der Betonung des Regel-
befolgens auch das Aufzeigen der Bedeutung von Regeldurchbrechungen anhand
geeigneter Beispiele sinnvoll sein. Fehler sollten im Zusammenhang mit Verwendungsregeln als Regelkonflikte und nicht als Konflikte zwischen Regeln und Wirklichkeit
betrachtet werden. Sie sollten in diesem Sinne für produktive kognitive Konflikte genützt
werden. Generell kann die Orientierung an Spielen helfen, um die kreative und unterhalt-
same Seite der Mathematik mehr in den Vordergrund zu stellen.

Literatur

Aebli H (1983) Zwölf Grundformen des Lehrens. Eine allgemeine Didaktik auf psychologischer
    Grundlage. Klett, Stuttgart
Baxter JA, Williams S (2010) Social and analytic scaffolding in middle school mathematics:
    managing the dilemma of telling. J Math Teach Educ 13(1):7–26
Bruner JS (1970) Der Prozess der Erziehung. Berlin Verlag, Berlin
Brunner M (2009) Lernen von Mathematik als Erwerb von Erfahrungen im Umgang mit Zeichen
    und Diagrammen. J Math Didakt 30(3/4):206–231
Brunner M (2011) Ständige Restrukturierung – ein Erfordernis des Lernens von Mathematik.
    Mathematica Didactica 34:20–49

Brunner M (2013) Didaktikrelevante Aspekte im Umfeld der Konzepte *token* und *type*. J Math
    Didakt 34(1):53–72
Brunner M (2015a) Diagrammatische Realität und Regelgebrauch. In: Kadunz G (Hrsg)
    Semiotische Perspektiven auf das Lernen von Mathematik. Springer, Berlin, S 33–49
Brunner M (2015b) Bedeutungsherstellung als Lehr- und Lerninhalt. Mathematica Didactica
    38:199–223
Brunner M (2017) Die Rollen der Inskriptionen als nützliche Sichtweise im Mathematikunterricht.
    J Math Didakt 38(2):141–165. https://doi.org/10.1007/s13138-017-0114-z
diSessa A, Sherin B (2000) Meta-representation: an introduction. J Math Behav 19:385–398
Dörfler W (2006) Diagramme und Mathematikunterricht. J Math Didakt 27(3/4):200–219
Dörfler W (2010) Mathematische Objekte als Indizes in Diagrammen. Funktionen in der Analysis.
    In: Kadunz G (Hrsg) Sprache und Zeichen. Hildesheim, Franzbecker
Dörfler W (2015) Abstrakte Objekte in der Mathematik. In: Kadunz G (Hrsg) Semiotische
    Perspektiven auf das Lernen von Mathematik. Springer, Berlin, S 33–49
Gerrard S (1991) Wittgenstein's philosophies of mathematics. Synthese 87:125–142
Glasersfeld E (1987) The construction of knowledge à contributions to conceptual semantics.
    Intersystems, Salinas
Heymann HW (1996) Allgemeinbildung und Mathematik. Beltz, Weinheim
Hilbert D, Cohn-Vossen S (1996) Anschauliche Geometrie. Springer, Berlin
Hoffmann M (2005) Erkenntnisentwicklung, Philosophische Abhandlungen, Bd 90. Klostermann,
    Frankfurt a. M.
Klahr D (2009) „to everything there is a reason, and a time to every purpose under the heavens":
    what about direct instruction? In: Tobias S, Duffy TM (Hrsg) Construcivist instruction: success
    or failure?. Routledge, London, S 291–310
Kollosche D (2017) Entdeckendes Lernen. Eine Problematisierung. J Math Didakt 38(2):207–237
Krämer S (2016) Figuration, Anschauung, Erkenntnis: Grundlinien einer Diagrammatologie.
    Suhrkamp, Frankfurt a. M.
Leuders T (2014) Entdeckendes Lernen – Produktives Üben. In: Linneweber-Lammerskitten H
    (Hrsg) Fachdidaktik Mathematik: Grundbildung und Kompetenzaufbau im Unterricht der Sek.
    I und II. Kallmeyer, Seelze, S 236–263
Mager R (1977) Lernziele und Unterricht. Beltz, Weinheim
Metzig W, Schuster M (2000) Lernen zu lernen. Springer, Heidelberg
Meyer M (2010) Wörter und ihr Gebrauch – analyse von Begriffsbildungsprozessen im
    Mathematikunterricht. In: Kadunz G (Hrsg) Sprache und Zeichen. Franzbecker, Hildesheim,
    S 49–80
Meyer M (2015) Vom Satz zum Begriff. Springer, Wiesbaden
Misak C (2004) The Cambridge companion to Peirce. University Press, Cambridge
Peirce CS (1990) Semiotische Schriften, Bd 2. Suhrkamp, Frankfurt a. M. (Hrsg Kloesel C, Pape
    H)
Polya G (1949) Schule des Denkens. Francke, Basel
Pfeifer Volker (2009) Didaktik des Ethikunterrichts. Kohlhammer, Stuttgart
Rotman B (2000) Mathematics as sign. Writing, imaging, couting. University Press, Stanford
Sattlberger E (2006) Kreativität im Mathematikunterricht oder ein Plädoyer für Schokolade und
    Wasser. Didaktikhefte der Österreichischen Mathematischen Gesellschaft, Schriftenreihe zur
    Didaktik der Mathematik an Höheren Schulen, 38
Serve H (1994) Kreativität – (k)ein Thema für die Schule?! Bedeutung, Möglichkeiten und
    Grenzen schulischer Kreativitätsförderung. In: Zöpfl H et al (Hrsg) Kreativität in Schule und
    Gesellschaft. Donauwörth, Auer

Sherin B (2000) How students invent representations of motion. A genetic account. J Math Behav 19:399–441

Söbbeke E (2005) Zur visuellen Strukturierungsfähigkeit von Grundschulkindern – Epistemologische Grundlagen und empirische Fallstudien zu kindlichen Strukturierungsprozessen mathematischer Anschauungsmittel. Franzbecker, Hildesheim

Söbbeke E (2009) „Sehen und Verstehen" im Mathematikunterricht – zur besonderen Funktion von Anschauungs-mitteln für das Mathematiklernen. In: Vásárhelyi É (Hrsg) Beiträge zum Mathematikunterricht 2008. Münster, WTM

Söhling AC (2017) Problemlösen und Mathematiklernen Zum Nutzen des Probierens und des Irrtums. Springer, Berlin

Sweller J, Kirschner PA, Clark RE (2007) Why minimally quided teaching techniques do not work. Educ Psychol 42(2):115–121

Tobias S, Duffy T (Hrsg) (2009) Constructivist instruction: success or failure?. Routledge, New York

Treffers A (1983) Fortschreitende Schematisierung: Ein natürlicher Weg zur schriftlichen Multiplikation und Division im 3. und 4. Schuljahr. Math Lehr I:16–20

Ulmann G (1973) Kreativitätsforschung. Kiepenheuer & Witsch, Köln

Wagenschein H (1975) Verstehen lehren. Beltz, Weinheim

Wittgenstein L (1978) Wittgensteins Vorlesungen über die Grundlagen der Mathematik. Schriften, Bd 7. Suhrkamp, Frankfurt a. M.

Wittgenstein L (1984a) Philosophische Grammatik, Bd 4. Suhrkamp, Frankfurt (Herausgegeben von R. Rhees (2015), Werksausgabe)

Wittgenstein L (1984b) Bemerkungen über die Grundlagen der Mathematik. Suhrkamp, Frankfurt a. M.

Wittgenstein L (2003) Philosophische Untersuchungen. Suhrkamp, Frankfurt a. M.

Teil II
Semiotik in der Praxis, das Sichtbare ordnen

Diagrammatisches Schließen lehren und lernen

4

Hermann Kautschitsch

Inhaltsverzeichnis

4.1 Einleitung

Nach wie vor wird viel Unterrichtszeit im Mathematikunterricht für das Einüben von Regeln und das Anwenden von mathematischen Konzepten für Problemlösungen verwendet, in der Hochschulmathematik nimmt das Beweisen, also der Übergang von einer Regel zu einer anderen, breiten Raum ein.

H. Kautschitsch (✉)
Institut für Mathematik, Alpen-Adria Universität Klagenfurt, Klagenfurt a.W., Österreich
E-Mail: hermann@kautschitsch.com

© Springer-Verlag GmbH Deutschland, ein Teil von Springer Nature 2020
G. Kadunz (Hrsg.), *Zeichen und Sprache im Mathematikunterricht,*
https://doi.org/10.1007/978-3-662-61194-4_4

In dieser Abhandlung wird jener Teil des Mathematikunterrichts beleuchtet, in dem es um das Entdecken von etwas „Neuem" und das Entwickeln von Einsichten und Erklärungen für das „Neue" geht. Dieses „Neue" ist im Allgemeinen eine neue Regel oder ein neues Konzept. Beide erweitern eine Theorie (als Regelsystem) oder deren Anwendbarkeit in inner- und außermathematischen Situationen. So haben (zumindest früher) die pythagoreische Regel im rechtwinkligen Dreieck oder die Winkelfunktions-regeln in schiefwinkligen Dreiecken die Vermessungskompetenz ausgeweitet, nach wie vor sind sie sowohl innermathematisch als auch in Physik und Technik von Bedeutung.

Bei diesem Finden von „Neuem" haben sich Diagramme und das mit ihnen mögliche diagrammatische Schließen als bedeutsam erwiesen, kann doch damit nach Peirce die Paradoxie des Lernens aufgelöst werden, nämlich wie es möglich sei, mit den auf einer Entwicklungsstufe gegebenen Mitteln „neue" Regeln und Einsichten (Aha-Erlebnisse) zu gewinnen.

Peirce unterscheidet drei Arten von Zeichen (nach Bakker und Hoffmann 2005):

- Ein Ikon ist ein Zeichen, das durch Ähnlichkeiten und Imitation wirkt und vor allem Relationen repräsentieren soll (geometrische Figuren für geometrische Relationen, Sätze für grammatische Relationen, Gleichungen für algebraische Relationen). Es fordert nicht unbedingt die Existenz von dem, was es repräsentiert, aber seine Form muss logisch möglich sein (CP 4.531, nach Bakker und Hoffmann 2005, S. 338 ff.).
- Ein Index ist eine Aufmerksamkeitslenkung (Buchstaben für Punkte in der Geometrie, Variablen in der Geometrie bzw. Algebra).
- Ein Symbol ist ein Zeichen, das sich durch Gesetze, Regeln oder Angewohnheiten auf ein Objekt oder speziell in der Mathematik auf eine Bedeutung bezieht. Ein auf Papier oder Bildschirm geschriebenes Zeichen ist kein Symbol, sondern nur eine Nachbildung eines Symbols, ein Token. Nimmt man es mit den vereinbarten Regeln wahr (denkt sich diese dazu), dann bezeichnet man das Symbol auch als Typ. Ein Token ist so nur ein konkretes Exemplar eines bestimmten Typs, während ein Typ eine unbegrenzte Menge von Token mit ganz bestimmten Eigenschaften umfasst.
- Ein Diagramm ist ein komplexes Zeichen (vornehmlich ein Ikon), das (andere) Ikons, Indizes und Symbole enthält. Seine Hauptfunktion ist die Repräsentation von Relationen (Regeln) und die Experimentierfähigkeit gemäß einer Syntax eines Repräsentationssystems (Algebra, Geometrie, Analysis bzw. Axiomensysteme jeder Art, aber auch eine natürliche Sprache). Experimente erzeugen weitere Regeln und machen eventuell neue Konventionen notwendig. Natürlich hat man im Allgemeinen nicht alle im Laufe der Menschheitsgeschichte erzeugten Relationen im Kopf. Ein auf Papier oder auf Bildschirm nach einem Regelsystem geschriebenes bzw. gezeichnetes oder sogar konstruiertes Diagramm ist ein den Augen zugänglicher „Token". Nur wenn man alle Relationen des Diagramms als ideal annimmt (Punkt liegt wirk-lich auf einer Geraden, zwei Figuren sind wirklich kongruent, $a^2 + b^2 = c^2$ gilt für reelle Zahlen wirklich in allen Dezimalstellen und nicht nur für die ersten 16 Stellen, …), dann ist das Diagramm ein „Typ" und es können mit ihm andere als bei

der Konstruktion verwendete ideale Relationen gezeigt werden. Darauf beruht nach Peirce der apodiktische, notwendige Charakter mathematischer Schlüsse. Zusammen mit der strengen Regelhaftigkeit der Transformationen bewirken Typen so beim Lernenden „zwingende" Wahrnehmungen (Peirce nach Hoffmann 2009, S. 252), es entsteht für ihn eine „diagrammatische Realität" (Brunner 2015, S. 23). Das Diagramm übernimmt also die erkenntnisleitende Funktion der üblicherweise sonst als existent angenommenen „abstrakten Objekte" (Dörfler 2010, S. 26). Nachdem Diagramme und deren Umformungen im Gegensatz zu den abstrakten Objekten jedoch beobachtbar sind, könnte man der Meinung sein, dass die Anschauung ihre erkenntnisleitende Funktion doch nicht verloren hat!

Je nach Art der beim Aufbau eines Diagramms verwendeten Ikons und Repräsentationssysteme möchte ich folgende Diagrammtypen unterscheiden.

4.1.1 Klassisches Diagramm

Es ist ein mittels konsistenter (oder zumindest von einer breiten Allgemeinheit verwendeter) Regeln und eines von der Community anerkannten Repräsentationssystems konstruiertes und von Hand geschriebenes oder vorgestelltes Ikon. Demnach kann beinahe alles Mögliche ein Diagramm sein (geometrische Figuren, Skizzen, Formeln, Gleichungen, Sätze, …), es muss nur Relationen repräsentieren.

Oder wie Peirce es beschreibt (CP 4.418 nach Bakker 2005): „[…] they are carried out upon a perfectly consistent system of representation, founded upon a simple and easily intelligible basic idea". Das Repräsentationssystem (nach Peirce „diagrammatical syntax") enthält eine Ontologie der mittels des Systems darstellbaren Objekte und Relationen, die Konventionen über die Konstruierbarkeit und Lesart des Diagramms, Regeln für die Durchführbarkeit von Experimenten mit Diagrammen und die möglichen Resultate solcher Experimente. Beispiele dafür sind alle in der Mathematik auftretenden Axiomensysteme. Die diagrammatische Realität (die mathematische Notwendigkeit) erfährt man durch die Stringenz der Regeln, falls man die nötige Schreibregel-Kompetenz besitzt (Brunner 2015, S. 23).

4.1.2 Computerunterstütztes (Computer-aided) Diagramm (CA-Diagramm)

Es enthält vom Computer nach den Regeln anerkannter Repräsentationssysteme am Bildschirm angefertigte Ikons. Wegen der sicheren Beherrschung dieser Regeln – exakte Programmierung vorausgesetzt – ist eine perfekte Schreibregel-Kompetenz vorhanden. Darüber hinaus kann aufgrund der hohen Konstruktions- und Rechenfertigkeit schnell und genau (bis auf die Rechenungenauigkeit) nach den konsistenten Regeln der diagrammatischen Syntax experimentiert werden. Die diagrammatische Realität erfährt man durch diverse Error- oder False-Meldungen. Beispiele sind die von DGS, CAS, Excel oder MATHEMATICA erzeugten Diagramme.

4.1.3 Informales Diagramm

Im Gegensatz zum klassischen Diagramm wird es mit im Allgemeinen nicht konsistenten Regeln eines subjektiven Repräsentationssystems angefertigt. Der Vorteil gegenüber klassischen Diagrammen liegt darin, dass nicht alle Regeln eines klassischen Diagramms gemerkt und ein schreibregelkonformes Hantieren beherrscht werden muss. Damit erfährt man auch kaum eine diagrammatische Realität (außer durch Lehrereinwände). Obwohl die logische Stringenz fehlt, können mit solchen Diagrammen brauchbare Ideen gefunden werden (siehe Abb. 4.8).

Das diagrammatische Schließen besteht nach Peirce aus drei Schritten (nach Bakker und Hoffmann 2005):

1. Konstruieren von – auch mehreren – Diagrammen mittels eines Repräsentationssystems.
2. Problem: Welche sind für das zu lösende Problem geeignet? Welches nimmt man als Ausgangsdiagramm?
3. Experimentieren mit diesen Diagrammen mittels der dem Repräsentationssystem vorgegebenen Regeln und Angewohnheiten. Die Regeln definieren mögliche Transformationen und zeigen Beschränkungen auf, dadurch weist solch ein Experimentieren mit von der Community anerkannten Regeln (Repräsentationssystemen) eine gewisse Rationalität (Schlüssigkeit) auf. Beim „wilden“ Experimentieren mit informalen Diagrammen fehlt diese natürlich! Durch Zufall („ex falso quodlibet") kann aber auch etwas Brauchbares entdeckt werden (siehe Abschn. 4.3).
4. Beobachten und Reflektieren von Experimentierergebnissen. Dadurch können nach Peirce (CP 3.363 nach Bakker 2005) versteckte (also neue) Relationen innerhalb eines gegebenen Repräsentationssystems zwischen Teilen eines Diagramms entdeckt werden.

Peirce schreibt, das von einem Mathematiker (wohl wegen der konsistenten Repräsentationssysteme) konstruierte Diagramm *„puts before him an icon by the observation of which he detects relations between the parts of the diagram other than those which were used in its construction"* (NEM III, 749 nach Bakker 2005, S. 341). Aber auch beim Experimentieren mit informalen Diagrammen kann etwas Neues oder Brauchbares entdeckt werden (siehe Abschn. 4.3). Teile von für die Community unzulässigen Diagrammen können auch brauchbare Relationen enthalten. Für den

Einzelnen sind sie bis zur Aufdeckung einer diagrammatischen Realität sowieso zulässige Diagramme. Diagrammatisches Schließen soll in diesem Artikel auch das Verwenden von informalen (= unzulässigen?) Diagrammen beinhalten. Auf die Bedeutung computerunterstützter Diagramme für das diagrammatische Schließen wird im Abschn. 4.4 hingewiesen.

Peirce sieht also im diagrammatischen Schließen die Möglichkeit der Entwicklung neuen Wissens, sei es durch Entdeckungen an vorhandenen Diagrammen oder durch die Konstruktion neuer Diagramme oder sogar neuer Darstellungssysteme (nach Dörfler und Kadunz 2006). Das diagrammatische Schließen ist damit die wesentliche Arbeitsmethode in der Mathematik. Diese sollen daher auch Schüler und Studenten kennenlernen, auch wegen der damit verbundenen Entwicklung formaler Qualifikationen (Argumentieren lernen, Kreativitätsförderung etc.).

Aber auch die Entwicklung von Einsichten und das Finden von Ideen können einen diagrammatischen Charakter besitzen. Diesbezügliche Forschungen zeigen, dass die Entstehung von Einsicht weit weniger plötzlich erfolgt als angenommen. Sogenannte „Aha-Erlebnisse" und Einsichten erfolgen nach Hoffmann (2010) eher schrittweise. Es gibt einen Vorlauf einer unbewussten „intuitiven Phase", in der man graduell näher zur Einsicht kommt. Ideenfindung und Aha-Erlebnisse sind eher ein inkrementeller Prozess denn ein plötzliches Ereignis. Dieser Prozess kann nach Hoffmann durch diagrammatisches Schließen unterstützt werden.

Mathematische Tätigkeiten in Forschung und Lehre werden so zu einem Arbeiten mit Diagrammen, im Allgemeinen mit mehr oder weniger regelgeleitetem Geschriebenem (Inskriptionen), also mit materiellen und nichtabstrakten (= nicht wahrnehmbaren) Zeichen. Sie sind Tätigkeiten, bei denen viel beobachtet werden kann und erinnert werden muss. Frei nach Rotmanns „thinking and scribbling" (Rotmann 2000) ist das Betreiben von Mathematik eine Abfolge von:

Bemerkung zum Erinnern: Dazu gehört die Aufmerksamkeitslenkung auf jenes Wissen, das der Lernende bereits früher erworben hat (kollaterales Wissen). Die Konstruktion von neuem Wissen ist ohne dieses kollaterale Wissen kaum möglich. Durch Diagrammumformungen und Perspektivenwechsel (z. B. Vektoren statt Strecken, Körper statt Ringe) werden weitere Elemente eines kollateralen Wissens eingebracht. Dafür ist eine permanente diagrammatische Herleitung und Darstellung von mathematischen Konzepten und Beweisen nützlich, sodass kollaterales Wissen in diagrammatischer Form vorliegt (siehe Abschn. 4.2). Nach Hoffmann (2005, S. 124) kann dann „[...] durch Diagrammatisierung implizit gegebenes, kollaterales Wissen explizit gemacht werden".

Bemerkung zum Beobachten: In der Mathematik werden nicht natürliche Gegebenheiten beobachtet, sondern „in Diagrammen manifestierte Relationssysteme (Strukturen)" (Dörfler und Kadunz 2006, S. 312).

Bei der korollaren Deduktion werden an einem Diagramm ohne Veränderung bzw. nur durch Kombination von „Definitions-Diagrammen" entsprechende einfache Schlüsse bzw. Relationen beobachtet. Gelingt dieses direkte Beobachten nicht, können durch geschickte Strategien (siehe Abschn. 4.3 und 4.4) weitere Diagramme hergestellt werden, an denen dann Relationen eventuell direkt abgelesen werden können (theorematische Deduktion). Ziel im Schulunterricht wird es sein, möglichst viele Inhalte auf eine korollare Deduktion zu transformieren. Es ist aber sicher illusorisch anzunehmen, dass genügend langes Transformieren von Diagrammen auf ein leicht interpretierbares Diagramm führt. Unumgänglich sind eigene Ideen!

Wie kommt man zu einer Ideenvielfalt? Ideen erfordern Kreativität, wobei zur Kreativitätsförderung eine umfangreiche Forschungsliteratur existiert. Auch hier kann die Semiotik Wege aufzeigen (vgl. Hoffmann 2010). Nach Peirce ist Kreativität eng mit Diagrammen (bzw. mit Ikons) verbunden und beruht auf der Verfügbarkeit eines reichen kollateralen Wissens, welches das Bilden von Assoziationen, Analogien, Beziehungen möglich macht (Kadunz 2000; Kosslyn u.a. 1977). Das fortlaufende Bilden neuer Diagramme am Papier (Bildschirm) oder in der Vorstellung mittels geometrischer und subjektiver Figuren, Formeln und auch mittels Bewegungen (in der Vorstellung oder am Bildschirm) entspricht dem oben genannten inkrementellen Prozess. Er erzeugt letzten Endes ein multimodales „E-I-S-Diagramm", das viele Andockplätze für kollaterales Wissen besitzt und das Entdecken (vielleicht sogar Ablesen) neuer, d. h. in den bisherigen Diagrammen des Prozesses noch nicht verwendeter Relationen ermöglicht (Kautschitsch 2001). E-I-S steht dabei für die nach Bruner benannten enaktiven, ikonischen und symbolischen Repräsentationsmodi. Der enaktive Modus kommt dabei durch im Kopf oder am Computerbildschirm vorgestellte Bildhandlungen ins Spiel. Diese Herausbildung von neuen Relationen oder Strukturen ist eventuell dem Zusammenspiel vieler (Erfahrungen) in einem E-I-S-Diagramm geschuldet. Das Neue ist so eine emergierende Eigenschaft eines E-I-S-Diagramms. Man kann definieren:

Ein emergierendes Diagramm ist ein Diagramm, das die Herausbildung von neuen Relationen oder Strukturen infolge des Zusammenspiels seiner Komponenten ermöglicht.

Natürlich ist die Herausbildung subjektiv bedingt, „E-I-S-Diagramme" etwa sind Beispiele dafür, aber für manche können auch relativ einfache Diagramme emergierend wirken.

Es kann sein, dass der letzte Teilprozess im Denken (Beziehungsfindung) nicht an einen Modus und an Sprache gebunden ist (Würzburger Schule um 1900). So formuliert Kosslyn (nach Aebli 1981, S. 295):

> In den Denkoperationen müssen die Daten, also die Gegebenheiten, modal repräsentiert sein, während die neu gestifteten Beziehungen zwischen den Daten noch keine modale Repräsentation haben.

Die Hypothese von Aebli (1981, S. 295) lautet:

> Es sind immer die in Entdeckung begriffenen, die eben gestifteten Beziehungen, die die amodale Komponente des Denkens darstellen. Die in Beziehung gesetzten Elemente oder Argumente müssen modal repräsentiert sein.

Damit wird die positive Rolle der Diagramme wie auch ihre Begrenzung sichtbar (Aebli 1981, S. 319):

> Die Strukturen des menschlichen Denkens, also die Geflechte von Relationen, sind auf ein modales Substrat angewiesen. Sie brauchen ein „anschauliches" Material.

> Die Gegenstände, welche durch Handlungen und Operationen effektiv oder gedanklich in Beziehung gesetzt werden (→ diagrammatisches Schließen), müssen modal repräsentiert sein. Nur wenn dies der Fall ist, können wir zwischen ihnen Beziehungen herstellen. Diese sind im Moment ihrer Entstehung amodal, unanschaulich. In der Folge aber können sie objektiviert werden, sei es in Worten, sei es in Objekten und deren Merkmalen.

Gerade die oben erwähnten emergierenden Beziehungen können also im Bewusstsein amodal existieren. Die Wirksamkeit der Konzepte der Kreativitätsförderung und Ideenfindung hat eine starke subjektive Komponente. Semiotik kann nur besonders geeignete Wege aufzeigen, wie z. B. das diagrammatische Schließen mit Diagrammen. In den Abschn. 4.3 und 4.4 wird gezeigt, dass in der Mathematik auch Diagrammatik mit informalen Diagrammen und „naturwissenschaftliches" Arbeiten mit computerunterstützten Diagrammen zielführende Wege sein können.

4.2   Diagrammatischen Schließen lehren

Das Betreiben von Mathematik in der Form des „thinking and scribbling" (Abb. 4.1) mit beobachtbaren Objekten und manuell ausführbaren Handlungen ist eine handwerkliche Tätigkeit (Dörfler 2010), die vorgeführt werden kann und somit über weite Teile durch Nachahmung erlernbar ist. Das Hauptproblem ist dabei das Finden eines geschickten Ausgangsdiagramms und einer Vermutung. Ideen für Diagrammtransformationen findet man manchmal sofort, manchmal kann es, wie die Geschichte lehrt, aber auch Jahre dauern oder es gelingt überhaupt nicht. In Lern- und Lehrsituationen zwingen Zeitknappheit und Stoffdruck zur direkten Vorgabe von Diagrammen und Ideen. In einem ersten Schritt kommt es nur auf die Entwicklung der Abfolge „Thinking" und „Scribbling" an (Abb. 4.2).

Eine diagrammatische Schlusskette könnte wie folgt aussehen:

- Bereitstellung des dafür notwendigen kollateralen Wissens durch Wiederholung: ähnliche Dreiecke erkennen, Strahlensatzfigur, Strahlensatz, Umformen von Proportionen.
- Zieldiagramm: Relation zwischen Kathete und Hypotenuse

Abb. 4.1   „Thinking and scribbling"

Schreiben (Zeichnen) – Denken (Beobachten, Erinnern, Idee) – Schreiben (Zeichnen) - Denken (Beobachten, Erinnern, Idee) – Geschriebenes verändern ...

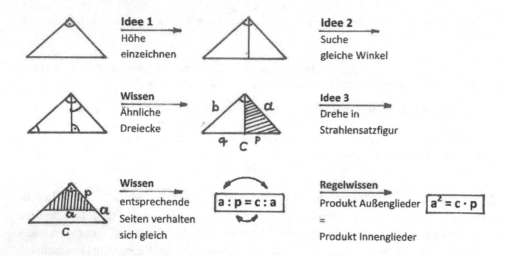

Abb. 4.2 Kathetenregel 1

- Vorgabe der Idee 1: Höhe auf Hypotenuse als Hilfslinie
- Vorgabe der Idee 2: Suche Teildreiecke mit gleichen Winkeln.
- Vorgabe der Idee 3: Drehe ähnliche Dreiecke in die Strahlensatzfigur, beschrifte die Seiten.

Beobachtungen:

1. Begleitung durch Sprache ist wichtig (Aufmerksamkeitslenkung).
2. Entscheidend für Vermutungsfindung ist der Wechsel auf ein Diagramm der Arithmetik: Durch die „Macht des Proportionenkalküls" kann auf das Zieldiagramm umgeformt werden.
3. Die Diagramme sind erkenntnisleitend, wenn sie nicht als Token, sondern als Typen gesehen werden. Erst die idealen Relationen, Gleichheit der Winkel und die Parallelität der Strecken a und c ermöglichen die Einsetzung der Formel-Diagramme.
4. „Falsche" Skizzen und Formeln als diagrammatische Realität erfährt der Schüler durch die Einwände der Lehrperson.

Nutzen dieses diagrammatischen Schließens: Statt einer fertigen Abbildung erfährt der Lernende deren Aufsplitterung in mehrere Teilbilder mit Beschriftungen und Schraffuren als Aufmerksamkeitslenkungen, ähnlich einem „Explosionsplan" beim Zusammenbau eines Möbelstückes (Abb. 4.3).

Wiederholung des kollateralen Wissens über Vektoren, geometrische Definition des Skalarproduktes und seiner Eigenschaften samt Sprechweisen, insbesondere $a^2 = |a|^2$.

Vorgabe der Idee 1: Betrachte die Seiten als Vektoren mit einer geschickten Orientierung.

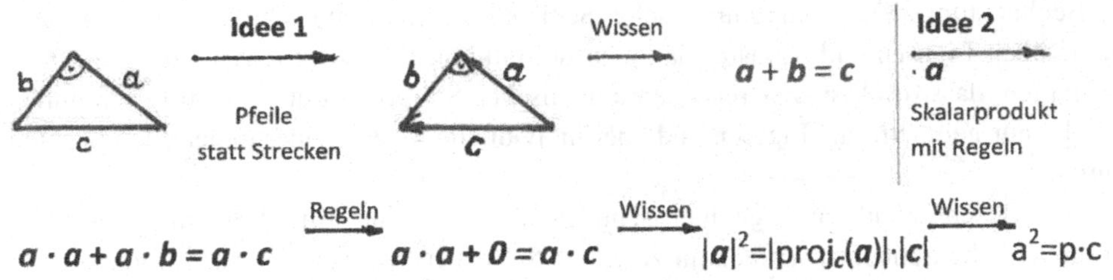

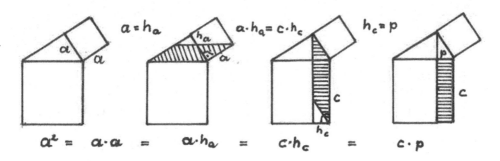

Abb. 4.3 Kathetenregel 2

$a + b = 0$ ist durch eine korollare Deduktion möglich.

Vorgabe der Idee 2: Ausübung des Skalarproduktes auf beiden Seiten.

Die Macht des Vektorkalküls (korollares Schließen) führt auf die Kathetenregel.

Beobachtung: Der frühe Wechsel auf ein Diagramm der analytischen Geometrie ist zwar effizient, aber vielleicht weniger einsichtig. Die gewünschte Einsicht (subjektiv bedingt) erreicht man durch Verwendung bildhafter Diagramme (Abb. 4.4).

Ziel: Quadrat über der Kathete in ein flächengleiches Rechteck über der Hypotenuse verwandeln.

Kollaterales Wissen: Flächeninhaltsformeln für Rechtecke und Parallelogramme, Kongruenzbewegungen (Drehungen, Scherungen) erhalten den Flächeninhalt.

Flächengleiches Umwandeln von Rechtecken in Parallelogramme und umgekehrt.

Vorgabe folgender Idee: Wähle die Quadratseite a als Höhe h_a im Parallelogramm. Diese Relation ist im Bild direkt wahrnehmbar, im Regelunterricht muss aber trotzdem auf ihre Bedeutung explizit hingewiesen werden. Beschriftungen und die Schraffierung lenken die Aufmerksamkeit. Trotz der umfangreichen Lenkung ist das Vorgehen gerechtfertigt, weil der Lernende die Grundprinzipien des diagrammatischen Schließens (Argumentierens) handelnd erfährt.

Leistung des Lernenden: Es gibt viele flächengleiche Parallelogramme, er muss jenes mit der Hypotenuse als Seite auswählen und anschließend c um 90° drehen und scheren.

Abb. 4.4 Kathetenregel 3

Beobachtung: Das diagrammatische Schließen enthält nur Diagramme mit geometrischen Figuren und Transformationen der euklidischen Geometrie. Man kann also festhalten, dass das Visualisieren diagrammatisches Schließen mit solchen Diagrammen ist, die nur geometrische Figuren und/oder individuelle Skizzen oder materielle Objekten enthalten.

Die Beschränkung auf geometrische Figuren ist eine Einschränkung, das diagrammatische Schließen wird damit zu einem Schließen unter erschwerten Bedingungen gegenüber einem solchen mit „gemischten" (multimodalen) Diagrammen. Daher ist Visualisieren kein Selbstläufer, es bedarf eines großen Vorrates an geometrischen Sätzen (Regeln) und Transformationsmöglichkeiten. Man sollte diese auch knapp vor einer Schlusskette wiederholen und mehrere zur Auswahl stellen. Der Lohn für die Anstrengung ist die damit verbundene größere Einsicht (speziell für jugendliche Lernende), größere mnemotechnische Wirksamkeit und effizientere Modellbildung (Kautschitsch und Metzler 1982).

Beim nächsten Beispiel über den Sinussatz kann man noch einmal die beiden Methoden „mehr geometrische Figuren" gegen „mehr algebraische Formeln", also Effizienz gegen Einsicht, vergleichen (Abb. 4.5)

Durch das Vektorprodukt ergibt sich die entscheidende Relation einfach durch eine korollare Deduktion. Man sollte jedoch nicht vergessen, dass viel Gedankenarbeit in der Herleitung der Gesetze (z. B. dem Distributivgesetz) enthalten ist, aber dies geschieht ein einziges Mal und anschließend sind sie dann in vielen Fällen anwendbar. Das Finden ähnlicher Dreiecke erfordert für Schüler die geschickte Anwendung ihnen bekannter Regeln (Satz von Thales, Peripheriewinkelsatz) und die Vorstellung von Bewegungen (dafür sind Diagramme einer DGS sehr hilfreich!). Hier liegt eine typische

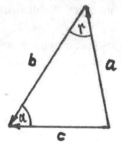

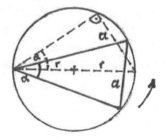

$a \times b + b \times b = c \times b$ $\qquad$ $\sin\alpha = a / 2r$

$a \times b + \quad 0 \quad = c \times b$ $\qquad$ $\sin\gamma = c / 2r$

$a \cdot b \cdot \sin\gamma = c \cdot b \cdot \sin\alpha$ $\qquad$ $\sin\alpha : \sin\gamma = a / 2r : c / 2r$

$a : c = \sin\alpha : \sin\gamma$ $\qquad$ $\sin\alpha : \sin\gamma = a : c$

Abb. 4.5 Sinusregel

theorematische Deduktion vor. Um diese durchführen zu können, ist es unbedingt notwendig, die am Papier (Bildschirm) gezeichneten Token als Typen (ideale Figuren) wahrzunehmen.

Um während des diagrammatischen Schließens verstärkt Ideen und Einsichten gewinnen zu können, ist es hilfreich, verschiedene Diagramme nicht hintereinander, also linear, sondern „geschickt" zweidimensional in Blöcken anzuordnen. Die Sprache können wir z. B. nur linear wahrnehmen, dadurch besitzen die gesprochenen Worte eine Flüchtigkeit, welche die Verarbeitung erschwert. Man muss sich zeitlich zurückerinnern können, es ergibt sich ein zeitliches Hin- und Herspringen, aber nur zurück und nach vorn, eben eindimensional. Die geschickt-zweidimensionale Blockanordnung ermöglicht dagegen einen raschen simultanen Zugriff. Dadurch wird das visuelle Vergleichen erleichtert. Selbst bei rein symbolischen Herleitungen benutzt man durch die zweidimensionale Blockanordnung einen stärkeren Rest von räumlicher Anschauung als bei der linearen. Damit wird die Kompetenz des menschlichen „eye-brain-system" optimal ausgenutzt (Chambers et al. 1983, S. 1):

> Our eye-brain system is the most sophisticated information processor ever developed, and through graphical displays we can put this system to good use to obtain deep insight into the structure of the data […] our eye-brain system can summarize vast information quickly and extra salient features, but it is also capable of focussing on detail. Even for small sets of data, there are many patterns and relationships that are considerably easier to discern in graphical displays than by any other data analytic method.

Dies gilt m. E. nicht nur für große Datenmengen, sondern auch für lange Symbolketten. Im folgenden Beispiel wird dargelegt, wie übliche, linear angeordnete symbolische Beweise nach diagrammatischen Prinzipien gestaltet werden sollen:

Satz (aus Heuser 1980, S. 227): Jede auf einer kompakten Menge X stetige Funktion ist dort gleichmäßig stetig (Abb. 4.6).

Beweis. Sei f stetig auf der kompakten Menge X. Wir führen einen Widerspruchsbeweis, nehmen also an, f sei nicht gleichmäßig stetig auf X. Das bedeutet: Nicht zu jedem $\varepsilon > 0$ gibt es ein $\delta > 0$, so daß (36.2) gilt, vielmehr existiert ein „Ausnahme-ε", etwa $\varepsilon_0 > 0$, mit folgender Eigenschaft: Zu jedem (noch so kleinen) $\delta > 0$ gibt es stets Punkte $x(\delta)$, $y(\delta) \in X$, für die zwar $|x(\delta) - y(\delta)| < \delta$, aber doch $|f(x(\delta)) - f(y(\delta))| \geq \varepsilon_0$ ist. Insbesondere gibt es zu jedem $\delta = 1/n$ ($n \in \mathbf{N}$) Punkte x_n, y_n mit $|x_n - y_n| < 1/n$ und $|f(x_n) - f(y_n)| \geq \varepsilon_0$. Die Folge (x_n) besitzt wegen der Kompaktheit von X eine konvergente Teilfolge (x_{n_k}), deren Grenzwert ξ in X liegt. Dann strebt aber wegen $x_n - y_n \to 0$ auch $y_{n_k} = x_{n_k} - (x_{n_k} - y_{n_k}) \to \xi$ und somit konvergiert sowohl $f(x_{n_k}) \to f(\xi)$ als auch $f(y_{n_k}) \to f(\xi)$ — im Widerspruch zu $|f(x_{n_k}) - f(y_{n_k})| \geq \varepsilon_0$. Die Annahme, f sei nicht gleichmäßig stetig, muß also verworfen werden. ∎

Abb. 4.6 Übliche Beweisdarstellung in Lehrbüchern (Tafelbildern)

Aus Platzgründen ist dies eine gängige Darstellung in Lehrbüchern und auch in Vorlesungen. Nicht umsonst hören die Studierenden sehr oft die Aufforderung, beim Studium eines mathematischen Textes stets Bleistift und Papier zu gebrauchen. Ein diagrammatisch formulierter (indirekter) Beweis könnte etwa so aussehen (Abb. 4.7)

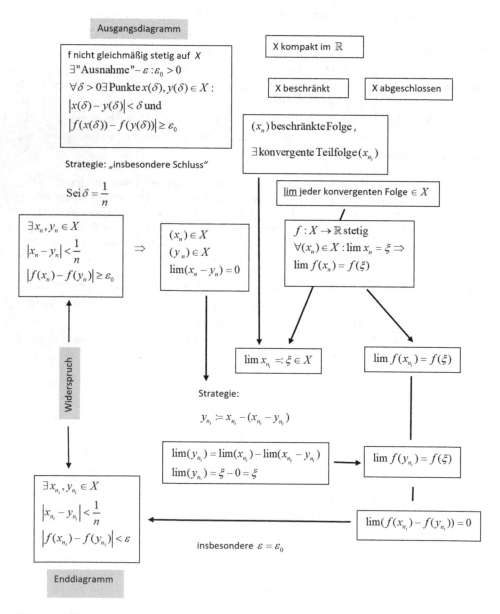

Abb. 4.7 Diagrammatische Beweisdarstellung

Auf der linken Seite wird mittels logischer Schlüsse (Negation von „f ist nicht gleichmäßig stetig") das Ausgangsdiagramm hergestellt und insbesondere die Existenz zweier Folgen (x_n) und (y_n) mit bestimmten Eigenschaften hergeleitet.

Auf der rechten Seite wird das relevante kollaterale Wissen (die Voraussetzungen des Satzes und die daraus durch korollare Deduktion ableitbaren Regeln) angeordnet. Die mit „Trick" bezeichnete Zeile enthält die Strategie „einen einfachen Ausdruck (y_{ni}) kompliziert anschreiben": Durch Blick auf die linke Seite wird versucht, den dortigen Term $(x_n - y_n)$ rechts einzubauen. Dies wird durch die zweidimensionale Blockanordnung erleichtert, ebenso taucht die Folge x_n wechselweise links und rechts auf. Als weiterer „Trick" wurde der „Insbesondere"-Schluss verwendet. Man kann annehmen, dass die neue Idee (= Trick) durch die Simultanität der visuellen Zugriffe in der obigen zweidimensionalen Blockanordnung geboren und/oder stimuliert wurde. Zumindest wird der Beweis leichter lesbar.

Die geschickte zweidimensionale Blockanordnung der Diagramme (meistens hergestellt durch korollare Deduktion aus bekanntem Wissen oder logischen Umformungen) stellen in der Ebene einen graphentheoretischen Baum dar. Dieser besitzt ikonischen Charakter. Die logische Struktur wird in eine ihr ähnliche, für das Auge wahrnehmbare räumliche Struktur abgebildet, quasi ein „Metadiagramm" aus Diagrammen. Dieses soll dem Lernenden nicht vorenthalten werden, gestattet es doch durch Beobachtung versteckte Relationen und Diagramme aufzudecken. Sonst geschieht oder geschah dieses Aufdecken in der Vorstellung, nun ist es durch Beobachtung also einfacher möglich. So bleibt auch das logische Schließen nach Peirce an sinnliche Darstellungen gebunden! Vergleiche dazu die Argumentation von Volkert (1986, S. 345).

Das Metadiagramm in Abb. 4.7 enthält ein Diagramm (nämlich $y_n = x_n - (x_n - y_n)$), das nicht aus vorhergehenden Diagrammen ableitbar ist. Es ist eine Neuschöpfung (= Idee, Trick), die durch visuelle Vergleiche inspiriert ist: Das $(x_n - y_n)$ wird vielleicht deshalb genommen, weil man links oben sieht: $\lim(x_n - y_n) = 0$, und daraus folgt mittels Grenzwertsätzen $\lim(y_n) = 0$.

Diese Regel $y_n = x_n - (x_n - y_n)$ entstammt der Strategie „einen einfachen Ausdruck kompliziert anschreiben, sodass Teilausdrücke durch andere Ausdrücke ersetzt werden können", also $a = b - (b - a)$. Oftmals wird die Eigenschaft neutraler Elemente ausgenützt: $a = a + 0$ oder $a = a \cdot 1, \ldots$

In der Schulmathematik gibt es eine Unzahl von solchen „Tricks" (= Strategien), beginnend in der Grundschule mit den „Rechenvorteilen", um schneller und besser mit Zahlen rechnen zu können, und dann fortsetzend in der Sek 1 und Sek 2 mit den „Äquivalenzumformungen für Gleichungen", mit denen man Diagramme aus Variablen und Gleichungen mittels des zugrunde liegenden Darstellungssystems (meistens Ring- bzw. Körperaxiome) so lange umformt, bis man auf ein Diagramm stößt, in dem die Lösungsmenge leicht ablesbar ist.

Je nach Altersstufe wird man ein entsprechendes minimalistisches System von Regeln und Strategien zusammenstellen, jedoch nur so viele, wie für die aktuelle Situation oder das Schuljahr notwendig sind. Es entsteht ein „Algebraisch-arithmetisches Lexikon".

Dieses dient im diagrammatischen Prozess als kollaterales Vorwissen und könnte z. B. Folgendes enthalten:

1. Axiome des Darstellungssystems (z. B. Ring – bzw. Körperaxiome)
2. Grundlegende Formeln: Binomische Lehrsätze, Zerlegen von Binomen
3. Strategien:
   – Substituieren von Termen, Muster erkennen,
   – gleiche Konstellationen erkennen,
   – einen einfachen Ausdruck kompliziert anschreiben,
   – insbesondere-Schlüsse als Spezialfälle,
   – Terme durch Ergänzen auf bekannte Terme transformieren,
   – Äquivalenzumformungen.

Ebenso kann man für Umformungen von Diagrammen der Geometrie ein minimalistisches System von Standarddiagrammen (Definitionen, Lehrsätze = Regeln der Elementaren Geometrie) und Strategien zusammenstellen, ein „Optisches Lexikon" für die Elementargeometrie der Sek 1 (Kautschitsch 1987):

1. Definitionen: Strecken- und Winkelsymmetrale, Winkel, Kreis, Dreiecke, Umkreis
2. Sätze: Winkelsumme im Dreieck, gleichen Dreiecksseiten liegen gleiche Winkel gegenüber, Randwinkelsatz, Satz von Thales, Strahlensätze, Kongruenzsätze
3. Strategien: Hilfslinien einzeichnen, Beschriftungen von Punkten und Strecken, gleiche Winkel erkennen, parallele Geraden erkennen, ähnliche und kongruente Dreiecke erkennen, gleiche Konstellationen erkennen

Diese „Lexika" sind jahrgangsweise zu erweitern bzw. können für spezielle Probleme eingeengt werden. Wenn man das Ausgangs- und Enddiagramm kennt, kann mittels des „Optischen Lexikons" und des „Algebraisch-arithmetischen Lexikons" ein Umformungsweg vom Ausgangs- zum Enddiagramm gefunden werden. Besonders hilfreich für das Lehren des diagrammatischen Schließens erweisen sich drei Unterrichtsprinzipien:

1. Gebe das für das Problem notwendige kollaterale Wissen vorab bekannt.
   Der Umformungsweg soll nicht an mangelhafter Erinnerungsfähigkeit scheitern.
2. Konstruiere eine zweidimensionale Blockanordnung multimodaler Diagramme.
   Dies steigert die Anzahl und Qualität der simultan möglichen visuellen Vergleiche.
3. Verwende altersgemäße und stoffadäquate Lexika (geringe Anzahl von „fundamentalen" Regeln und Strategien).

4.3 Ideenfindung mit informalen Diagrammen

Bisher hatten wir angenommen, dass die Lehrperson zur Aufrechterhaltung eines reibungslosen Ablaufes beim diagrammatischen Unterrichten entsprechende Diagramme einfach vorgibt. Das betrifft vor allem die Bekanntgabe eines Anfangsdiagrammes, aber auch das Endresultat und etliche Zwischenschritte des Umformungsprozesses müssen im Regelunterricht bekannt gegeben werden.

Im Folgenden soll dargelegt werden, wie das diagrammatische Schließen in zunächst ausweglosen Situationen durch Einbindung von informalen Diagrammen ohne Einflussnahme der Lehrperson begonnen oder fortgesetzt werden kann. Wie kommt man auf ein Ausgangsdiagramm? Speziell in der Algebra versucht der Studierende in Ermangelung bildhafter Diagramme selbst solche zu entwerfen.

Das folgende Beispiel aus der Hochschulmathematik dient als Vorstufe zum Homomorphiesatz (z. B. für Gruppen):

Seien M und N zwei Mengen und $f{:}M \to N$ eine surjektive Abbildung. R bezeichne die zu f gehörige Äquivalenzrelation, d. h. mRn genau dann, wenn $f(m) = f(n)$.

Dann ist N gleichmächtig zur Faktormenge M/R, d. h., es gibt eine bijektive Abbildung

$$\alpha : M/R \to N.$$

Vorwissen: surjektive Abbildung, Äquivalenzrelation R und Äquivalenzklassen $[m]$ bezüglich R, Zerlegung einer Menge in elementfremde Klassen, Faktormenge als Menge der Äquivalenzklassen:

$$M/R := \{[m]{:}\, m \in M\}$$

Das folgende informale Diagramm veranschaulicht die Ausgangslage (Abb. 4.8)

Die Figuren entstehen aus keinem Axiomensystem einer Geometrie und sind subjektiv. Die Äquivalenzklasse kann nicht exakt gezeichnet werden und damit kann auch nicht die Eigenschaft der Elementfreiheit zweier Klassen oder ihr Zusammenfallen bei nichtleerem Durchschnitt aufgedeckt werden. Aber das Diagramm suggeriert die Abbildung:

$$\alpha : A/R \to B \text{ mit } \alpha([m]) := f(m) \text{ für } [m] \in M/N.$$

Das ist das Ausgangsdiagramm.

Wegen der Unexaktheit des Bildes für die Äquivalenzklasse kann die Unabhängigkeit von der Wahl des Vertreters aus $[m]$ in der Definition von α nicht aus der Skizze deduziert werden. Ab jetzt beginnt das Schließen mit den exakten Diagrammen der Algebra, d. h. mit Formeln und Definitionen. Wie oben dargelegt, ist eine zweidimensionale Darstellung zweckmäßig, links wird das kollaterale Wissen „untereinander" angesammelt, rechts die Umformungen bis zum jeweiligen Schlussdiagramm. Durch Blick auf die linke Seite können die für den Beweis notwendigen Diagramme

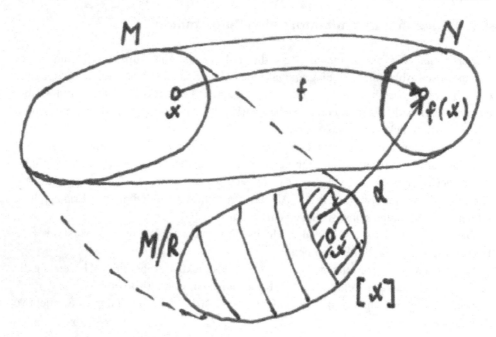

Abb. 4.8 Informelles Diagramm zum Homomorphiesatz

gefunden werden. Die deduzierten Diagramme auf der rechten Seite werden dann untereinander geschrieben (Abb. 4.9).

Auch in der Mathematikgeschichte haben sich informale Diagramme bewährt, wenn
man den Aussagen von Lebesgue Glauben schenken darf. Es ging um die Bestimmung
eines Maßes von ebenen Punktmengen und darum, mit welchem Integralbegriff sich
mehr Punktmengen messen lassen. Es zeigt sich, dass das Lebesgue-Integral eine Verallgemeinerung des Riemann-Integrals ist, mit ihm sind mehr Punktmengen messbar
(Abb. 4.10).

Die beiden Diagramme sind informal, da sie die Annäherungen an den Flächen-
inhalt nur für sehr einfache Funktionen ohne Lücken zeigen. Kompliziertere Ver-
hältnisse (sehr viele Lücken) können kaum visualisiert werden. Trotzdem zeigen die
Diagramme, wie durch einen Standpunktwechsel eine entscheidende Idee auftaucht.
Beim Riemann-Integral wird die Abszissenachse in Intervalle unterteilt, beim Lebesgue-
Integral die Ordinatenachse. Die Stützstellen innerhalb der betreffenden Intervalle
werden beim Lebesgue-Integral mit der Gesamtlänge der Vereinigung der Urbilder des
Ordinatenintervalls multipliziert. Das informale Diagramm in Abb. 4.8 verleitet dazu,
den Flächeninhalt unter dem Graphen auf diese Weise zu approximieren. Lebesgue
hat die Idee dazu vielleicht sogar aus einem enaktiven Diagramm des Geldzählens
gewonnen, wie es der folgende Ausspruch vermuten lässt (https://de.wikipedia.org/wiki/
Lebesgue-Integral, 19.09.2019):

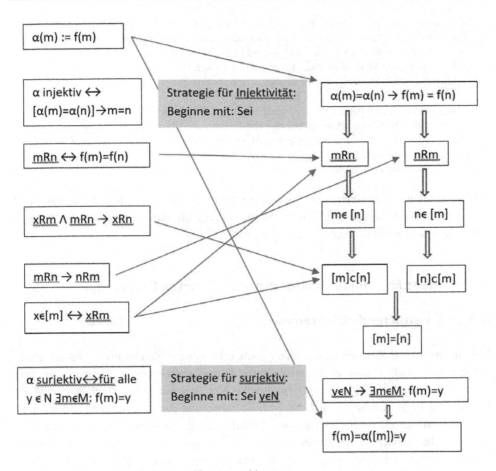

Abb. 4.9 Diagrammanordnung zum Homomorphiesatz

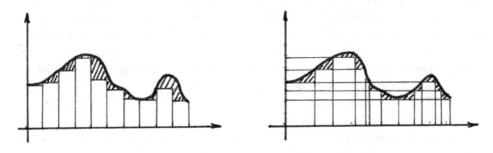

Abb. 4.10 Grenzwertbildung beim Riemann und beim Lebesgue-Integral.xxx

Man kann sagen, dass man sich bei dem Vorgehen von Riemann verhält wie ein Kaufmann ohne System, der Geldstücke und Banknoten zählt in der Reihenfolge, wie er sie in die Hand bekommt; während wir vorgehen wie ein umsichtiger Kaufmann, der sagt:

Ich habe $m(E1)$ Münzen zu einer Krone, macht $1 \cdot m(E1)$,

ich habe $m(E2)$ Münzen zu zwei Kronen, macht $2 \cdot m(E2)$,

ich habe $m(E3)$ Münzen zu fünf Kronen, macht $5 \cdot m(E3)$,

usw., ich habe also insgesamt $S = 1 \cdot m(E1) + 2 \cdot m(E2) + 5 \cdot m(E3) + \ldots$

Die beiden Verfahren führen sicher den Kaufmann zum gleichen Resultat, weil er – wie reich er auch sei – nur eine endliche Anzahl von Banknoten zu zählen hat; aber für uns, die wir unendlich viele Indivisiblen zu addieren haben, ist der Unterschied zwischen beiden Vorgehensweisen wesentlich.

Bei informalen Diagrammen kann man also wegen der geringeren Regelbeachtung und ungenauerer Konstruktionen Skizzen schneller anfertigen und damit die Auswirkungen von Standpunktwechseln beobachten.

4.4 Ideenfindung mit computerunterstützten Diagrammen

4.4.1 Emergierende Diagramme

Neben ungenauen Zeichnungen können auch sehr genaue Zeichnungen, relativ exakt berechnete Tabellen und exakt ausgeführte Formelumformungen Quellen für Vermutungen und Ideen sein. Durch das schnelle Rechnen mit hoher Rechengenauigkeit können Bilder am Computer in Echtzeit umgeformt und damit Bewegungsabläufe dargestellt werden. Mit einer DGS können Abläufe automatisiert und so der Bewegungsablauf (z. B. Wandern eines Dreieckspunktes auf seinem Umkreis) beobachtet werden. Dabei ergeben sich Speziallagen, an die man in der Vorstellung nicht gedacht hat. Zusammengehörige Figuren können auf zwei, drei, vier Bildschirmteilen bearbeitet und sich mit der Bewegung mitverändernde Beschriftungen, Maßzahlen und Formeln eingefügt werden (Kautschitsch 2001). Bei der DGS Thales ist es möglich, einzelne Figuren aus dem Relationenverband herauszulösen (auszuschneiden) und sie geschickt an anderer Stelle einzuhängen, um zu einer Standardfigur zu gelangen, die es erlaubt, eine Relation abzulesen (Kadunz und Kautschitsch 1993). Insgesamt ergibt sich so ein „E-I-S-Diagramm", das eine Vermutung oder eine weitere Umformungsidee stimuliert. Es wird zu einem emergierenden Diagramm (Abb. 4.11).

Vorwissen: nur Peripheriewinkelsatz und Umkehrung, Winkelsätze, ohne Thales-Regel

1. Quadrant: Dreieck ABC mit Umkreis. Eckpunkt A festgehalten, Sehne variiert am Kreis, sie hat immer Länge a (wird gemessen).

2. Quadrant: Spezielle Lage, eine Dreiecksseite geht durch Mittelpunkt des Kreises; rechter Winkel in C?

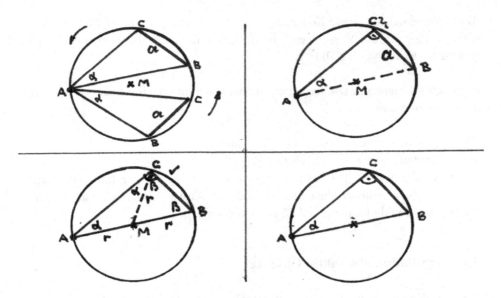

Abb. 4.11   Ideen für Diagrammumformungen zum Sinussatz

3. Quadrant: Einzeichnen der Hilfslinie Radius r von M nach C: $2\alpha + 2\beta = 180° \rightarrow \alpha + \beta = 90°$, rechter Winkel in C!

4. Quadrant: $\sin \alpha = a/2r$ und analog $\sin \beta = b/2r$, damit $a:b = \sin \alpha : \sin \beta$.

Beobachtung: Die Bewegungen des Dreiecks am Umkreis bei einem festgehaltenen Punkt führen auf die geschickte Lage (Dreiecksseite durch M), die beobachtbare Gleichheit der Seite a (innerhalb der Rechengenauigkeit) bringt den Randwinkelsatz ins Spiel, allerdings nur dann, wenn er durch Unterstützung einer bewegten Grafik (und sei es nur vorgestellt) hergeleitet wurde.

Die Diagramme einer DGS ermöglichen die Simulation einer

- Bleistift-, Lineal- und Zirkelwelt, verbunden mit einer
- Papier- und Scherenwelt (Ausschneiden von Figuren und an anderer Stelle wieder einhängen) sowie einer
- Mess- und Rechenwelt (mittels Zahlen und Symbolen).

Figuren sind manipulierbar, dabei bleiben geometrische Relationen erhalten oder können aufgebrochen werden; mit ihnen verbundene Mess- und Rechenergebnisse verändern sich regelkonform mit.

- Automatische Abläufe ermöglichen ein Distanzieren vom Handeln, ein Beobachten von Grenzlagen, günstigen Lagen, brauchbaren Hilfslinien zur leichteren Einsetzung von weiteren Diagrammen.

- Bildschirmteilungen und Kongruenzbewegungen ermöglichen durch simultane visuelle Zugriffe ein Vergleichen von vorhergehenden Diagrammen mit Folgediagrammen (Kautschitsch 2001).

Emergierende Diagramme (zu Vermutungen oder neuen Ideen „drängende" Diagramme) können entstehen durch:

1. Erzeugung multimodaler, beweglicher Diagramme
2. Bildschirmteilungen: simultane visuelle Zugriffe
3. Automatische Abläufe: Distanzierung von manuellen Handlungen führt auf spezielle Lagen, an die man in der Vorstellung nicht denkt (Auslagerung von Vorstellungen im Kopf auf den Bildschirm und deren Erweiterungen).

4.4.2   Simulation abstrakter Objekte

Die genaue Konstruktions- und Rechenfähigkeit, so wie die hohe Regelkompetenz und schnelle Umformungsfähigkeit, täuscht dem Beobachter vor, dass es in der „Computerwelt" tatsächlich „ideale" Objekte wie ein rechtwinkliges Dreieck, zwei parallele Geraden, ein Polynom oder eine Potenzreihe, eine differenzierbare Funktion $f(x)$ usw. gibt. Wie sonst in den Naturwissenschaften kann der Lernende die Auswirkungen seiner Manipulationen an diesen vermeintlichen Objekten ausprobieren, beobachten und messen. Wenn etwas nicht (regelkonform) durchführbar ist, erhält man eine Error- oder False-Meldung. Diesen vermeintlichen Objektcharakter der „hochgezüchteten" Diagramme kann man für die Nachahmung der Tätigkeit eines Naturwissenschaftlers zur Ideen- und Vermutungsfindung ausnützen. Empirisch an Objekten handeln ist anscheinend wesentlich leichter, als über Beziehungen aufdeckende Umformungen an Diagrammen nachzudenken.

Beispiel: Versuchsreihe am rechtwinkligen Dreieck
Es werden Längen gewisser Strecken gemessen und die Daten in einer Tabelle eingetragen. Größenveränderungen am Dreieck bewirken entsprechende Änderungen in den Spalten. In den Naturwissenschaften ist es gängige Methode, mit der „Spaltentechnik" gewisse Spalten in Beziehung zueinander zu setzen, sie z. B. zu addieren, subtrahieren, multiplizieren, dividieren. Will man etwa die Abhängigkeit von Spannung (U), Widerstand (R) und Stromstärke (I) entdecken (Ohmsches Gesetz), bemerkt man durch Betrachtung der Spalten für den Widerstand und die Stromstärke (besonders bei „schönen" Zahlen), dass deren Produktspalte mit der Spannungsspalte übereinstimmt, also $U = R \cdot I$. Geht es nicht mit den vier Grundrechnungsarten (entspricht linearen Abhängigkeiten), versucht man es mit den quadrierten Spalten, in der elementaren Geometrie kommt damit weitestgehend aus. Durch Variation der Ausgangsfigur erhält man viele Messdaten, eine Gleichheit von Spalten deutet auf eine Regel hin (Abb. 4.12).

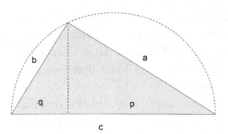

a	b	c	p	q	a+b	a*b	a²	b²	c²	a²+b²	a²+2b²	c*p	a²*q	2*c*p
•	•	•	•	•	•	•	•	•	•	•	•	•	•	•
•	•	•	•	•	•	•	•	•	•	•	•	•	•	•
•	•	•	•	•	•	•	•	•	•	•	•	•	•	•
•	•	•	•	•	•	•	•	•	•	•	•	•	•	•

Abb. 4.12 Messreihe am rechtwinkligen Dreieck

Zunächst probiert man mit linearen Abhängigkeiten der Seitenlängen $c = k \cdot a + l \cdot b$ für verschiedene k und l Messungen am „idealen Objekt" und ein Vergleich der entsprechenden Spalten ergibt keine Übereinstimmung (Erfahrungen mit der „Realität"). Man weicht auf quadratische Abhängigkeiten aus. Mit der oben beschriebenen „Spaltentechnik" entdeckt man bald $c^2 = a^2 + b^2$ (Pythagoras). Andere Kombinationen wie $1,1 \cdot c^2 = a^2 + 0,9 \cdot b^2$ würden in den betreffenden Spalten oder in der Differenzenspalte $1,1 \cdot c^2 - (a^2 + 0,9 \cdot b^2)$ deutliche Abweichungen von null ergeben (wieder eine Erfahrung mit der „unausweichlichen Realität").

Das Probierverfahren kann man mit der in Abb. 4.13 beschriebenen Versuchsanordnung abkürzen: Variationen des Punktes C nach oben und unten bei gleichzeitiger Messung der Flächeninhalte der über den Dreieckseiten errichteten Quadrate zeigen sowohl optisch als auch arithmetisch, dass die Summe der Kathetenquadrate größer bzw.

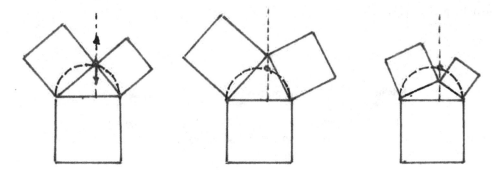

Abb. 4.13 Variation der Kathetenquadrate

kleiner als das Hypotenusenquadrat wird. Ein – auch optisch motivierter – geometrischer Zwischenwertsatz lässt vermuten, dass es eine Gleichheit gibt, und zwar genau dann, wenn das Dreieck rechtwinklig wird, C also am Thales-Kreis liegt.

Die Idee zu dieser Versuchsanordnung kann durchaus aus einem unexakten Diagramm wie in Abb. 4.10 entstammen.

Nicht so schnell wird man die Spalten für a^2 und $p \cdot c$ vergleichen, außer man versucht mit der Methode „Trial and Error" möglichst viele Kombinationen zu bilden. Ein solches Vorgehen ist aber für das Denken nicht ökonomisch. Mit der Strategie „Suche ähnliche Dreiecke" wird man auf die Strategie „Suche gleiche Quotientenspalten" gebracht und entdeckt so $a/p = c/a \leftrightarrow a^2 = p \cdot c$ (Kathetenregel). Auf diese Weise hätte man in Abb. 4.1 die Idee 3 selbst gefunden. Auf ähnliche Weise kann während einer regulären diagrammatischen Schlusskette eine Messreihe zur Ideenfindung eingebaut werden. Das Beispiel in Abb. 4.2 könnte nun so ablaufen:

Vorausgesetztes kollaterales Wissen (aus dem „Optischen Lexikon" und „Algebraisch-arithmetischen Lexikon"): Ähnliche Dreiecke $\leftrightarrow$ Winkel gleich $\leftrightarrow$ entsprechende Seiten verhalten sich gleich (= Quotienten ihrer Seitenlängen sind gleich), Normalwinkel sind gleich, Auflösen von Proportionen (Abb. 4.14).

Statt Vorgabe der Idee 1 folgt nun: Anwenden der Strategie „Nützliche Hilfslinie" und „Beschriften".

Statt Vorgabe der Idee 2 folgt nun: Messergebnisse und Spaltentechnik ergeben voraussichtlich

$a{:}p = c{:}a$, d. h., das Dreieck ABC ist wahrscheinlich ähnlich zu Dreieck HBC. Der Ideengeber ist die Spaltentechnik. Anstelle der Ideenvorgabe könnte man auch in folgender Weise argumentieren: Wegen der Gleichheit von $a{:}p = c{:}a$ habe ich die Idee, die Winkel auf Gleichheit zu überprüfen. Das ergibt: Aus den rechten Winkeln in C und H und der Gleichheit der Normalwinkel $\sphericalangle(CAB) = \sphericalangle(BCH)$ folgt die Gleichheit aller Winkel. Die Dreiecke sind tatsächlich ähnlich und es gilt nun sicher $a{:}p = c{:}a$. Nach den Rechenregeln ist $a^2 = p \cdot c$ (Kathetenregel). Analog ist $b^2 = q \cdot c$ und nach weiteren Rechenregeln ergibt sich

$$a^2 + b^2 = p \cdot c + q \cdot c = (p + q) \cdot c = c \cdot c = c^2,$$

also die pythagoreische Regel.

Abb. 4.14 Kathetenregel und pythagoreische Regel

Beobachtung: Die Idee für die erste Diagrammumformung ergab sich aus Messungen (also empirisch) an einem (fast) idealen „Objekt", verkörpert" durch ein CA-Diagramm, die weiteren Diagrammumformungen sind korollare Deduktionen.

Was hat man gezeigt? Eigentlich nur, dass aus der Ausgangsregel $<(ACB) = 90°$ die Regeln $a^2 = p \cdot c$, $b^2 = q \cdot c$ und $c^2 = a^2 + b^2$ erhalten hat. Man muss (soll) daher nicht sagen: Für alle rechtwinkligen Dreiecke (das sind ja beliebig viele) ist die Aussage des Pythagoras wahr. Oder: In „allen" rechtwinkligen Dreiecken gilt $(= \text{„wahr"})$: $c^2 = a^2 + b^2$. Das klingt so, als ob sich die Wahrheit der Axiome auf die Wahrheit des Pythagoras übertragen hätte.

Bei den obigen Umformungen hat man sowohl Diagramme der Geometrie als auch Diagramme der Algebra und Arithmetik verwendet. In der Visualisierung hätte man nur Diagramme der Geometrie verwendet. Dies ist für viele einsichtiger, aber diese Methode erfordert umfangreiche Geometriekenntnisse und das Sehen muss geschult werden. Aus der Regelsicht der Mathematik ist es nun möglich, dass zur Regelübermittlung eine einzelne Zeichnung, eventuell aufgesplittet in mehrere Zeichnungen, genügt. Die bildhaften Diagramme, die stets nur Token sind, müssen aber als Typen gesehen werden.

4.4.3 Beschreibung einer naturwissenschaftlichen (experimentellen) Mathematik

Man vergleiche dazu vor allem Kautschitsch und Metzler (1991, 1994).
Wir schlagen folgende Strategie vor:

1. Vertrautmachen mit der Situation: Was kann verändert werden?
2. Betrachten spezieller aufeinanderfolgender oder mittels Bildschirmteilung erzeugter simultaner Bilder: Was ändert sich, was bleibt gleich?
3. Qualitatives Feststellen einer Beziehung (je mehr …, desto …, immer größer): Was ändert sich wie?
4. Sammeln von Daten in Tabellen durch Messungen bei Variation einzelner Bedingungen
5. Willkürliche oder durch Bildbeobachtung oder Strategien (ähnliche Dreiecke) gelenkte rechnerische Verknüpfung von Spalten: Wie erhalte ich zwei gleiche Spalten?
6. Feststellen einer funktionalen Abhängigkeit durch Abduktion: Formulierung der Hypothese in Form einer Regel
7. Herleitung der vermuteten Regel durch theorematische Deduktion aus anderen Regeln.

Computerunterstützte CA-Diagramme erlauben die Simulierung mathematischer Begriffe, wodurch eine „naturwissenschaftliche" Vorgehensweise zum Finden neuer Ideen und Diagramme ermöglicht wird. Diese Vorgehensweise ist (für Lernende) leichter als die diagrammatische. Sobald man eine Idee hat, schließt man wieder diagrammatisch weiter. Ein weites Betätigungsfeld für experimentelle Mathematik mit Computereinsatz findet sich in Borovcnik und Kautschitsch 2002).

4.5 Implementierung von Diagrammen bei außermathematischen Anwendungen

Bisher sind wir der Frage nachgegangen, wie und welche Diagramme man als Erkenntnismittel verwenden kann. Im letzten Beispiel soll dargelegt werden, wie Diagramme als Modellierungsmittel für außermathematische Situationen dienen können. Aus der Regelsicht der Mathematik bietet sie kein – eventuell auch nur unscharfes – Abbild der Realität, sondern „nur" symbolische Regelsysteme als Modellierungen (siehe Dörfler, dieser Band). Ob diese passen, entscheidet der Nutzer. Auch bei der Verwendung als Modellierungsmittel können alle drei Diagrammtypen zum Einsatz kommen.

Immunisierung von Zahlungsströmen gegenüber Zinssatzänderungen
Gegeben sei ein sicherer Zahlungsstrom von n sicheren Zahlungen $G1$, $G2$, …, Gn. Der Marktzinsfaktor zu Beginn sei $q = 1 + i$, i bezeichnet den Marktzinssatz i zu Beginn. Der Investor plant für die Anleihe eine Haltedauer von T Jahren. Kann man die Auswirkungen von Zinsschwankungen (egal in welche Richtung) ausschalten? Oder: Gibt es eine Haltedauer T der Anleihe, sodass der Gesamtzeitwert W_T zum Zeitpunkt T trotz Zinsschwankungen (egal ob steigend oder fallend) so ausfällt, als hätte es überhaupt keine Zinssatzänderung gegeben?

Bei einer Coupon-Anleihe werden z. B. jährlich die Coupons in Höhe von Z ausbezahlt und zum Schluss auch noch das eingesetzte Kapital K: die letzte Zahlung $Gn = K + Z$, sonst $Gi = Z$.

Den Gesamtwert W_T erhält man einfach dadurch, dass man zunächst alles mit $v = 1/(1+i) = q^{-1}$ abzinst und den erhaltenen Wert um T Jahre mit q aufzinst (Abb. 4.15):

$$W_T = q^T \cdot (\Sigma\ Gk \cdot q^{-k}) = q^T \cdot (\Sigma\ Gk \cdot v^k)$$

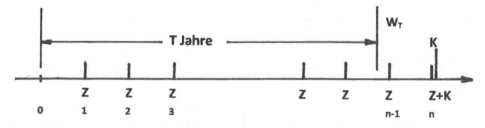

Abb. 4.15 Zahlungsstrom einer Anleihe

Experiment mit unexaktem Diagramm

Wie ändert sich der Zeitwert W_T mit dem Zinssatz i bzw. mit q? Bei steigendem Zinssatz i wird W_T zunächst fallen, weil v kleiner wird und q^T noch nicht so viel ausgibt. Je größer i und damit q wird, desto mehr gibt das exponentielle Wachstum von q^T aus und W_T wird steigen.

Abb. 4.16 lässt vermuten, dass es ein Minimum von W_T gibt.

Experiment mit einem CA-Diagramm (Excel)

Sei nun $K = 100$, $Z = 10$, $T = 2{,}75$ Jahre, Laufzeit $n = 3$ Jahre, der anfängliche Zinssatz $i = 3\,\%$ wird schrittweise erhöht. Als Resultat erhalten wir: Der Zeitwert WT hat bei Variation von i wahrscheinlich ein Minimum bei $i = 5{,}746\,\%$.

Interpretation: Zur Haltedauer $T = 3{,}75$ Jahre gibt es einen Zinssatz (nämlich $i = 5{,}746\,\%$), zu dem der Zeitwert W_T ein Minimum bezieht (nämlich 129,93). Alle anderen Werte sind größer! Weitere Experimente mit verschiedenen Anleihen erhärten die Annahme, dass die Zeitwertkurve ein Minimum besitzt.

Die Betrachtung von Abb. 4.16 des Bildes 14 bezüglich der Minimumseigenschaft verleitet zur umgekehrten Interpretation: Ist der Marktzinssatz $i = 5{,}746\,\%$ vorgegeben, dann hat der Zeitwert W_T nach 2,75 Jahren einen minimalen Wert von 129,93. Wegen der Minimalität führt (fast) jede nicht allzu große Zinsänderung zu einem höheren Zeitwert, man ist also immun gegen Zinsänderungen. Wie kommt man allgemein zu dieser Zahl 2,75?

Die Zeitwertkurve $W_T(q)$ hat als Funktion von q wahrscheinlich ein Minimum bei einem bestimmten Wert von q, sagen wir bei $q_{\min}$.

Idee (geboren aus dem CA-Diagramm): Dieses Minimum soll genau dann erreicht werden, wenn $q_{\min} = q$, wenn also $q_{\min}$ mit dem vorgegebenen Marktzinsfaktor $q = 1 + i$ übereinstimmt.

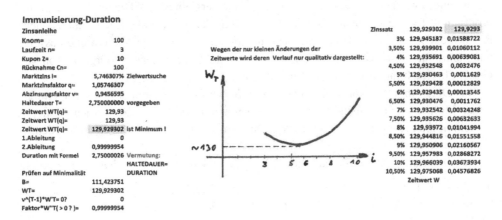

Abb. 4.16 Werteverlauf des Zeitwertes W_T

Welche Bedingungen müssen für die Minimalität erfüllt sein? Diagramme der Analysis kennen diese Regeln. Die erste Ableitung nach q muss 0 sein und die zweite Ableitung an dieser Stelle muss größer als 0 sein. Um diese Diagramme einsetzen zu können, treffen wir die Modellannahme, dass q eine reelle Zahl ist, dann ist $W_T(q)$ eine ausreichend differenzierbare Funktion der reellen Variablen q. Die üblichen Regeln der reellen Analysis liefern die für das oben genannte Problem nützliche und auch überraschende Regel:

Eine Haltedauer T in Höhe von $T = (\Sigma\ k \cdot \text{Gk}\ q^{-k})/(\Sigma\ \text{Gk}\ q^{-k}) =: D$ führt zu einer Immunisierung des Zeitwertes gegenüber Zinsschwankungen, ganz egal, in welche Richtung. D bezeichnet die Duration des Zahlungsstromes ($G1$, $G2$, ..., Gn).

Zur Information sei die Regelherleitung angegeben: Sei $W(T) = q^T \cdot (\Sigma\ \text{Gk}\ q^{-k})$

a) $W'(T) = 0$:

$$W'(T) = T \cdot q^{T-1} \cdot \Sigma\ \text{Gk}\ q^k + q^T \cdot \Sigma\ \text{Gk} \cdot (-k) \cdot q^{-k-1} = 0$$

Division durch q^{T-1} liefert:

$$T \cdot \Sigma\ \text{Gk}\ q^{-k} = q \cdot \Sigma\ \text{Gk} \cdot k \cdot q^{-k-1} = \Sigma\ \text{Gk} \cdot k \cdot q^{-k}$$

$T = (\Sigma\ \text{Gk} \cdot k \cdot q^{-k})/(\Sigma\ \text{Gk}\ q^{-k}) =: D$ (Duration)

b) $W'(D) > 0$ ohne Rechnung, man braucht dazu die D-D-K-Identität.

Bestehende Diagramme der Analysis haben die Sicht auf die Wirklichkeit bestimmt und nicht umgekehrt, es gibt in der realen Wirtschaft keine kontinuierlichen Haltedauern und Zinssätze. Die Ideen zur Einsetzung der Analysis-Diagramme ($W'(T)$ und $W''(T)$) entstanden aus der „Betrachtung" von informalen Diagrammen bzw. von veränderlichen CA-Diagrammen. Diese Diagramme haben eine nützliche Regel geliefert, mit der man eine überraschende Vorhersage treffen konnte. Treffen die Vorhersagen nicht zu, kann das Konzept der Duration durch weiterführende Konzepte wie das der Konvexität erweitert werden. Wieder kann ein mit Excel erstelltes CA-Diagramm als „Prüfprogramm" für die Ausdehnung bzw. Begrenzung der Wirksamkeit einer „nützlichen" Regel dienen. Es soll im Unterricht auch hervorgehoben werden, wie ein und dasselbe Diagramm in verschiedenen Situationen angewendet werden kann (Organisation des Unterrichts nach fundamentalen Diagrammen):

Das Diagramm der Ableitung $f'(x)$ kann z. B. bei der Beschreibung von Änderungsraten, Momentan-Geschwindigkeiten, Stromstärken usw. eingesetzt werden bzw. allgemein immer dann, wenn es auf den Quotienten zweier beliebig klein werdender Größen ankommt.

Das Diagramm des bestimmten Integrals $\int_a^b f(x)dx$ wird beim Berechnen von Flächeninhalt, Volumen, Arbeit, Trägheitsmoment verwendet bzw. immer dann, wenn die Summe von Produkten bestimmt werden soll, bei der der zweite Faktor immer kleiner wird.

In der Algebra kann das Diagramm des direkten Produktes $A \times B$, das Diagramm der Quotientenstruktur A/B bei Zahlbereichserweiterungen oder der Konstruktion neuer Strukturen eingesetzt werden.

Das Diagramm des Dividierens $a{:}b$ wird bei Teilungs- bzw. Messprozessen (Wie oft ist b in a enthalten?) angewendet.

Strategien für das Verwenden von Diagrammen

1. Erweitere oder beschränke den Geltungsbereich von Variablen und ändere Grundkonstellationen so, dass bekannte Diagramme eingesetzt werden können. Beispiele: Zinssatz als reelle Variable, abhängige Größen als differenzierbare Funktionen der unabhängigen Variablen, Koeffizienten von Polynomen aus Körpern, Integritätsbereichen

2. Ordne außermathematischen Konzepten einen mathematischen Begriff zu: Immunität ↔ Minimum, Verschlüsseln ↔ injektive Funktion, Verschlüsseln mit öffentlich bekanntem Schlüssel ↔ Falltürfunktionen (Funktionswert schnell berechenbar, Urbild nur langsam, z. B. diskreter Logarithmus)

3. Bereitstellung eines Vorrats an einfachen und multimodalen Diagrammen

4. Zurückgreifen auf diesen Vorrat mittels Erinnerung und Erfahrung. In Lehrsituationen wird man je nach Aufgabentyp bestimmte Diagramme als kollaterales Wissen den Lernenden vorgeben.

In der Statistik (EDA) hat man sich schon sehr lange mit Diagrammen (im eigentlichen Sinn) beschäftigt, nicht nur aus kommunikativen Gründen. Deren Wirksamkeit begründete man mit dem menschlichen „eye-brain system" (Chambers et al. 1983, S. 10).

Dabei vollzog sich in der Datenanalyse eine gravierende Wende. Früher wurden Daten dadurch theoretisch handhabbar, weil man sie durch probabilistische Modelle repräsentierte. Mittels algebraisch-analytischer Methoden wurden statistische Algorithmen entwickelt und Aussagen über die Struktur der Daten abgeleitet. Nun werden Algorithmen entwickelt, die nicht auf probabilistischen Modellen und algebraisch-analytischen Methoden beruhen. Grafische Darstellungen (= Diagramme der Statistik) der Resultate sind dann umgekehrt wesentliche Mittel zum Studium der Wirkungsweise von Algorithmen, z. B. aufgehängte Wurzelbäume (Biehler 1985).

4.6   Zusammenfassung

Diagramme kann man als Erkenntnismittel oder als Modellierungsmittel verwenden. Es erweist sich als zweckmäßig, drei Arten von Diagrammen zu unterscheiden. Unterscheidungsmerkmale der drei Diagrammarten sind die Art des Darstellungssystems sowie Konstruktions- und Umwandlungsfähigkeit: Klassische und computerunterstützte CA-Diagramme sowie informale Diagramme. Wegen der Schwierigkeit der

Vermutungs- und Ideenfindung wird man beim Lehren des diagrammatischen Schließens zunächst Diagramme vorgeben, um Umformungen und Regeleinhaltungen zu üben. Als besonders effizient erweist sich der Übergang zu Diagrammen der Algebra und Analysis. Es kann dabei aber durch die Verlagerung auf das Rechnen („Macht des Kalküls") die Einsicht leiden. Visualisieren ist ein diagrammatisches Schließen mit Diagrammen der Geometrie, sehr erklärend, aber oft umständlich durchführbar, denn geometrische Umformungen erfordern gute Kenntnisse aus der Geometrie. Zweidimensionale Blockanordnungen von Zwischendiagrammen sind empfehlenswert, weil mehr simultane visuelle Vergleiche möglich sind. Algebraische, arithmetische und optische Lexika als Sammlungen weniger, aber häufig gebrauchter Grunddiagramme und Strategien erleichtern das Finden weiterführender Diagramme in einer Schlusskette. Informale Diagramme eignen sich besonders zur Ideenfindung, ebenso wie CA-Diagramme. Letztere wegen der schnellen Konstruktions- und Rechenfähigkeit aus zwei Gründen: Einmal erzeugen bewegte Bilder, automatische Bewegungsabläufe, Bildschirmteilungen, Vernetzung mit Messungen und Rechnungen emergierende Diagramme, d. h. solche, die zu Vermutungen und Ideen drängen. Der Hauptgrund liegt aber in der Simulierung fast „idealer Objekte", die mit naturwissenschaftlichen Methoden untersucht werden können und so Vermutungen und weitere Vorgehensweisen initiieren. Diese empirischen Methoden – „experimentelle Mathematik" – sind für Lernende leichtanzuwenden, weil die „unausweichliche" Realität schnell und sicher erfahrbar wird.

Literatur

Aebli H (1981) Denken: Das Ordnen des Tuns (Bd. 2). Klett, Stuttgart

Bakker A, Hoffmann MHG (2005) Diagrammatic reasoning as the basis for developing concepts: a semiotic analysis of student's learning about statistical distribution. Educ Stud Math 60:333–358

Biehler R (1985) Die Renaissance graphischer Methoden in der angewandten Statistik. In: Kautschitsch H, Metzler W (Hrsg) Medien zur Veranschaulichung von Mathematik. Hpt, B. G. Teubner, Wien, S 9–58

Borovcnik M, Kautschitsch H (2002) Technology in mathematics teaching. öbv & hpt, Wien

Brunner M (2015) Diagrammatische Realität und Regelgebrauch. In: Kadunz G (Hrsg) Semiotische Perspektiven auf das Lernen von Mathematik. Springer Spektrum, Berlin, S 9–32

Chambers JM et al (1983) Graphical methods for data analysis. Wadsworth, Duxbury

Dörfler W (2010) Mathematische Objekte als Indizes in Diagrammen. In: Kadunz G (Hrsg) Sprache und Zeichen. Franzbecker, Hildesheim, S 25–48

Dörfler W, Kadunz G (2006) Rezension von „Erkenntnisentwicklung". J Math-Didaktik 27(3/4):300–318

Heuser H (1980) Lehrbuch der Analysis (Teil I). B. G. Teubner, Stuttgart

Hoffmann MHG (2005) Erkenntnisentwicklung. Vittorio Klostermann, Frankfurt a. M.

Hoffmann MHG (2009) Über die Bedingungen der Möglichkeit, durch diagrammatisches Denken etwas zu lernen: Diagrammgebrauch in Logik und Arithmetik. Z Semiotik 31(3/4):241–275

Hoffmann M (2010) Diagrams as Scaffolds for Abductive Insights. AAAI Workshops, North America. https://aaai.org/ocs/index.php/WS/AAAIW10/paper/view/2027. Zugegriffen: 04. Mai 2020

Kadunz G (2000) Visualisierung, Bild und Metapher. J Math-Didaktik 21(3/4):280–302

Kadunz G, Kautschitsch H (1993) Thales: Software zur experimentellen Geometrie. Lambacher-Schweitzer Mathematik- Software. Klett, Stuttgart

Kautschitsch H, Metzler W (1982) Visualisierung in der Mathematik. hpt, B.G. Teubner, Wien

Kautschitsch H (1987) Ein „optisches Lexikon" für die Mathematik. In: Kautschitsch H, Metzler W (Hrsg) Medien zur Veranschaulichung von Mathematik. hpt, B. G. Teubner, Wien, S 223–232

Kautschitsch H, Metzler W (1991) Anschauliche und Experimentelle Mathematik I. hpt, B. G. Teubner, Wien

Kautschitsch H, Metzler W (1994) Anschauliche und Experimentelle Mathematik II. hpt, B. G. Teubner, Wien

Kautschitsch H (2001) The importance of screen-splitting for mathematical information processing. In: GDM, Gesellschaft für Didaktik der Mathematik (Hrsg) Developments in mathematics education in Germany. Selected papers from the annual conference on didactics of mathematics, Leipzig, 3–7 März 1997

Kosslyn SM, Pomerantz JR (1977) Imagery, propositions and the form of internal representations. Cogn Psycology 9:52–76

Peirce CS (CP) Collected papers of Charles Sanders Peirce. Harvard University Press, Cambridge

Peirce CS (NEM) (1976) The new elements of mathematics by Charles S. Peirce (Bd. I–IV). Mouton/Humanities, The Hague-Paris/Atlantic Highlands, NJ

Rotmann B (2009) Diagrammgebrauch in Logik und Arithmetik. Z Semiotik 31(3/4), 241–275

Tietze J (2009) Einführung in die Finanzmathematik, 9. Aufl. Vieweg & Teubner, Wiesbaden

Volkert K (1986) Die Krise der Anschauung. Vandenhoek & Ruprecht, Göttingen

Rekonstruktion diagrammatischen Schließens beim Erlernen der Subtraktion negativer Zahlen

Vergleich zweier methodischer Zugänge

Jan Schumacher und Sebastian Rezat

Inhaltsverzeichnis

J. Schumacher (✉) · S. Rezat
Institut für Mathematik, Universität Paderborn, Paderborn, Deutschland
E-Mail: jan.schumacher@math.uni-paderborn.de

S. Rezat
E-Mail: srezat@math.uni-paderborn.de

© Springer-Verlag GmbH Deutschland, ein Teil von Springer Nature 2020
G. Kadunz (Hrsg.), *Zeichen und Sprache im Mathematikunterricht*,
https://doi.org/10.1007/978-3-662-61194-4_5

5.1   Einleitung

Diagrammatisches Schließen bezeichnet kurz zusammengefasst das Experimentieren mit Diagrammen und die daraus folgende Wissenskonstruktion. Es geht zurück auf den amerikanischen Philosophen Charles S. Peirce. In der Mathematikdidaktik gibt es verschiedene Arbeiten zu Diagrammen und diagrammatischem Schließen, denen gemein ist, dass sie diagrammatisches Schließen aus erkenntnistheoretischer oder mathematikdidaktischer Perspektive betrachten. Hoffmann (2009) klärt in seinem Beitrag theoretisch, welche Rolle diagrammatisches Schließen im Rahmen einer Erkenntnistheorie einnimmt und wie sich durch diagrammatisches Schließen Lernen und die Entwicklung von Wissen beschreiben lassen. Er verdeutlicht am Beispiel der Legende, wonach Carl Friedrich Gauß seinen Mathematiklehrer düpierte, wie Lernen durch diagrammatisches Schließen ermöglicht werden kann. Dörfler (2006) arbeitet heraus wie Diagramme und diagrammatisches Schließen helfen, Mathematik nicht als abstrakte Wissenschaft, sondern vielmehr als Wissenschaft der Zeichen, mit denen man operiert, zu betrachten, und gibt dabei Empfehlungen, wie Lernende und Lehrende damit umzugehen haben. Dabei handelt es sich um eine eher normative Herausarbeitung von Gelingensbedingungen für diagrammatisches Schließen. Brunner (2009) beleuchtet vor dem Hintergrund, dass Lernen von Mathematik als Einarbeiten in die mathematische Zeichenwelt verstanden wird, die Kürze mathematischer Darstellungen, die diagrammatisches Schließen erfordert. Auch hierbei handelt es sich um eine theoretische Arbeit. Kadunz (2014) zeigt an einem Beispiel, welche Rolle Diagramme und diagrammatisches Schließen beim Lesen von mathematischen Texten spielen. Hierbei steht besonders die Transformation von Diagrammen von einem Darstellungssystem in ein anderes im Fokus. Bakker und Hoffmann (2005) haben mit ihrer Untersuchung zu statistischen Konzepten und Darstellungen bei Siebtklässlern herausgefunden, dass diagrammatisches Schließen Möglichkeiten für die Entwicklung von Konzepten bietet. Darüber hinaus zeigen sie, wie sich bei dem Prozess diagrammatischen Schließens Gelegenheiten der hypostatischen Abstraktion ergeben. Der Fokus liegt bei dieser Untersuchung insbesondere darauf, zu zeigen, dass sich Lernprozesse als Prozess diagrammatischen Schließens beschreiben lassen.

Die hier kurz dargestellten Arbeiten zeigen wie sich das Lernen von Mathematik im Sinne diagrammatischen Schließens verstehen lässt und stellen Konzepte und Ideen für einen Mathematikunterricht bereit, in dem diagrammatisches Schließen initiiert wird. Empirisch-deskriptive Untersuchungen, wie Lernende diagrammatisch schließen, gibt es dagegen kaum. Vielmehr gehen die empirischen Untersuchungen immer davon aus, dass von Lernenden diagrammatisch geschlossen wird. Der vorliegende Beitrag konzentriert sich dagegen auf die Rekonstruktion des Prozesses diagrammatischen Schließens von Lernenden. Rekonstruieren ist an dieser Stelle nicht im Sinne des Forschungsansatzes der didaktischen Rekonstruktion (vgl. Prediger 2005) zu verstehen, der sich auf die didaktische Strukturierung, die fachliche Klärung und die Erfassung der

Lernendenperspektive bezieht. Vielmehr wird unter Rekonstruktion das Erschließen und Darstellen der kognitiven Strukturen der Lernenden verstanden. Damit wird der Begriff Rekonstruktion im Sinne der „rekonstruktiven Forschung" (vgl. Bohnsack 2014) genutzt, die davon ausgeht, „dass die Wirklichkeit durch die Individuen konstruiert wird und versucht wird, diese Konstruktionen mit rekonstruktiven Verfahren der Interpretativen Forschung zu rekonstruieren" (Schütte und Jung 2016).

Im Fokus dieses Beitrags steht das methodische Vorgehen bei der Rekonstruktion diagrammatischen Schließens. Da der Fokus bisheriger Forschung nicht auf empirisch-deskriptiven Untersuchungen lag, sondern stattdessen eher normativen Charakter hatte, stellt sich die Frage nach geeigneten Methoden zur Rekonstruktion diagrammatischen Schließens.

Um diese Frage zu beantworten, wird zunächst dargestellt, was unter diagrammatischem Schließen zu verstehen ist (Abschn. 5.2). Anschließend stellen wir Toulmins Argumentationsschema und Vergnauds Konzept des Schemas als geeignete Instrumente dar, um diagrammatisches Schließen bei Lernenden zu rekonstruieren (Abschn. 5.3). Im Anschluss werden kurz die Daten vorgestellt, die als Grundlage für die beiden Beispielanalysen dienen (Abschn. 5.4). Es folgen die Analysen diagrammatischen Schließens (Abschn. 5.5 und 5.6) anhand der beiden Instrumente und deren vergleichende Diskussion (Abschn. 5.7).

5.2 Diagramme und diagrammatisches Schließen

Diagramme[1] sind ikonische Zeichen im Sinne von Peirce. Ikonische Zeichen stehen in einer Ähnlichkeitsrelation zu dem bezeichneten Objekt und erzeugen „auf Seiten des Interpretanten einen Eindruck der Ähnlichkeit zwischen Zeichen und Bezeichnetem" (Hoffmann 2001, S. 12). Ein Diagramm ist, genauer formuliert, „ein Repräsentamen, das in erster Linie ein Ikon von Relationen ist und darin durch Konventionen unterstützt wird" (Peirce 1990, S. 98). Diagramme grenzen sich von anderen ikonischen Zeichen ab, indem sie „gemäß einem vollständig konsistenten Darstellungssystem, das auf einer einfachen und leicht verständlichen Grundidee aufbaut, ausgeführt werden" (Peirce 1990, S. 98). Beispiele für Diagramme nach dieser Definition sind statistische Diagramme, aber darüber hinaus auch Formeln, Bilder, Gesetze und (Land-)Karten. Kurz zusammengefasst sind die besonderen Eigenschaften eines Diagramms, dass es Relationen darstellt und dabei in ein konsistentes Darstellungssystem eingebunden ist.

Ein Darstellungssystem zeichnet sich dadurch aus, dass es einen „widerspruchsfreien Zusammenhang von Darstellungsmitteln, die bei einer konkreten Diagrammatisierung

[1]An dieser Stelle soll auf eine allzu ausgedehnte Erklärung der Begriffe Diagramm, Zeichen, Ikon, Index und Symbol verzichtet werden. Als weiterführende Literatur zu diesen Begriffen empfehlen wir Hoffmann 2001, 2005 sowie Brunner 2009.

zum Einsatz kommen", gibt sowie „einen Satz von Regeln, der die zulässigen Transformationen solcher Darstellungsmittel festlegt" (Hoffmann 2005, S. 221). Beispiele für
Darstellungssysteme sind die deutsche Sprache, bei der die Regeln in der Grammatik
expliziert sind, oder die Symbolsprache der Algebra, in der die Regeln „den Transformationsmöglichkeiten mathematischer Ausdrücke zu Grunde liegen" (Hoffmann
2005, S. 128).

Das Arbeiten mit Diagrammen bezeichnet Peirce (1976b, S. 47 f.) als diagrammatisches Schließen, das ein

> […] Schließen [ist], welches gemäß einer in allgemeinen Begriffen formulierten Vorschrift
> ein Diagramm konstruiert, Experimente an diesem Diagramm durchführt, deren Resultate
> notiert, sich Gewissheit verschafft, dass ähnliche Experimente, die an irgendeinem gemäß
> der selben Vorschrift konstruierten Diagramm durchgeführt werden, die selben Resultate
> haben würden, und dieses in allgemeinen Begriffen zum Ausdruck bringt.

Dörfler (2016, S. 26) fasst dies zusammen als „rule-based but inventive and constructive
manipulation of diagrams for investigating their properties and relationships".

In diesen Definitionen zeigt sich, dass sich diagrammatisches Schließen in
bestimmten Handlungen manifestiert. Dazu gehören insbesondere das Konstruieren,
Experimentieren und Manipulieren von Diagrammen, das Untersuchen ihrer Eigenschaften und Beziehungen sowie das Ableiten von allgemeinen Aussagen aus den Diagrammen. Dörfler (2006) bezeichnet diese Handlungen mit Diagrammen als Tätigkeiten
diagrammatischen Schließens. Diese Tätigkeiten verdeutlichen, dass diagrammatisches
Schließen, obwohl es regelbasiert ist, keine mechanische Tätigkeit ist, sondern vielmehr eine kreative Tätigkeit, bei der Diagramme transformiert werden, mit Diagrammen
operiert wird und neue Diagramme konstruiert und deren Eigenschaften untersucht
werden.

Malik (2018) und Schumacher (2018) haben gezeigt, dass diese Tätigkeiten diagrammatischen Schließens bei Lernenden beobachtet werden können. Bei dieser Analyse konnte jedoch nur aufgezeigt werden, dass diagrammatisches Schließen in Form
der genannten Tätigkeiten stattfindet. Die Rekonstruktion der kognitiven Prozesse, die
das diagrammatische Schließen ausmachen, erfolgte in diesem Zusammenhang nicht.
Damit konnte nicht aufgezeigt werden, wie die kognitiven Prozesse bei Lernenden verlaufen und von welcher Qualität das diagrammatische Schließen ist. Im folgenden
Abschnitt wird der Frage der Rekonstruktion der kognitiven Prozesse bei Lernenden im
Zusammenhang mit Tätigkeiten diagrammatischen Schließens nachgegangen.

5.3   Rekonstruktion diagrammatischen Schließens

Um die kognitiven Prozesse bzw. den kognitiven Prozess beim diagrammatischen
Schließen zu rekonstruieren, ist der Zusammenhang zwischen den Regeln, anhand derer
Diagramme manipuliert werden, den Manipulationen und den Folgerungen, die aus den

Manipulationen gezogen werden, entscheidend. Dabei sind die Regeln bekannt und werden bei der Konstruktion und Manipulation von Diagrammen im Sinne deduktiven Schließens angewandt. Gleichzeitig gibt es beim diagrammatischen Schließen auch eine abduktive Komponente, da die Konstruktion von Diagrammen einen kreativen Charakter hat. Durch die Konstruktion von Diagrammen können neue Relationen sichtbar gemacht werden, die vorher nicht zwingend erschienen (Reichertz 2013, S. 26 f.). Dies sieht Peirce als eine entscheidende Tätigkeit auf dem Weg hin zu allgemein formulierten Regeln: „[H]e [der Mathematiker] detects relations between the parts of the diagram other than those which were used in its construction" (Peirce 1976a, S. 749). Hier zeigt sich ein didaktisches Potenzial diagrammatischen Schließens, bei dem Diagramme zur abduktiven Konstruktion von Regeln bestimmter Darstellungssysteme genutzt werden können. Der Fokus dieses Beitrags liegt auf dem zweiten, didaktischen Aspekt diagrammatischen Schließens. Wir gehen auf ihn bei der konkreten Beschreibung der in der Untersuchung verwendeten Diagramme noch detaillierter ein (Abschn. 5.4.1).

In beiden Fällen ist bei der Rekonstruktion diagrammatischen Schließens der Zusammenhang zwischen Manipulationen am Diagramm und den zugrunde liegenden Regeln entscheidend. Während aus normativer Sicht die Regeln für mathematische Darstellungssysteme wie das arithmetisch-algebraische Symbolsystem feststehen und korrekt angewendet werden müssen, zeigen gerade Untersuchungen zu Fehlern und im Rahmen des Conceptual-Change-Ansatzes (Vosniadou 2014), dass fehlerhaften Manipulationen Regelsysteme zugrunde liegen, die auftretende Fehler erklären können (z. B. Vlassis 2004). Für die deskriptive Analyse diagrammatischen Schließens besteht die entscheidende Aufgabe darin, die Regeln, anhand derer Manipulationen ausgeführt bzw. die aus manipulierten Diagrammen abgeleitet werden, zu rekonstruieren.

Krummheuer (2013) sieht einen engen Zusammenhang zwischen diagrammatischer und narrativer Argumentation in dem Sinne, dass Diagramme Teile von Argumentationen sein können. Wir gehen davon aus, dass die Regeln des Darstellungssystems im Rahmen von Begründungen expliziert werden können, die Lernende anführen, um die Korrektheit ihrer Manipulationen zu untermauern. Das heißt, aus dieser Perspektive sind die Regeln des Darstellungssystems in einen Begründungs- bzw. Argumentationszusammenhang eingebettet. Eine Rekonstruktion der zugrunde liegenden Regeln müsste daher im Rahmen einer Argumentationsanalyse möglich sein. Mit seinem Werk „The Uses of Argument" hat der amerikanische Philosoph Stephen Toulmin (2003) ein Modell für die Analyse von Argumentationen veröffentlicht, das in der Mathematikdidaktik vielfach verwendet wird. So analysiert Fetzer (2011) die Argumentationsprozesse von Grundschulkindern, Knipping (2003) vergleicht Beweisprozesse in Deutschland und Frankreich und Meyer (2007) analysiert Entdeckungs- und Begründungsprozesse auf der Grundlage des Toulmin-Schemas. Diese nur kurze Auflistung zeigt die vielseitige Nutzung des Argumentationsschemas, das in Abschn. 5.3.1 näher erläutert wird.

Eine andere Perspektive auf den Zusammenhang zwischen Manipulationen am Diagramm und den zugrunde liegenden Regeln bietet der Zusammenhang zwischen Handlungen und dem Wissen, das diese Handlungen steuert. Die Manipulationen am Diagramm können als Handlungen aufgefasst werden, die von dem Wissen der Handelnden über Regeln des Darstellungssystems geleitet werden. Dieser Zusammenhang liegt im Kern des Schema-Begriffs von Vergnaud. Diese Perspektive wird als zweite Möglichkeit zur Rekonstruktion diagrammatischen Schließens in diesem Beitrag gewählt. Ebenso wie das Toulmin-Schema ist auch der Schema-Begriff Vergnauds in der Mathematikdidaktik wohl etabliert. Zwetschler nutzt Vergnauds Schema-Konzept zur „Erfassung von Verständnis und Verstehen auf unterschiedlichen Komplexitätsstufen" (Zwetschler 2015, S. 20) bei ihren Untersuchungen von selbst entwickelten Lehr-Lern-Arrangements zur Gleichwertigkeit von Termen. Glade (2016) rekonstruiert mithilfe dieses Ansatzes die Handlungsmuster von Schülern bei seinen empirischen Untersuchungen zur fortschreitenden Schematisierung in der Sekundarstufe. Rezat (2009) und Hattermann (2011) verwenden Vergnauds Schema-Begriff zur Rekonstruktion von Gebrauchsschemata im Rahmen von Rabardels (2002) instrumentellem Ansatz. Rezat rekonstruiert dabei Gebrauchsschemata der Schulbuchnutzung von Lernenden und Hattermann beschreibt mithilfe von Gebrauchsschemata wie Studierende mit Software für Raumgeometrie einfache raumgeometrische Aufgaben bearbeiten. Vergnauds Schema-Begriff wird in Abschn. 5.3.2 näher erläutert.

Beide Ansätze, das Toulmin-Schema und der Schema-Begriff Vergnauds, werden im vorliegenden Beitrag als methodische Werkzeuge gegenübergestellt, um diagrammatisches Schließen bei Lernenden im Rahmen der Arbeit an einer Lernumgebung zu negativen Zahlen zu rekonstruieren. Das Ziel ist, aus der Gegenüberstellung der beiden Ansätze Schlüsse zu ziehen, inwiefern die Ansätze geeignet sind, um die kognitiven Prozesse bei Lernenden beim diagrammatischen Schließen zu rekonstruieren.

5.3.1 Das Toulmin-Schema

Die Grundstruktur einer Argumentation, die in Abb. 5.1 zu sehen ist, besteht Toulmin (2003) zufolge aus den drei Komponenten Datum, Konklusion und Garant. *Daten* sind unbezweifelte Fakten, die als Grundlage für die Schlussfolgerung dienen (Toulmin 2003, S. 90). Sie sind die Antwort auf die Frage: „Was ist gegeben?" Daten bilden die Grundlage für die *Konklusion,* also die Aussage, die belegt werden soll. Die einfachste und auch kürzeste Argumentation lautet „Datum, deshalb Konklusion" und wird von Fetzer (2011, S. 30) als „einfacher Schluss" bezeichnet. Die Grundlage einer Argumentation ist

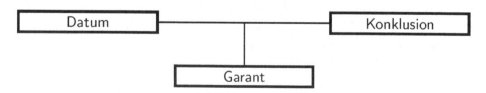

Abb. 5.1 Die Grundstruktur einer Argumentation nach Toulmin (2003)

dabei die Differenzierung zwischen Datum und Konklusion (Toulmin 2003, S. 90). Es bedarf jedoch einer Begründung, dass aus dem Datum die Konklusion folgt:

> Our task is no longer to strengthen the ground on which our argument is constructed, but is rather to show that, taking these data as a starting point, the step to the original claim or conclusion is an appropriate and legitimate one. At this point, therefore, what are needed are general, hypothetical statements, which can act as bridges, and authorize the sort of step to which our particular argument commits us. (Toulmin 2003, S. 91)

Diese Verbindung zwischen Datum und Konklusion stellt der *Garant* her. An manchen Stellen wird der Garant auch Schlussregel genannt. Kindt verweist jedoch darauf, dass es sich bei den Beispielen, die Toulmin für den Garanten (engl. warrant) gibt,

> [...] nicht um Schlussregeln, sondern um generalisierte Aussagen, also um Gesetzesaussagen bzw. Aussagen über Sachverhaltsregularitäten handelt. Schlussregeln sind demgegenüber [...] diejenigen logischen Regeln, mit deren Hilfe man wie z. B. mit dem modus ponens Schlussfolgerungen ziehen kann. (Kindt 2008, S. 149)

Der Garant rechtfertigt die Gültigkeit des Schlusses, weshalb er auch nicht auf derselben Ebene wie Datum und Konklusion steht.

Die Unterscheidung zwischen Datum und Garant ist bei der Rekonstruktion von Argumentationen nicht immer eindeutig. Es muss unterschieden werden, ob eine Aussage dazu dient, den Schluss zu rechtfertigen, dann wäre sie dem Garanten zuzuordnen, oder ob sie als Ausgangspunkt der Argumentation fungiert, dann wäre sie dem Datum zuzuordnen (Toulmin 2003, S. 91 f.).

Neben den beschriebenen drei grundlegenden Elementen einer Argumentation, gibt Toulmin noch drei weitere Komponenten an: die Stützung, die Ausnahmebedingung und den modalen Operator. Stützungen untermauern die Gültigkeit des Garanten. Die Ausnahmebedingung umfasst Bedingungen, wann die Regeln des Garanten innerhalb dieser Argumentation nicht gelten (Toulmin 2003, S. 93 f.). Der modale Operator gibt an, mit welchem Grad an Sicherheit die Konklusion aus dem Datum folgt. Laut Meyer (2007) muss man mit dem modalen Operator und der Ausnahmebedingung jedoch in der Mathematik im Wesentlichen nur in Anwendungssituationen rechnen, die bei der in diesem Beitrag zugrunde liegenden Lernumgebung nicht vorkommen (vgl. Abschn. 5.4). Stützungen kommen Kindt (2008) zufolge in elementaren Argumentationen nicht vor. Für die Analyse der Argumentationen der Lernenden in diesem Beitrag erscheint daher die Grundstruktur eines Arguments ausreichend zu sein. Die anderen Komponenten eines Arguments werden demnach im Rahmen dieses Beitrags zunächst vernachlässigt.

Die Grundstruktur einer Argumentation nach Toulmin lässt sich im Sinne von Peirce im Zusammenhang mit deduktiven, induktiven und abduktiven Schlüssen verwenden. Während die regelgeleitete Manipulation eines Diagramms einem deduktiven Schließen entspricht, bei dem die Regel die Richtigkeit der Manipulation begründet, kann aus einer gegebenen Manipulation eines Diagramms auch auf eine mögliche Manipulationsregel abduktiv geschlossen werden. Hier erklärt die Regel im Sinne einer Hypothese die Manipulation.

5.3.2 Vergnauds Schema-Begriff

Für Vergnaud ist Lernen die „Konstruktion von Wissen in der ständigen Regulation von interner Repräsentation und Handlungsorganisation und Anpassung an die Umwelt – genauer an die jeweils vorliegende Situation" (Glade 2016, S. 68). Zentral sind dabei Handlungen, die in Interaktion mit der Umwelt der Wissensbildung und -artikulation dienen und die sich, anknüpfend an Piaget, in Handlungsschemata organisieren:

> The scheme of an action is, by definition, the structured group of the generalizable characteristics of this action, that is, those which allow the repetition of the same action or its application to a new content. (Beth und Piaget 1966, S. 235)

Für Vergnaud (1996, S. 222) ist darüber hinaus die Situationsgebundenheit von Schemata ein entscheidendes Merkmal. Demzufolge definiert er ein Schema anknüpfend an Piaget als „the invariant organization of behavior (action) for a certain class of situations". Ein Schema ermöglicht es Individuen in bestimmten Klassen von Situationen zu handeln. Schemata entwickeln sich durch Anwendung auf immer neue Situationen.

Die zentralen Konstituenten eines Schemas bezeichnet Vergnaud als operationale Invarianten. Zur Beschreibung mathematischer Schemata unterscheidet er *concepts-in-action* und *theorems-in-action:*

> A theorem-in-action is a proposition that is held to be true by the individual subject for a certain range of the situation variables. [...] Concepts-in-action are categories (objects, properties, relationships, transformations, processes, etc.) that enable the subject to cut the real world into distinct elements and aspects, and pick up the most adequate selection of information according the situation and scheme involved. (Vergnaud 1996, S. 225)

Theorems-in-action sind subjektive Theoreme, die Lernende nutzen und die sich von objektiven und geltenden Theoremen der Wissenschaft unterscheiden können. Es muss sich deshalb bei theorems-in-action nicht immer um wahre Sätze handeln, sondern es können auch im Sinne der Wissenschaft falsche Sätze sein. Dementsprechend könnte ein theorem-in-action im Zusammenhang mit der Subtraktion lauten: „Bei einer Sub-traktion ist das Ergebnis immer kleiner als der Minuend." Dieses theorem-in-action macht eine Aussage zum Verhältnis von Minuend und Ergebnis in einer Subtraktions-aufgabe, die nur für den Bereich der natürlichen Zahlen gilt und daher nicht eine wahre Aussage in anderen Zahlbereichen darstellt. *Concepts-in-action* hingegen sind weder wahr noch falsch, da sie keine Theoreme sind. Sie können jedoch als Argu-mente in theorems-in-action involviert sein und sind in unterschiedlichen Situationen relevant oder irrelevant. Theorems- und concepts-in-action haben einen deskriptiven Charakter, deren präskriptive Pendants die wissenschaftlichen Konzepte und Theoreme sind (Zwetschler 2015, S. 14). Ein Beispiel für ein concept-in-action ist „Minus-zeichen bedeutet Subtraktion". Auch dieses concept-in-action verdeutlicht die Differenz zwischen dem wissenschaftlichen Konzept und dem individuellen concept-in-action.

Bei der Analyse diagrammatischen Schließens geht es im Folgenden darum, die impliziten Regeln, die den Manipulationen von Diagrammen zugrunde liegen, zu rekonstruieren. Zwetschler (2015) zufolge ermöglicht Vergnauds Theorie ebendiese „Rekonstruktion impliziter kognitiver Strukturen und den Aufbau aus Handlungen" (Zwetschler 2015, S. 15). Insbesondere die Verbindung der Handlungen mit ihren operationalen Invarianten ist es, was Vergnauds Schema-Begriff im Zusammenhang mit der Rekonstruktion diagrammatischen Schließens interessant macht, da hier der Zusammenhang zwischen Manipulation (Handlung) und den zugrunde liegenden Regeln (handlungsleitendes Wissen) von zentraler Bedeutung ist. Insbesondere die Handlungs-theoreme in den Handlungsschemata der Lernenden sollten die Regeln des Darstellungs-systems widerspiegeln, auf denen die Manipulation beruht.

5.4 Datengrundlage

Grundlage für die beiden Beispielanalysen ist der Beginn der Bearbeitung einer Lern-umgebung zur Subtraktion negativer Zahlen. Der Lernumgebung liegt ein inner-mathematischer, auf dem algebraischen Permanenzprinzip basierender Zugang zugrunde. Zur Umsetzung wird auf die von Freudenthal propagierte „induction extrapolatory method" (Freudenthal 1983, S. 435) zurückgegriffen und es werden den Schülerinnen und Schülern aus der Primarstufe bekannte Aufgabenformate, wie z. B. Entdeckerpäck-chen und Rechentafeln (Wittmann und Müller 1990, 1992), verwendet.

Der Einstieg in die Subtraktion negativer Zahlen ist in Abb. 5.2 dargestellt. Die Schülerinnen und Schüler müssen die Muster der Entdeckerpäckchen verbal beschreiben und die Entdeckerpäckchen vervollständigen.

a				b				c			
3	−	2	= ___	5	−	2	= ___	1	−	1	= ___
3	−	1	= ___	4	−	1	= ___	0	−	0	= ___
3	−	0	= ___	3	−	0	= ___	___	−	___	= ___
3	−	___	= ___	2	−	___	= ___	___	−	___	= ___
3	−	___	= ___	1	−	___	= ___	___	−	___	= ___
3	−	___	= ___	0	−	___	= ___	___	−	___	= ___

d				e				f			
5	−	0	= ___	3	−	(-1)	= ___	-5	−	___	= -6
4	−	(-1)	= ___	2	−	(-1)	= ___	-4	−	___	= -4
3	−	(-2)	= ___	1	−	(-1)	= ___	-3	−	___	= -2
2	−	(-3)	= ___	___	−	(-1)	= ___	-2	−	___	= ___
1	−	(-4)	= ___	___	−	(-1)	= ___	-1	−	___	= ___
0	−	(-5)	= ___	___	−	(-1)	= ___	0	−	___	= ___

Abb. 5.2 Beispiele von Entdeckerpäckchen, die den Einstieg in jeden Abschnitt der Lern-umgebung bilden

5.4.1   Diagramme beim Erlernen negativer Zahlen

Ein zentrales Designprinzip der Lernumgebung ist, dass Lernende sich die Regeln zum
Rechnen mit ganzen Zahlen durch abduktives diagrammatisches Schließen aus der
Manipulation von Diagrammen und deren Erforschung erschließen. Entdeckerpäckchen
eignen sich hierfür, da sie Diagramme auf zwei verschiedenen Ebenen anbieten. Auf der
ersten Ebene ist jede einzelne Aufgabe in einem Entdeckerpäckchen ein Diagramm für
sich. Die zugrunde liegende Relation ist die Beziehung zwischen den Minuenden, den
Subtrahenden und den Ergebnissen. Als Darstellungssystem dient das Symbolsystem
der „Arithmetik" mit seinen Regeln. Diagramme der zweiten Ebene sind die Entdeckerpäckchen an sich. Die zugehörigen Relationen sind hier die Beziehungen zwischen den
einzelnen Aufgaben. Das entsprechende Darstellungssystem bezeichnen wir als „Entdeckerpäckchen in der Arithmetik". Es besteht aus arithmetischen Aussagen im Sinne
von Aufgaben. Die Regeln des Darstellungssystems ergeben sich aus den Mustern und
Strukturen, die dem Entdeckerpäckchen zugrunde liegen.

Die in den Aufgaben vorgegeben Entdeckerpäckchen (vgl. Abb. 5.2) können von den
Schülern auf unterschiedliche Weise fortgesetzt werden. So wäre bei dem ersten Entdeckerpäckchen in Abb. 5.2 die Folge der Subtrahenden 2, 1, 0, 2, 1, 0 durchaus passend,
wenn auch nicht intendiert. Dies verdeutlicht, dass dem Darstellungssystem „Entdeckerpäckchen in der Arithmetik" zwar Regeln zugrunde liegen, Peircesche Forderungen wie
z. B. die Unausweichlichkeit bei der Konstruktion von Diagrammen unter Umständen
aber nicht erfüllt sind. Allerdings sind Fortsetzungen wie die obige bei diesem Auf-
gabenformat im Bereich der natürlichen Zahlen äußerst untypisch. Die Sozialisation
der Lernenden aus der Grundschule im Hinblick auf solche Entdeckerpäckchen lässt
daher vermuten, dass für sie die Peirceschen Forderungen erfüllt sind. In diesem Beitrag
werden Entdeckerpäckchen in der Arithmetik daher als Darstellungssystem im Sinne von
Peirce betrachtet.

Die nicht eindeutige Fortsetzbarkeit der Entdeckerpäckchen zeigt darüber hinaus
auch die mögliche Kreativität bei der Konstruktion von Diagrammen und damit die
abduktive Komponente diagrammatischen Schließens. Die Lernenden können aufgrund der regelgeleiteten Fortsetzung der Muster innerhalb eines Entdeckerpäckchens
abduktiv auf die Regeln zur Subtraktion negativer Zahlen schließen. Sie können somit
Beziehungen auf Ebene der einzelnen Aufgaben entdecken, die nicht zur Konstruktion
des Diagramms „Entdeckerpäckchen in der Arithmetik" genutzt wurden. Die Mehrdeutigkeit, die sich daraus ergibt, dass die Entdeckerpäckchen potenziell auf unterschiedliche Weise fortgesetzt werden können, bietet darüber hinaus ein Potenzial, die
Regeln des zugrunde liegenden Darstellungssystems zu explizieren und die Fortsetzung
im Sinne des Permanenzprinzips zu thematisieren. Bei der Bearbeitung der Aufgaben
wird den Schülerinnen und Schülern ermöglicht, dass sie Diagramme auf beiden Ebenen
manipulieren. Sie bearbeiten einerseits einzelne Aufgaben innerhalb der Entdeckerpäckchen und manipulieren dabei die Diagramme der ersten Ebene. Andererseits vervollständigen sie die Entdeckerpäckchen mittels Manipulation auf der zweiten Ebene.

Darüber hinaus müssen die Lernenden die Struktur der Entdeckerpäckchen untersuchen, damit sie diese zu Beginn der Aufgabe beschreiben können. Dabei handelt es sich um das Erforschen von Eigenschaften eines Diagramms der zweiten Ebene. Auf Ebene der einzelnen Aufgaben ist kein explizites Erforschen der Eigenschaften gefordert, es kann jedoch stattfinden, wenn die Schülerinnen und Schüler eigenständig die Aufgaben, bei denen der Subtrahend negativ ist, untersuchen.

Zusammenfassend lässt sich an dieser Stelle sagen, dass die Lernumgebung bei dieser Aufgabe diagrammatisches Schließen zum Entdecken der Regel für das Subtrahieren negativer Zahlen initiieren soll. Sie eignet sich besonders für die vorliegende methodische Frage zur Rekonstruktion diagrammatischen Schließens, da sie sowohl diagrammatisches Schließen im deduktiven Sinne durch Anwenden der bekannten Regeln für das Rechnen mit natürlichen Zahlen umfasst als auch das abduktive Ableiten von neuen Regeln aus manipulierten Diagrammen.

5.4.2 Datenerhebung und Transkript einer Bearbeitung

Die Lernumgebung wurde in fünf 6. Klassen eines Gymnasiums zu Beginn des Schuljahrs eingesetzt. Während des normalen Mathematikunterrichts bearbeiteten i. d. R. zwei Schülerpaare, die zu Beginn der Studie willkürlich ausgewählt worden waren, separat in einem gemeinsamen Raum neben der Klasse die Lernumgebung im Rahmen klinischer Interviews. Diese wurden videografiert.

Bis zu diesem Zeitpunkt haben die Schülerinnen die negativen Zahlen kennengelernt, die Ordnung ganzer Zahlen erarbeitet, positive von ganzen Zahlen subtrahiert und ganze Zahlen addiert. In der Unterrichtsstunde, deren Beginn durch das Transkript wiedergegeben wird, sollen die Schülerinnen zum ersten Mal negative Zahlen subtrahieren. Die Analysen in Abschn. 5.5 und 5.6 basieren auf dem folgenden Transkript der Bearbeitung der beiden Schülerinnen Mia und Marleen. Dieser Transkriptausschnitt wurde ausgewählt, da der Arbeitsprozess der beiden Schülerinnen anders verläuft als durch die Lernumgebung intendiert. Gerade durch diese Abweichung von der Norm bietet die Szene gute Ansatzpunkte für die Rekonstruktion der kognitiven Prozesse, die der Konstruktion der Regeln bei den Schülerinnen zugrunde liegen.

5.5 Rekonstruktion von Argumentationen zur Rekonstruktion der Regeln des Darstellungssystems

5.5.1 Methodisches Vorgehen

Zur Rekonstruktion der Argumentationen werden in dem Transkriptausschnitt sprachliche Indikatoren für Argumentationen gesucht. Dabei handelt es sich sowohl um Indikatoren, die auf Daten hinweisen, als auch um solche, die auf eine Konklusion hinweisen.

Ein Indikator ist aus linguistischer Perspektive ein „formal eindeutig identifizierbare[r] Teil von Äußerungen, dessen Vorkommen ggf. Rückschlüsse auf einen nicht unmittelbar wahrnehmbaren Sachverhalt zulässt" (Kindt 2008, S. 153). Typische Indikatoren für Folgerungsbeziehungen und damit Hinweise auf Argumentationen sind *folglich, weil, denn, zumal, sodass, damit, wenn, falls, sofern, deswegen* oder *infolgedessen* (Kindt 2008, S. 153 ff.), wobei diese Liste durchaus weitergeführt werden kann. Darüber hinaus ist auch die für eine Schlussfolgerung typische Wenn-dann-Konstruktion oder eine Kurzform dieser ein Indikator für eine Argumentation.

Transkriptstellen, die einen dieser Indikatoren aufweisen, und deren Umfeld werden dann hinsichtlich der Fragestellung analysiert, ob es sich bei den Aussagen um eine komplette Argumentation oder an der Stelle um ein Datum, eine Konklusion oder einen Garanten handelt und worauf sich diese dann beziehen.

In die Analyse der Argumentation fließt mit ein, auf welcher Diagrammebene (vgl. Abschn. 5.4.1) die Lernenden argumentieren und inwiefern sie dabei Zusammenhänge zwischen den beiden Diagrammebenen herstellen. Neben diesem für die zu bearbeitende Lernumgebung wichtigen Element diagrammatischen Schließens werden auch die Regeln der zugrunde liegenden Darstellungssysteme aus den Argumentationen rekonstruiert. Dafür bietet sich besonders der Garant an, da dieser eine allgemeine Aussage beinhaltet, die den Schluss erlaubt. Sollte in einer Argumentation kein Garant vorkommen, dann wird versucht, die Regel aus dem Datum und der Konklusion zu rekonstruieren. Generell werden die Regeln in der für die Mathematik typischen Wenn-dann-Struktur aufgeschrieben.

5.5.2 Argumentationsanalyse

Die Analyse bezieht sich auf den in Tab. 5.1 dargestellten Transkriptausschnitt. Der erste Indikator für eine Folgerungsbeziehung findet sich in Turn 9. Es handelt sich um die Konjunktion *dann,* die Marlen nutzt: „Das Ergebnis wird dann ja auch um einen kl … […] Um einen größer" (Turn 9–11). Diese Aussage ist eine Konklusion, die sich auf die Aussage von Mia in Turn 8 bezieht. Das zu der Konklusion gehörende Datum lautet: „Bei a) bleibt der erste [zeigt auf den Minuenden] halt gleich und der zweite [zeigt auf den Subtrahenden] wird immer um einen kleiner." Zu dieser Argumentation gibt es keinen Garanten, sodass es sich um einen einfachen Schluss (vgl. Fetzer 2011, S. 33) handelt. Die Schülerinnen schließen ausgehend von den Veränderungen der Minuenden und Subtrahenden in den Aufgaben auf die Veränderungen der Ergebnisse. Das heißt, sie nutzen die Relationen zwischen den Aufgaben im Darstellungssystem „Entdeckerpäckchen". Daher findet der Schluss auf der Ebene des Entdeckerpäckchens und nicht auf der Ebene einzelner Aufgaben statt.

Als nächster Indikator für eine Argumentation taucht wieder die Konjunktion *dann* auf (Turn 13). Hierbei handelt es sich aber um eine Bestätigung der vorherigen Argumentation. Bei der Analyse des Umfelds dieser Aussage lässt sich jedoch ein Widerspruch zu der

Tab. 5.1 Transkript von Mia und Marlen von dem Beginn des Kapitels „Subtraktion negativer Zahlen"

8	Mia	Es wird hier immer kleiner bei a). Bei a) bleibt der erste [zeigt auf den Minuenden] halt gleich und der zweite [zeigt auf den Subtrahenden] wird immer um einen kleiner
9	Marlen	Aber wir müssen noch über das Ergebnis … Das Ergebnis wird dann ja auch um einen kl… Ne…
10	Mia	Häh?
11	Marlen	… um einen größer
12	Mia	Nein
13	Marlen	Doch, das Ergebnis wird dann immer um einen größer
14	Mia	Um einen … kleiner. Das sind doch negative Zahlen, Marleen
15	Marlen	Nein, guck mal. Drei minus zwei ist ja eins. Drei minus eins zwei. Drei minus null drei. Drei minus minus eins wäre dann ja…
16	Mia	… minus…
17	Marlen	Das wäre dann ja zwei. Dann wird es wieder kleiner. Also, die Differenz wird erst größer und dann kleiner, oder was?
18	Mia	Also, Minuend bleibt gleich, Subtrahend wird um einen kleiner. Differenz … wird erst kleiner und dann größer…
19	Marlen	… erst größer…
20	Mia	[nickt zustimmend] erst größer und dann kleiner. [Beide schreiben den Zusammenhang innerhalb des Päckchens auf.]
21	Interviewer	Wie kommt ihr darauf, dass die erst größer und dann kleiner wird?
22	Mia	Ähm, also, wegen dem hier. Weil das hier ja alles gleich bleibt und man halt … wird ja zwei minus drei ist dann ja eins…
23	Marlen	… drei minus zwei …
24	Mia	… drei minus zwei. Und dann halt immer einen weniger, dann wird die Zahl immer größer…
25	Interviewer	Mhm …
26	Mia	Und wenn man das Minus [unverständlich], wird es wieder kleiner. Halt wenn man Minuszahlen [unverständlich]…
27	Interviewer	Okay. Ähm, dann füllt doch erstmal die Lücken da aus, die hier in dem Päckchen sind. [Beide ergänzen das Entdeckerpäckchen.] So, und wenn ihr jetzt mal überlegt, nachdem ihr da bis zur Drei gekommen seid. Hatten wir schon einmal ein Päckchen, wo sich das dann wieder geändert hat?
28	Beide	Nein
29	Interviewer	Und wie geht es dann weiter?
30	Mia	Wahrscheinlich immer so
31	Marlen	Mit Vier wahrscheinlich
32	Interviewer	Genau

(Fortsetzung)

Tab. 5.1   (Fortsetzung)

33	Mia	Weil hier geht es… also hier [zeigt auf ein anderes Entdeckerpäckchen] ist es auch schon so, aber hier ändert sich ja dann der Summand der erste
34	Interviewer	Ja. … Das heißt, wenn man das Muster jetzt fortsetzt, kommt als Nächstes …
35	Marlen	… Vier
36	Interviewer	Genau
37	Mia	Häh, aber es wird doch um einen kleiner. Es wird dann doch kleiner, Marleen
38	Marlen	Aber es gab ja noch kein Päckchen, wo das Ergebnis auf einmal wieder kleiner ist. Es ist halt so ein Muster, aber ich weiß halt nicht, warum

vorangehenden Argumentation finden: „[Das Ergebnis wird] Um einen … kleiner. Das sind doch negative Zahlen, Marleen" (Turn 14). Auch wenn in dieser Aussage kein expliziter Indikator für eine Argumentation gegeben ist, lässt sie sich als solche erkennen, da sie sich auf das Datum der letzten Argumentation – der Minuend bleibt gleich und der Subtrahend wird um einen kleiner – bezieht. „Das Ergebnis wird um einen kleiner" ist in diesem Fall die Konklusion. Mia unterstützt ihre Schlussfolgerung mit der Aussage: „Das sind doch negative Zahlen" (Turn 14). Diese Aussage wird so interpretiert, dass Mia mit den negativen Zahlen die negativen Subtrahenden meint, die ab der vierten Aufgabe in dem Entdeckerpäckchen auftreten. Daraus ergibt sich als Garant: Wenn die Minuenden gleich bleiben, die Subtrahenden einen kleiner werden und negativ sind, wird das Ergebnis um eins kleiner. Auch in dieser Argumentation bewegt sich Mia auf der Diagrammebene der Entdeckerpäckchen.

In Turn 15–20 tritt die Konjunktion *dann* gleich mehrfach auf. Die Argumentation in diesem Abschnitt bezieht sich immer noch auf das Datum der ersten beiden Argumentationen („Bei a) bleibt der erste [zeigt auf den Minuenden] halt gleich und der zweite [zeigt auf den Subtrahenden] wird immer um einen kleiner."). Die Konklusion der beiden Schülerinnen ist in diesem Abschnitt: „Die Differenz wird erst größer und dann kleiner" (Turn 20). Auch für diesen Schluss gibt es einen Garanten: Die Schülerinnen berechnen die Ergebnisse der ersten vier Aufgaben des Päckchens und erhalten die Ergebnisse 1, 2, 3 und 2 (Turn 15–17). Bei dieser Argumentation bewegen sich die Schülerinnen nicht mehr allein auf der Ebene der Entdeckerpäckchen. Sie betrachten auch die Diagramme auf Aufgabenebene, da sie die einzelnen Aufgaben berechnen und dies als Garanten nutzen. An dieser Stelle zeigt sich somit ein Zusammenspiel zwischen den Diagrammen beider Ebenen. Der Schluss erfolgt auf Ebene des Entdeckerpäckchens, wird aber durch die Diagramme auf Aufgabenebene gerechtfertigt. Abb. 5.3 zeigt die ersten drei Argumentationen.

Im folgenden Abschnitt (Turn 21–26) tritt die Konjunktion *dann* wieder mehrfach auf und auch dieser Abschnitt lässt sich als Ganzes analysieren, da er inhaltlich zusammenhängt. In Turn 21 möchte der Interviewer eine Begründung der

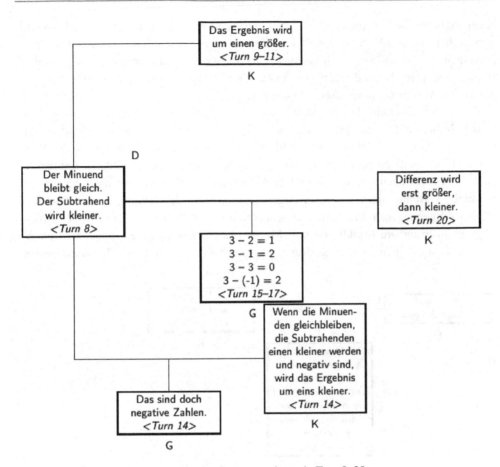

Abb. 5.3 Schematische Darstellung der Argumentationen in Turn 8–20

vorangegangenen Konklusion. Er wiederholt dafür die Konklusion, jedoch vervollständigen die Schülerinnen die Argumentation nicht. Stattdessen folgen zwei eigenständige Argumentationen, warum die Ergebnisse bei dem Entdeckerpäckchen erst größer (Turn 22–24) und dann kleiner (Turn 26) werden. Die erste Konklusion ist, dass die Ergebnisse größer werden (Turn 24). Das dazugehörige Datum ist die Aufgabe $3 - 2 = 1$. Und der Garant ist: „Der Minuend bleibt bei den nächsten Aufgaben gleich und der Subtrahend wird kleiner, dann wird die Differenz immer größer" (Turn 22 und 24). Diese Argumentation beinhaltet wiederum Diagramme beider Ebenen. Ausgehend von einer einzelnen Aufgabe folgt eine Konklusion auf Ebene der Entdeckerpäckchen, die durch Aussagen auch auf der Ebene der Entdeckerpäckchen gerechtfertigt wird. Aufgrund der unverständlichen Stellen in Turn 26 ist für diese Stelle die Interpretation erschwert. Aber eine mögliche Interpretation ist, dass Mia dort meint, dass die Ergebnisse wieder kleiner werden, wenn der Subtrahend negativ ist. Die Konklusion bei dieser Argumentation ist, dass die Ergebnisse wieder kleiner werden. Das Datum, das dem gegenübersteht, ist die Aussage, dass der Subtrahend negativ ist. Darüber hinaus spricht Mia vorher von den Veränderungen des Minuenden und des Subtrahenden, auf die ihre Aussagen in Turn 26 auch noch bezogen sind, sodass es bei dieser Aussage ein zweites Datum gibt: Der Minuend bleibt gleich und der Subtrahend wird kleiner. Abb. 5.4 zeigt die beiden Argumentationen dieses Abschnitts.

Der letzte Abschnitt des Transkripts wird im Folgenden nun auch als Ganzes analysiert. Indikator für eine Argumentation ist in diesem Abschnitt die Konjunktion *weil* (Turn 33). Da *weil* eine Begründung einleitet, handelt es sich bei dem durch diese Konjunktion eingeleiteten Satz („Weil hier … also hier [zeigt auf ein anderes Entdecker-päckchen] ist es auch schon so, aber hier ändert sich ja dann der Summand der erste.") um einen Garanten innerhalb einer Argumentation. Die Begründung, bezieht sich auf Mias vorangegangenen Satz: „Wahrscheinlich immer so" (Turn 30). Die aus dieser Aussage rekonstruierbare Konklusion ist: „Mit den Ergebnissen geht es immer so weiter." Das zu dieser Argumentation gehörende Datum lässt sich aus Turn 27 rekonstruieren.

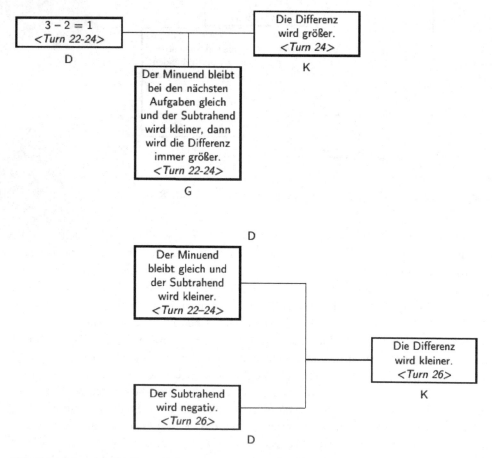

Abb. 5.4 Schematische Darstellung der Argumentationen in Turn 21–26

Dort ergänzen die Schülerinnen die Subtrahenden des Päckchens und berechnen die ersten drei Aufgaben, woraufhin der Lehrer fragt, wie es mit den Ergebnissen weitergeht (Turn 29). Das Datum dieser Argumentation besteht deshalb aus den ersten drei Aufgaben des Entdeckerpäckchens. Bei dieser Argumentation sind das Datum, die Konklusion und der Garant alle auf Ebene der Entdeckerpäckchen, da Mia sich auf die Ergebnisse (Konklusion), die ersten drei Aufgaben (Datum) und ein anderes Entdeckerpäckchen (Garant) bezieht.

In dem Abschnitt gibt es noch eine zweite Argumentation, die dasselbe Datum als Ausgangspunkt hat. Marlen sagt, dass das nächste Ergebnis Vier ist (Turn 31 und 35). Dies ist die Konklusion, die durch Turn 38 gerechtfertigt wird. Als Garant lässt sich daher die Aussage „Es gab noch kein Päckchen, wo sich das Muster verändert hat" rekonstruieren. Bei dieser Argumentation ist wieder kein Zusammenspiel zwischen den beiden Diagrammebenen auszumachen. Datum, Konklusion und Garant befinden sich auf der Diagrammebene der Entdeckerpäckchen. Bei der Konklusion liegt die Vermutung nahe, dass es sich um ein Argument auf Aufgabenebene handelt („Das Ergebnis ist Vier"), die Herleitung dieses Ergebnisses erfolgt jedoch nur über die Struktur des Entdeckerpäckchens. Dies folgt aus den Fragen des Interviewers in Turn 29 und 34 („Und wie geht es dann weiter?" „Das heißt, wenn man das Muster fortsetzt, kommt als Nächstes ..."). Abb. 5.5 zeigt die schematische Darstellung der letzten beiden Argumentationen.

Nachdem nun die Argumentationen bei der Bearbeitung des Entdeckerpäckchens analysiert wurden, folgt die Rekonstruktion der Regeln der Darstellungssysteme.

5.5.3   Rekonstruktion der Regeln der Darstellungssysteme

Die erste rekonstruierte Argumentation (vgl. Abb. 5.3 oben) besitzt keinen expliziten Garanten. Trotzdem lässt sich aus der Argumentation heraus eine Regel für das Darstellungssystem „Entdeckerpäckchen in der Arithmetik" rekonstruieren. Der Schluss lautet: Wenn der Minuend gleich bleibt und der Subtrahend eins kleiner wird, dann wird das Ergebnis um eins größer. Die entsprechende Regel für das Darstellungssystem – und somit für die Konstruktion des Entdeckerpäckchens – kann aus diesem Schluss direkt übernommen werden: „Wenn der Minuend gleich bleibt und der Subtrahend eins kleiner wird, dann wird das Ergebnis um eins größer." Die zweite Argumentation (vgl. Abb. 5.3 unten) bietet eine Fortführung oder Präzisierung der vorangegangenen Regel. Bei dieser Argumentation ist ein Garant vorhanden, jedoch eignet er sich nicht alleine, um eine Regel zu rekonstruieren. Betrachtet man jedoch die komplette Argumentation, kann folgende Regel rekonstruiert werden: „Wenn der Minuend gleich bleibt und der Subtrahend kleiner wird, dann wird bei negativem Subtrahend das Ergebnis kleiner."

Wie bei der Analyse der dritten Argumentation im ersten Abschnitt schon herausgearbeitet wurde, beinhaltet diese Argumentation Diagramme beider Ebenen und bezieht sich deshalb nicht auf ein Darstellungssystem, sondern auf die Relation zwischen den

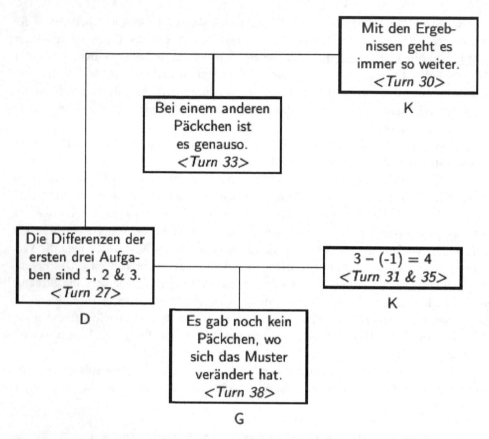

Abb. 5.5 Schematische Darstellung der Argumentationen in Turn 27–38

beiden Darstellungssystemen. Deshalb können aus der Argumentation als Ganzes keine Regeln für die einzelnen Darstellungssysteme rekonstruiert werden. Innerhalb des Garanten befinden sich aber die vier ersten Aufgaben des Entdeckerpäckchens, die die Schülerinnen gelöst haben. Das Lösen von Aufgaben ist ebenfalls ein einfacher Schluss (Fetzer 2011, S. 33), weshalb die Aufgaben, und zwar insbesondere die vierte Aufgabe $(3-(-1)=2)$, betrachtet werden sollen. Aus diesem einfachen Schluss lässt sich eine Regel für das Darstellungssystem „Arithmetik" rekonstruieren: „Wenn eine negative Zahl subtrahiert wird, dann kann das Vorzeichen vernachlässigt werden." Hierbei ist zu beachten, dass diese Regel nur an dem Spezialfall, dass solch eine Aufgabe innerhalb eines Entdeckerpäckchens zu lösen ist, entdeckt wurde und nicht erkennbar ist, ob die Schülerinnen diese Regel als allgemeingültige Regel für das Darstellungssystem „Arithmetik" anerkennen.

Im zweiten Abschnitt erfolgt nur eine Wiederholung der Argumentation des ersten Abschnitts, sodass die dort zu rekonstruierenden Regeln schon bekannt sind und nicht noch einmal wiederholt werden.

Im dritten Abschnitt gibt es zwei Argumentationen (vgl. Abb. 5.5), die zur Rekonstruktion der Regel zusammen betrachtet werden. Die Schlüsse sind bei beiden Argumentationen auf Ebene der Entdeckerpäckchen und es wird aus der Folge an Ergebnissen der ersten drei Aufgaben (1, 2 und 3) geschlossen, dass es mit den Ergebnissen so weitergeht bzw. dass das nächste Ergebnis Vier ist. Hieraus lässt sich diese allgemeine Regel für Entdeckerpäckchen ableiten: „Das Muster in einem Entdeckerpäckchen bleibt einheitlich."

5.5.4 Zwischenfazit

Bei der Analyse hat sich gezeigt, dass das methodische Vorgehen geeignet ist, Argumentationen der Schülerinnen bei der Bearbeitung der Aufgaben zu rekonstruieren. Dabei hat sich jedoch gezeigt, dass zum Großteil nicht die typischen Indikatoren für eine Argumentation herangezogen werden konnten, sondern dass stattdessen Wenn-dann-Konstruktionen oder Teile dieser Konstruktion die Argumentationen indiziert haben. Dies kann aufgrund der Aufgaben, die keine genuinen Argumentationsaufgaben sind, der Fall sein. Darüber hinaus handelt es sich bei der Wenn-dann-Konstruktion um eine für die Mathematik typische Konstruktion, sodass sich dadurch der Gebrauch einer mathematikspezifischen Sprache bei den Schülerinnen zeigt.

Die Rekonstruktion der Regeln des Darstellungssystems aus den nachgezeichneten Argumentationen hat gezeigt, dass größtenteils Regeln des Darstellungssystems „Entdeckerpäckchen in der Arithmetik" rekonstruiert werden konnten. Neben diesen drei Regeln konnte auch eine Regel für das Darstellungssystem „Arithmetik" rekonstruiert werden.

Es konnte eine Argumentation rekonstruiert werden, bei der es ein Zusammenspiel zwischen Diagrammen der unterschiedlichen Ebenen gibt. Bei dieser Argumentation war es jedoch nicht möglich, aus der Gesamtargumentation Regeln für die Darstellungssysteme abzuleiten. Nur aus einer Aufgabe, die im Garanten genutzt wurde, konnte die im vorherigen Absatz schon erwähnte Regel für das Darstellungssystem „Arithmetik" rekonstruiert werden.

5.6   Rekonstruktion von theorems-in-action und concepts-in-action zur Rekonstruktion der Regeln des Darstellungssystems

5.6.1 Methodisches Vorgehen

Die zentrale Aufgabe bei der Rekonstruktion von Schemata im Sinne Vergnauds im Zusammenhang mit der Manipulation von Darstellungssystemen ist die Rekonstruktion der operationalen Invarianten (theorems-in-action und concepts-in-action), die Vergnaud als die zentralen Konstituenten von Schemata betrachtet. Zur Rekonstruktion der theorems-in-action und concepts-in-action sowie den Regeln der Darstellungssysteme ist ein interpretativer Zugang zu dem Transkript der Bearbeitung von Mia und Marlen (vgl. Tab. 5.1) notwendig. Die Interpretation erfolgt dann in drei Schritten.

Zuerst wird das Transkript in Sinnabschnitte unterteilt. Bei dem vorliegenden Transkript bieten sich drei Sinnabschnitte an. Der erste Abschnitt beinhaltet die erste Bearbeitung der Aufgabe (Turn 8–20). Der zweite Abschnitt beinhaltet die Erläuterung des gefundenen Musters (Turn 21–26). Der letzte Abschnitt beinhaltet die durch den Interviewer angeleitete Bearbeitung der Aufgabe (Turn 27–38).

Im zweiten Schritt werden die Sinnabschnitte einzeln interpretiert. Hierbei werden die Sinnabschnitte als Ganzes betrachtet und die theorems-in-action und concepts-in-action aus den Handlungen der Schülerinnen rekonstruiert. Handlungen sind an dieser Stelle insbesondere sprachliche Handlungen, da die Schülerinnen bei der Bearbeitung über die Aufgaben sprechen, aber auch die Aufgabenbearbeitungen selbst. Weitere Handlungen wie z. B. Gesten werden nur betrachtet, wenn sie eindeutig erkennbar sind.

Die theorems-in-action werden in für die Mathematik typischen Wenn-dann-Konstruktionen formuliert. Wollen die Schülerinnen beispielsweise die Ergebnisse der neuen Subtraktionsaufgaben bestimmen und tun dies, indem sie das bei den bekannten Aufgaben entdeckte Muster fortsetzen, würde das entsprechende theorem-in-action wie folgt lauten: „Wenn Ergebnisse unbekannter Aufgaben bestimmt werden müssen, dann wird das Muster der Ergebnisse fortgesetzt."

Die concepts-in-action werden dann aus den theorems-in-action rekonstruiert. Erstere sind zwar

[…] epistemologisch den Theoremen-in-Aktion vorgelagert. Im Analyseprozess werden die Konzepte-in-Aktion allerdings aus den Theoremen-in-Aktion rekonstruiert, sie sind dadurch methodisch nachgeordnet. (Zwetzschler 2015, S. 17)

Die concepts-in-action werden so formuliert, dass erkennbar ist, ob es sich um Konzepte handelt, die sich auf das Darstellungssystem „Arithmetik" beziehen, oder um solche, die sich auf das Darstellungssystem „Entdeckerpäckchen in der Arithmetik" beziehen. Aus dem obigen theorem-in-action lässt sich folgendes concept-in-action rekonstruieren: „Musterfortsetzung bei dem Entdeckerpäckchen". Dieses concept-in-action bezieht sich auf das Darstellungssystem „Entdeckerpäckchen der Arithmetik", da keine einzelne Aufgabe im Fokus steht, sondern mit dem Muster eine Eigenschaft des Entdeckerpäckchens.

Im letzten Schritt werden aus den rekonstruierten theorems-in-action die Regeln der Darstellungssysteme rekonstruiert. Dazu wird auf die concepts-in-action zurückgegriffen, bei denen mit rekonstruiert wurde, welchem Darstellungssystem sie zuzuordnen sind, um dann die Regeln des entsprechenden Darstellungssystems zu formulieren.

5.6.2 Rekonstruktion der theorems-in-action und concepts-in-action

In dem ersten Abschnitt handeln die beiden Schülerinnen gemäß der Aufgabenstellung aus, was das Muster in dem Entdeckerpäckchen a) ist. Gibt es bei der Beschreibung der Veränderung von Minuend und Subtrahend keine Diskussionen, so ist die Veränderung der Differenz nicht sofort ersichtlich. Die beiden Schülerinnen äußern verschiedene Vermutungen und einigen sich darauf, dass die Differenz erst größer und dann kleiner wird. Die Begründung erfolgt durch das Lösen der ersten vier Aufgaben des Entdeckerpäckchens (Turn 15). Damit lassen sich in diesem Abschnitt zwei theorems-in-action formulieren: „Wenn bei einem Entdeckerpäckchen der Minuend gleich bleibt und der Subtrahend immer um eins kleiner wird, dann wird die Differenz um eins größer", und: „Wenn bei einem Entdeckerpäckchen der Minuend gleich bleibt und der Subtrahend negativ ist und immer um eins kleiner wird, dann wird die Differenz um eins kleiner." Aus Mias und Marlens Handlungen lässt sich auch ihr concept-in-action rekonstruieren. Um das Muster bei den Ergebnissen zu bestimmen, nutzen die beiden Schülerinnen nicht die Eigenschaften des Entdeckerpäckchens, sondern lösen stattdessen vier Aufgaben. Es gibt also ein Zusammenspiel zwischen Bearbeitungen auf Ebene der einzelnen Aufgaben und Bearbeitungen auf Ebene des Entdeckerpäckchens. Das concept-in-action in Bezug auf die Beschreibung des Differenzenmusters lautet somit: „Das Muster des Entdeckerpäckchens lässt sich aus den einzelnen Aufgaben ableiten."

In dem Abschnitt gibt es noch eine weitere Stelle, die beleuchtet werden soll. Mia und Marlen lösen die für sie erstmal unbekannte Aufgabe $3-(-1)$ direkt und erhalten als Lösung 2. Im Kontext dieser Lösung gibt es keine weiteren Informationen, wie die beiden Schülerinnen auf ihre Lösung kommen, sodass an dieser Stelle nur eine mögliche, wenn auch naheliegende Interpretation gegeben werden kann. Das mögliche theorem-in-action lautet: „Wenn man eine negative Zahl subtrahiert, dann kann das Vorzeichen vernachlässigt werden." Das zugehörige concept-in-action ergibt sich aus der Interpretation des theorem-in-action und der Interpretation des vernachlässigten Vorzeichens. Da die Schülerinnen eine einzelne Aufgabe berechnen, ist das concept-in-action auf Ebene der einzelnen Aufgabe anzuordnen. Das Vernachlässigen des Vorzeichens bietet die Interpretationsmöglichkeit, dass die Schülerinnen an den Vorstellungen zur Subtraktion natürlicher Zahlen hängen. Daran anknüpfend lautet das concept-in-action für die Subtraktion negativer Zahlen: „Subtrahieren bedeutet Wegnehmen."

Im zweiten Abschnitt lassen sich ebenfalls theorems-in-action rekonstruieren. Die Schülerinnen sollen in diesem Abschnitt ihre Beobachtung aus dem vorherigen Abschnitt, dass die Ergebnisse erst größer und dann kleiner werden, begründen. Sie begründen das Größerwerden der Ergebnisse, indem sie von der ersten Aufgabe $(3-2=1)$ ausgehen und dann folgern, dass ein Verringern des Subtrahenden zu einer Vergrößerung des Ergebnisses führt (Turn 22–24). Daher lautet das rekonstruierte theorem-in-action: „Wenn bei einem Entdeckerpäckchen der Minuend gleich bleibt und sich der Subtrahend um eins verringert, dann vergrößert sich die Differenz um eins." Das zugehörige concept-in-action befindet sich auf Ebene des Entdeckerpäckchens, da die Schülerinnen sich explizit auf die Eigenschaften des Entdeckerpäckchens beziehen. Das concept-in-action bezieht sich somit auch auf die Eigenschaften des Entdeckerpäckchens und lautet: „Kovariation zwischen Minuend, Subtrahend und Ergebnis".

Im weiteren Verlauf des Abschnitts folgt noch die Aussage von Mia, die jedoch viele unverständliche Teile beinhaltet (Turn 26). Für sie hängt die Art der Veränderung des Ergebnisses davon ab, ob der Subtrahend positiv oder negativ ist. Es ist also nicht nur wichtig zu betrachten, wie der Subtrahend sich verändert, sondern auch ob er positiv oder negativ ist. Dies führt zu einer Präzisierung des vorangegangenen theorem-in-action: „Wenn bei einem Entdeckerpäckchen der Minuend gleich bleibt und sich der Subtrahend um eins verringert und negativ ist, dann verringert sich auch die Differenz um eins." Aus der Präzisierung des theorem-in-action ergibt sich auch eine neues concept-in-action, das aber weiterhin auf der Ebene der Entdeckerpäckchen anzusiedeln ist: „Kovariation zwischen Minuend, Subtrahend und Ergebnis unter Beachtung des Vorzeichens".

Im dritten Abschnitt erhalten die Schülerinnen bei der Bearbeitung einen Impuls vom Interviewer. Sie gehen der nicht explizit formulierten Frage nach, wie die Ergebnisse der „neuen" Aufgaben, die einen negativen Subtrahenden beinhalten, lauten. Dies ist somit die Intention. Die Handlungen beschränken sich in diesem Abschnitt noch stärker als in den vorherigen Abschnitten auf rein sprachliche Handlungen. Die Schülerinnen kommen aber zu dem Punkt, dass sie das Muster, das sie in den bekannten Aufgaben entdeckt haben, fortführen müssen (Turn 38). Das theorem-in-action lässt sich somit wie folgt rekonstruieren: „Wenn in einem Entdeckerpäckchen die Ergebnisse unbekannter Aufgaben bestimmt werden müssen, dann wird das Muster des Entdeckerpäckchens fortgesetzt." Das zugehörige concept-in-action, das sich auf das Bestimmen der unbekannten Ergebnisse bezieht, lautet: „Entdeckerpäckchen haben ein einheitliches Muster, das die Ergebnisse der Aufgaben determiniert." Dieses concept-in-action ist nicht einem der beiden Darstellungssysteme zuzuordnen, sondern muss beiden zugeordnet werden, da sich hier ein Zusammenspiel zwischen den beiden Diagrammebenen zeigt. Die Bestimmung der Ergebnisse – eine Tätigkeit auf Ebene der einzelnen Aufgaben – erfolgt durch Fortsetzung der Muster, wobei es sich um eine Tätigkeit auf Ebene des Entdeckerpäckchens handelt.

Nachdem in diesem Abschnitt nun die theorems-in-action und concepts-in-action rekonstruiert wurden, werden im folgenden Abschnitt aus diesen die Regeln der beiden Darstellungssysteme rekonstruiert.

5.6.3   Rekonstruktion der Regeln der Darstellungssysteme

Das erste rekonstruierte concept-in-action ist: „Das Muster des Entdeckerpäckchens lässt sich aus den einzelnen Aufgaben ableiten." Dieses ist ebenso wie das letzte rekonstruierte concept-in-action („Entdeckerpäckchen haben ein einheit-liches Muster, das die Ergebnisse der Aufgaben determiniert") nicht einem der beiden Darstellungssysteme zuzuordnen, da bei beiden nicht nur die Entdeckerpäckchen betrachtet werden, sondern auch einzelne Aufgaben oder Teile der Aufgaben. Beide concepts-in-action beinhalten eine Verbindung zwischen den beiden Darstellungs-systemen, was ein zentrales Element der Lernumgebung ist. Deshalb werden diese beiden concepts-in-action mit den dazugehörigen theorems-in-action in Abschn. 5.6.4 noch einmal gesondert betrachtet.

Dem Darstellungssystem „Entdeckerpäckchen in der Arithmetik" sind die beiden concepts-in-action „Kovariation zwischen Minuend, Subtrahend und Ergebnis" und „Kovariation zwischen Minuend, Subtrahend und Ergebnis unter Beachtung des Vorzeichens" zuzuordnen. Wie in Abschn. 5.4.1 geschrieben, sind die Regeln des Darstellungssystems „Entdeckerpäckchen in der Arithmetik" die, nach denen die Ent-deckerpäckchen konstruiert werden. Die Regeln, die die Schülerinnen in diesem Darstellungssystem erkennen, sind in den theorems-in-action, die zu den beiden concepts-in-action zu Beginn dieses Abschnitts gehören, formuliert. Es ergeben sich die beiden Regeln: „Wenn bei einem Entdeckerpäckchen der Minuend gleich bleibt und sich der Subtrahend um eins verringert, dann vergrößert sich die Differenz um eins", und: „Wenn bei einem Entdeckerpäckchen der Minuend gleich bleibt und sich der Subtrahend um eins verringert und negativ ist, dann verringert sich die Differenz um eins."

Dem Darstellungssystem „Arithmetik" wurde in der Analyse nur das concept-in-action „Wegnehmen", das sich auf die Subtraktion negativer Zahlen bezieht, zugeordnet. Auch an dieser Stelle ergibt sich die Regel direkt aus dem zugehörigen theorem-in-action: „Wenn man eine negative Zahl subtrahiert, dann kann das Vorzeichen vernachlässigt werden." Diese Regel wird im weiteren Verlauf von den Schülerinnen nicht weiterverwendet und es zeigt sich auch in Szenen, die sich an die im Transkript dargestellte Szene anschließen, dass die Schülerinnen diese Regel abändern zu der all-gemein gebräuchlichen Regel, dass eine negative Zahl subtrahiert wird, indem die Gegenzahl addiert wird.

5.6.4 Zwischenfazit

In diesem Abschnitt wurde gezeigt, dass das methodische Vorgehen geeignet ist, um die operationalen Invarianten im Sinne von Vergnaud herzuleiten. Durch die abschnittsweise Betrachtung der Bearbeitung gelang es, die zentralen theorems-in-action und daraus die concepts-in-action zu rekonstruieren.

Es konnten für die zwei Darstellungssysteme „Arithmetik" und „Entdeckerpäck-chen in der Arithmetik" Regeln aus den theorems-in-action rekonstruiert werden. Diese Regeln liegen dem diagrammatischen Schließen der Schülerinnen in den jeweiligen Situationen zugrunde.

Darüber hinaus hat sich gezeigt, dass es theorems-in-action gibt, deren zugehörige concepts-in-action einen Zusammenhang zwischen den zwei Diagrammebenen herstellen. Diese theorems-in-action spielen bei der Rekonstruktion diagrammatischen Schließens bei dieser konkreten Lernumgebung eine ebenso große Rolle, da der Lernerfolg durch das Zusammenspiel der beiden Diagrammebenen erwartet wird. Deshalb sollen die beiden verbliebenen theorems-in-action an dieser Stelle aus dieser Perspektive kurz analysiert werden.

Bei dem concept-in-action „Das Muster des Entdeckerpäckchens lässt sich aus den einzelnen Aufgaben ableiten" zeigt sich, dass die Schülerinnen anders vorgehen als in der Lernumgebung intendiert. Sie nutzen nicht die Muster des Entdeckerpäckchens, um die neuen Aufgaben zu lösen, sondern lösen auch die unbekannte Aufgabe $3 - (-1)$, um das Muster zu bestätigen.

Bei dem concept-in-action „Entdeckerpäckchen haben ein einheitliches Muster, das die Ergebnisse der Aufgaben determiniert" zeigt sich, dass die Schülerinnen hier dem intendierten Lernverlauf folgen. Sie kommen auf die Lösung der neuen Aufgabe, indem sie das vorhandene Muster der ersten drei Aufgaben fortsetzen. Aus dem theorem-in-action „Wenn in einem Entdeckerpäckchen die Ergebnisse unbekannter Aufgaben bestimmt werden müssen, dann wird das Muster des Entdeckerpäckchens fortgesetzt" lässt sich eine zentrale Regel des Darstellungssystems „Entdeckerpäckchen in der Arithmetik" ableiten: Das Muster des Päckchens und die Ergebnisse der einzelnen Aufgaben stehen in einer eindeutigen Beziehung.

Insgesamt zeigt sich, dass sich Vergnauds Schema-Begriff eignet, um die impliziten kognitiven Strukturen diagrammatischen Schließens zu rekonstruieren.

5.7   Diskussion und Ausblick

In diesem Beitrag wurden Toulmins Argumentationsschema und Vergnauds Schema-Begriff als Werkzeuge genutzt, um den Prozess diagrammatischen Schließens bei Lernenden deskriptiv zu analysieren. Dies erfolgte auf der Grundlage einer Aufgabe zur Einführung der Subtraktion negativer Zahlen. Die Aufgabe des Schülerinnenpaars bestand darin, Diagramme in Form von Entdeckerpäckchen auf zwei Ebenen (Aufgabenebene und Päckchenebene) zu manipulieren und daraus die Regel für das Subtrahieren negativer Zahlen abzuleiten. Die Analyse diagrammatischen Schließens erfolgte hauptsächlich auf der Grundlage des Transkripts eines klinischen Interviews. In Abschn. 5.5.4 und 5.6.4 wurde schon jeweils kurz die grundsätzliche Eignung der beiden theoretischen Perspektiven zur Rekonstruktion diagrammatischen Schließens festgestellt.

Die Argumentationsanalyse erfolgt durch die Rekonstruktion von Datum, Konklusion und Garant dabei sehr feingliedrig und erfordert dann noch eine detaillierte Betrachtung der Argumentation, um aus diesen drei Konstituenten eines Arguments die Regeln des Darstellungssystems zu rekonstruieren. In Anbetracht dessen, dass für den Prozess des diagrammatischen Schließens die (häufig nicht explizierten) Garanten von besonderem

Interesse sind, da sie die zugrunde liegenden Schlussregeln enthalten, ist dieses Vorgehen vergleichsweise aufwendig. Durch die Analyse auf der Grundlage sprachlicher Indikatoren und der Rekonstruktion der gesamten Argumentation ist diese Methode jedoch sehr eng an die Daten gebunden. Interpretationsspielraum bietet sie insbesondere dort, wo die Unterscheidung zwischen Datum und Garant nicht immer eindeutig zu fällen ist, bzw. dort, wo Argumentationen nicht explizit durch sprachliche Indikatoren gekennzeichnet werden. Die Argumentationsanalyse setzt auch voraus, dass eine Argumentation überhaupt stattfindet, d. h., die Rekonstruktion diagrammatischen Schließens kann nicht allein auf der Grundlage vorliegender Diagrammmanipulationen erfolgen, sondern ist auf diagrammatisches Schließen im Rahmen von Argumentationsaufgaben beschränkt bzw. erfordert die Begründung der Manipulationen im Sinne einer „reflexiven Rationalisierungspraxis" (Krummheuer und Fetzer 2004, S. 31 ff.) im Diskurs. Reflexive Rationalisierungspraxis meint hierbei, dass die „Methoden und Techniken, mit denen die Rationalität der Äußerungen oder Handlungen verdeutlicht werden", dieselben sind, „mit denen auch der Sprech- oder Handlungsakt erzeugt wird" (Krummheuer und Fetzer 2004, S. 187).

Theorems-in-action und concepts-in-action sind epistemologisch näher an den Schlussregeln diagrammatischen Schließens und ihren jeweiligen Anwendungsbedingungen. Während theorems-in-action als vom diagrammatisch schließenden Subjekt angewandte Schlussregeln verstanden werden können, beschreiben concepts-in-action die individuell wahrgenommenen Bedingungen, die zur Anwendung der Regel geführt haben. Sie bilden damit das kognitive Gegenstück zu den allgemein geltenden Regeln des jeweiligen Darstellungssystems.

Die Rekonstruktion der theorems-in-action und concepts-in-action gelang auf der Grundlage der sprachlich diskursiven Handlungen der Schülerinnen. Theorems-in-action und concepts-in-action werden nicht durch sprachliche Indikatoren markiert und sind meist nicht aus den sprachlichen Handlungen direkt ableitbar, sondern erfordern eine stärkere interpretative Leistung. Die Trennung in theorems-in-action und concepts-in-action erlaubt dabei gleich die unterschiedlichen Darstellungssysteme der Diagramme in die Analyse mit einzubeziehen. Bei der Argumentationsanalyse erforderte dies eine weitergehende Interpretation der Argumentation und wurde dann als Zusatz, der nicht im eigentlichen Argumentationsmodell von Toulmin verortet ist, kenntlich gemacht.

Die weiterführende Rekonstruktion der Regeln der Darstellungssysteme erfolgt anschließend direkt aus den theorems-in-action. Dabei wird anhand der rekonstruierten concepts-in-action entschieden, für welches der beiden Darstellungssysteme die Regeln aus den theorems-in-action rekonstruiert werden.

Ein Aspekt, der in der vorliegenden exemplarischen Analyse nicht deutlich wurde, ist, dass der Ansatz über die Rekonstruktion der operationalen Invarianten von Handlungsschemata eine breitere Anwendung erlaubt. Hier besteht nicht nur die Möglichkeit, die operationalen Invarianten aus sprachlichen Handlungen abzuleiten, sondern dies wäre auch direkt aus einer Analyse der Manipulationen der Diagramme ableitbar. Damit ist der Zugang über Vergnauds Schema-Begriff nicht an eine reflexive Rationalisierungs-praxis gebunden.

Während bei der Argumentationsanalyse leichte Zusammenhänge zwischen den einzelnen Argumentationen in Form von identischen Daten zu erkennen sind, ist dies bei der Rekonstruktion der theorems-in-action und concepts-in-action nicht erkennbar, da diese jeweils für sich alleine stehen. Beide Verfahren haben gemeinsam, dass sie die Aushandlungsprozesse der beiden Schülerinnen nicht abbilden können. Eine Analyse dieser Aushandlungsprozesse könnte insofern gewinnbringend sein, als dass sich daraus Erkenntnisse über die individuellen Darstellungssysteme der Schülerinnen ergeben könnten. Mit den beiden verglichenen Methoden lassen sich die Darstellungssysteme nur für das Schülerpaar bestimmen.

Die in diesem Beitrag durchgeführten Rekonstruktionen geben nur Aufschluss über das diagrammatische Schließen bei der eingesetzten Lernumgebung, die auf einem innermathematischen Zugang zu den negativen Zahlen basiert. Um die in dieser Analyse gemachten Erfahrungen mit den beiden Methoden zu bestätigen, ist es unerlässlich, dass Bearbeitungen von anderen Aufgabenformaten bzw. Situationen, bei denen diagrammatisch geschlossen wird, analysiert werden.

Grundsätzlich scheint aber eine Analyse der theorems-in-action und concepts-in-action fruchtbarer zu sein als eine Analyse mithilfe von Toulmins Struktur einer Argumentation. Dies liegt einerseits daran, dass sich die Regeln des Darstellungssystems direkter aus den Analyseprodukten rekonstruieren lassen und nicht noch ein weiterer Interpretationsschritt erforderlich ist. Darüber hinaus bieten auch die concepts-in-action sowohl eine Grundlage, auf der die Einordnung der Regeln zu einem Darstellungssystem erfolgen kann, als auch Erkenntnisgewinn über die den Handlungen der Lernenden zugrunde liegenden Konzepte.

Auf Grundlage der Rekonstruktion der operationalen Invarianten im Sinne Vergnauds kann auch die Frage, wie die Lernenden abduktiv diagrammatisch schließen, beantwortet werden. Es wurde in Abschn. 5.6 gezeigt, dass mithilfe der Handlungsschemata im Sinne Vergnauds die Handlungen der Lernenden – Manipulation von und Experimentieren mit Diagrammen – mit den zugrunde liegenden Regeln des Darstellungssystems verknüpft werden können.

Literatur

Bakker A, Hoffmann MHG (2005) Diagrammatic reasoning as the basis for developing concepts: a semiotic analysis of students' learning about statistical distribution. Educ Stud Math 60(3):333–358. https://doi.org/10.1007/s10649-005-5536-8

Beth EW, Piaget J (1966) Mathematical epistemology and psychology. Reidel, Dordrecht

Bohnsack R (2014) Rekonstruktive Sozialforschung, 9. Aufl. Budrich, Opladen & Toronto

Brunner M (2009) Lernen von Mathematik als Erwerb von Erfahrungen im Umgang mit Zeichen und Diagrammen. J Math-Didaktik 30(3/4):206–231

Dörfler W (2006) Diagramme und Mathematikunterricht. J Math-Didaktik 27(3/4):200–219

Dörfler W (2016) Signs and their use: Peirce and Wittgenstein. In: Bikner-Ahsbahs A (Hrsg) Theories in and of mathematics education. Springer, Cham, S 21–31. https://doi. org/10.1007/978-3-319-42589-4_4

Fetzer M (2011) Wie argumentieren Grundschulkinder im Mathemathematikunterricht? Eine argumentationstheoretische Perspektive. J Math-Didaktik 32(1):27–51. https://doi.org/10.1007/ s13138-010-0021-z

Freudenthal H (1983) Didactical phenomenology of mathematical structures. Reidel, Dordrecht

Glade M (2016) Individuelle Prozesse der fortschreitenden Schematisierung. Springer Fach-medien, Wiesbaden. https://doi.org/10.1007/978-3-658-11254-7

Hattermann M (2011) Der Zugmodus in 3D-dynamischen Geometriesystemen(DGS). Vieweg+Teubner, Wiesbaden. https://doi.org/10.1007/978-3-8348-8207-3

Hoffmann MHG (2001) Peirces Zeichenbegriff: seine Funktionen, seine phänomeno-logische Grundlegung und seine Differenzierung. Bielefeld. https://www.researchgate.net/ publication/228367348_Peirces_Zeichenbegriff_seine_Funktionen_seine_phanomenologische_ Grundlegung_und_seine_Differenzierung. Zugegriffen: 30. März 2019).

Hoffmann MHG (2005) Erkenntnisentwicklung. Ein semiotisch-pragmatischer Ansatz. Kloster-mann, Frankfurt a. M.

Hoffmann MHG (2009) Über die Bedingungen der Möglichkeit durch diagrammatisches Denken etwas zu lernen: Diagrammgebrauch in Logik und Arithmetik. Z Semiotik 31(3/4):241–274

Kadunz G (2014) Constructing knowledge by transformation, diagrammatic reasoning in practice, 141–153. https://doi.org/10.1007/978-1-4614-3489-4

Kindt W (2008) Die Rolle sprachlicher Indikatoren für Argumentationsanalysen: Ein Ergeb-nisbericht aus der Linguistischen Rhetorik. In: Kreuzbauer G, Gratzl N, Hiebl E (Hrsg) Rhetorische Wissenschaft: Rede und Argumentation in Theorie und Praxis. LIT, Wien, S 147–162

Knipping C (2003) Beweisprozesse in der Unterrichtspraxis. Vergleichende Analysen von Mathematikunterricht in Deutschland und Frankreich. Franzbecker, Hildesheim

Krummheuer G (2013) The relationship between diagrammatic argumentation and narrative argumentation in the context of the development of mathematical thinking in the early years. Educ Stud Math 84(2):249–265

Krummheuer G, Fetzer M (2004) Der Alltag im Mathematikunterricht: Beobachten, Verstehen, Gestalten. Springer Spektrum, Wiesbaden

Malik S (2018) Analyse diagrammatischen Denkens von Schülerinnen und Schülern im Umgang mit ganzen Zahlen. Unveröffentlichte Masterarbeit, Universität Paderborn

Meyer M (2007) Entdecken und Begründen im Mathematikunterricht. Von der Abduktion zum Argument. Franzbecker, Hildesheim

Peirce CS (1976a) The new elements of mathematics (C Eisele, Hrsg) Mathematical philosophy (Bd. 3/1). Mouton Publishers, The Hague.

Peirce CS (1976b). The new elements of mathematics (C Eisele, Hrsg) Mathematical philosophy (Bd. 4). Mouton Publishers, The Hague

Peirce CS (1990) Semiotische Schriften Band 2. (C Kloesel & H Pape, Hrsg). Frankfurt a. M.: Suhrkamp

Prediger S (2005) „Auch will ich Lernprozesse beobachten, um besser Mathematik zu verstehen.". Didaktische Rekonstruktion als mathematikdidaktischer Forschungsansatz zur Restrukturierung von Mathematik. mathematica didactica 28(2):23–47

Rabardel P (2002) People and Technology: a cognitive approach to contemporary instruments. https://halshs.archives-ouvertes.fr/file/index/docid/1020705/filename/people_and_technology. pdf. Zugegriffen: 30. März 2019

Reichertz J (2013) Die Abduktion in der qualitativen Sozialforschung. Springer Fachmedien, Wiesbaden. https://doi.org/10.1007/978-3-531-93163-0

Rezat S (2009) Das Mathematikbuch als Instrument des Schülers. Eine Studie zur Schulbuchnutzung in den Sekundarstufen. Vieweg+Teubner, Wiesbaden

Schumacher J (2018) Semiotische Analyse von Sinnkonstruktionsprozessen bei einem innermathematischen Zugang zum Erlernen negativer Zahlen. In: Fachgruppe Didaktik der Mathematik der Universität Paderborn (Hrsg) Beiträge zum Mathematikunterricht 2018. WTM, Münster

Schütte M, Jung J (2016) Methodologie und methodisches Vorgehen Interpretativer Unterrichtsforschung am Beispiel inklusiven Lernens von Mathematik. Z Inklusion (4). https://www.inklusion-online.net/index.php/inklusion-online/article/view/320. Zugegriffen: 30. März 2019).

Toulmin SE (2003) The uses of argument. Cambridge University Press, Cambridge. https://doi.org/10.1017/CBO9780511840005

Vergnaud G (1996) The theory of conceptual fields. In: Steffe LP, Nesher P, Cobb P, Goldin GA, Greer B (Hrsg) Theories of mathematical learning. Erlbaum, Mahwah, S 219–239

Vlassis J (2004) Making sense of the minus sign or becoming flexible in ‚negativity'. Learn Instr 14(5):469–484

Vosniadou S (2014) Examining cognitive development from a conceptual change point of view: The framework theory approach. Eur J Dev Psychology 11(6):645–661

Wittmann EC, Müller GN (1990) Handbuch produktiver Rechenübungen. 1. Vom Einspluseins zum Einmaleins. Klett, Stuttgart

Wittmann EC, Müller GN (1992) Handbuch produktiver Rechenübungen. 2. Vom halbschriftlichen zum schriftlichen Rechnen. Klett, Stuttgart

Zwetzschler L (2015) Gleichwertigkeit von Termen. Springer, Wiesbaden. https://doi.org/10.1007/978-3-658-08770-8

Über Darstellungen reflektieren

Darstellungswechsel in der Primarschule fördern

6

Barbara Ott

Inhaltsverzeichnis

B. Ott (✉)
Institut Lehr-Lernforschung, Pädagogische Hochschule St. Gallen, St. Gallen, Schweiz
E-Mail: Barbara.Ott@phsg.ch

© Springer-Verlag GmbH Deutschland, ein Teil von Springer Nature 2020
G. Kadunz (Hrsg.), *Zeichen und Sprache im Mathematikunterricht,*
https://doi.org/10.1007/978-3-662-61194-4_6

6.1   Einleitung

In der Mathematik sind Darstellungen für Erkenntnis- und Kommunikationsprozesse wesentlich. Oftmals ist die mathematische Darstellung dabei selbst die mathematische Idee oder sie generiert diese (Schreiber 2010, S. 14 f.). Das Operieren mit Darstellungen kann als eine grundlegende mathematische Tätigkeit aufgefasst werden (Dörfler 2006). Diese Bedeutung des Darstellens und des Arbeitens mit Darstellungen für die Mathematik schlägt sich aktuell auch in den normativen Setzungen zum Mathematikunterricht in den Standards und Curricula verschiedener Länder nieder (z. B. KMK 2005). Bis zum Ende der vierten Jahrgangsstufe sollen die Schülerinnen und Schüler beispielsweise in Deutschland „für das Bearbeiten mathematischer Probleme geeignete Darstellungen entwickeln, auswählen und nutzen, eine Darstellung in eine andere übertragen, Darstellungen miteinander vergleichen und bewerten" können (KMK 2005, S. 8). Somit werden das eigene Entwickeln von Darstellungen, das Vollziehen von Darstellungswechseln sowie das Reflektieren über und Bewerten von Darstellungen als Komponenten einer Darstellungskompetenz angesehen.

Die Fähigkeit zu Darstellungswechseln wird in der Literatur (z. B. Lesh et al. 1987) und den Bildungsstandards (KMK 2005, S. 8) auch als eine zentrale Kompetenz des Problemlösens gesehen. Bereits Polya (1967) fordert dazu auf, zum Verstehen einer Aufgabe eine Skizze anzufertigen. Im Sachrechnen wird in der aktuellen Didaktik ähnlich das Anfertigen grafischer Darstellungen als Bearbeitungshilfe zum Lösen von Textaufgaben empfohlen (z. B. Franke und Ruwisch 2010). Studien zeigen jedoch immer wieder, dass Kinder grafische Darstellungen als Bearbeitungshilfen kaum selbstständig nutzen (van Essen und Hamaker 1990; Fagnant und Vlassis 2013; Lopez Real und Veloo 1993). Während dies aus der Perspektive des Problemlösens immer wieder untersucht und bestätigt wird, fehlen Untersuchungen, die den Wechsel zwischen Textaufgaben und grafischen Darstellungen unter der Perspektive des Darstellens ins Zentrum stellen. Wenig Wissen besteht hinsichtlich der Frage, wie sich die grafischen Darstellungskompetenzen von Schülerinnen und Schülern der Primarstufe entwickeln, wenn im Unterricht das Entwickeln eigener grafischer Darstellungen zu Textaufgaben und das Reflektieren über diese Darstellungen ins Zentrum gestellt wird.

Im Beitrag werden Entwicklungsprozesse von Lernenden in ihren Darstellungskompetenzen auf Grundlage einer derartigen Intervention einerseits anhand von selbst generierten grafischen Darstellungen, andererseits anhand von Erklärungen zu den selbst generierten grafischen Darstellungen rekonstruiert. Zuvor werden theoretische Grundlagen zu Darstellungen in Text und Bild sowie Darstellungswechseln allgemein und in Bezug auf Textaufgaben und grafische Darstellungen im Speziellen aufgearbeitet.

6.2   Darstellungen und Darstellungswechsel

Der Begriff der Darstellung ist in der Literatur nicht eindeutig definiert. Im vorliegenden Beitrag werden Darstellungen als Inskriptionen in Bezug auf Latour und Woolgar (1986) verstanden. Es kann eine Vielfalt an Darstellungsformen im Mathematikunterricht unterschieden werden (Goldin und Shteingold 2001; Lesh et al. 1987). Dementsprechend hat der Darstellungswechsel im Mathematikunterricht eine große Bedeutung. Alle Unterscheidungen verschiedener Darstellungsformen beinhalten in irgendeiner Form textliche und bildliche Darstellungen. Detailliert setzt sich Schnotz (2001, 2014) in seiner Analyse deskriptionaler und depiktionaler Darstellungen mit Unterschieden und Gemeinsamkeiten zwischen textlichen und bildlichen Darstellungen auseinander.

6.2.1   Inskriptionen und Interaktionen

Latour und Woolgar (1986) bezeichnen die während eines Forschungsprozesses genutzten oder an seinem Ende stehenden verschiedenen Modelle, Bilder, Ikonen und Notationen als Inskriptionen. Der Begriff bezieht sich auf jegliche Materialisierungen eines Zeichens (Gravemeijer 2010, S. 18 f.). Latour und Woolgar (1986) beschreiben sie als ein formbares Mittel der Darstellung, das ständig verändert und verbessert werden kann. Inskriptionen sind für verschiedene Personen zugänglich und können von ihnen genutzt werden (Roth und McGinn 1998). Sie werden als bewusst angefertigte Produktionen im Forschungsprozess verstanden, sind jedoch nicht als Abbilder der natürlichen Welt zu sehen, sondern werden jeweils in einer bestimmten Absicht erstellt (Roth und McGinn 1998, S. 54). Der Gebrauch von Inskriptionen ist dabei eng mit einer sozialen Praxis verbunden:

> Inscriptions are pieces of craftwork, constructed in the interest of making things visible for material, rhetorical, institutional, and political purposes. The things made visible in this manner can be registered, talked about, and manipulated. Because the relationship between inscriptions and their referents is a matter of social practice [...], students need to appropriate the use of inscriptions by participating in related social practices. (Roth und McGinn 1998, S. 54)

Inskriptionen können als Zeichen verstanden werden, die auf etwas, ein Objekt, verweisen. Dabei sprechen sie nicht für sich selbst, sondern müssen interpretiert werden (Dörfler 2005, 2006). Die Wahl des Objekts, auf das die Darstellung verweist, ist beliebig und kann durch Konventionen vermittelt sein (Kadunz 2003, S. 126 ff.).

Aufgrund dieser Mehrdeutigkeit sind Interaktion und Kommunikation wesentlich für die Bedeutungsaushandlung von Darstellungen (Voigt 1993). Durch ihre Fixierung in einem Medium können Inskriptionen zur Grundlage von Aushandlungs-, Kommunikations- und Reflexionsprozessen werden. Bereits das Erstellen einer Inskription ist ein dialektischer Prozess (Meira 2010): Die Inskription kann die Aktivität der bzw. des Konstruierenden ebenso gestalten wie die bzw. der Konstruierende die Inskription. Somit entwickeln sich Bedeutung und Gebrauch von Darstellungen gleichzeitig (Gravemeijer et al. 2010).

6.2.2 Darstellungswechsel

Jede Darstellungsform kann als zu einem strukturierten Darstellungssystem zugehörig verstanden werden (Goldin und Kaput 1996; Palmer 1978). Die Perspektive der Darstellungssysteme ermöglicht es, Beziehungen zwischen Darstellungen sowie Darstellungswechsel strukturiert in den Blick zu nehmen.

Mathematische Darstellungssysteme sind insofern unabhängig voneinander, als dass die mathematischen Relationen und Verknüpfungen im jeweiligen System erklärt sind (Dörfler 2015). Dennoch sind die Darstellungen bezüglich eines mathematischen Sachverhaltes in der Regel aufeinander bezogen:

> Dieser Bezug ist meist von der Form, dass jedem Zeichen des einen Systems eineindeutig ein Zeichen des anderen Systems entspricht oder zugeordnet werden kann derart, dass jeweils relevante Beziehungen ineinander übergehen. (Dörfler 2015, S. 37)

Nicht in jedem Darstellungssystem sind die einzelnen mathematischen Sachverhalte gleich gut formulierbar (Dörfler 2015). Unterschiedliche Aspekte können jeweils in den Vordergrund rücken. Das macht die Verwendung vielfältiger Darstellungen im Mathematikunterricht sowie den Wechsel zwischen Darstellungen bedeutsam für den mathematischen Erkenntnisgewinn und für das Problemlösen (Kuntze 2013).

Die Fähigkeit, zwischen Darstellungssystemen zu übersetzen, wird als Verständnis eines mathematischen Sachverhaltes und als Grundlage effektiven mathematischen Denkens gesehen (Goldin und Shteingold 2001; Lesh et al. 1987). Stern (2009) sieht die Fähigkeit, zwischen Darstellungen zu wechseln, als Indikator für mathematische Kompetenz an. Sie arbeitet heraus, dass auch intelligente Schülerinnen und Schüler das flexible Wechseln zwischen Darstellungen jedoch erst lernen müssen. Die Fähigkeit zu flexiblen Darstellungswechseln wird auch als Indikator für ein Operationsverständnis angesehen, wobei auch das Erstellen einer grafischen Darstellung zu einer Sachsituation als eine Komponente hinzugezählt wird (Kuhnke 2013). Presmeg und Nenduradu (2005) weisen einschränkend darauf hin, dass von einem gelingenden Wechsel zwischen verschiedenen Darstellungsformen nicht zwingend auf ein mathematisches Verständnis geschlossen werden kann.

Darstellungswechsel werden auch als Herausforderung für die Schülerinnen und Schüler identifiziert, da sie meist mit einem hohen Anforderungsniveau verbunden sind

(Duval 2006; Lesh et al. 1987). Duval (2006), der von Registern spricht, differenziert zwischen Veränderungen von Darstellungen innerhalb eines Darstellungssystems, sogenannten „Treatments", und dem Wechsel zwischen Darstellungssystemen, sogenannten „Conversions". Während „Treatments" meist geringere Anforderungen an die Lernenden stellen, da sie oft im Sinne eines Algorithmus ausgeführt werden können, stellen „Conversions" hohe Anforderungen an die Schülerinnen und Schüler. Der Wechsel von einer Textaufgabe in eine grafische Darstellung ist in diesem Verständnis eine „Conversion" und mit hohen Anforderungen verbunden.

6.2.3 Deskriptionale und depiktionale Darstellungen

Deskriptionale Darstellungen sind dadurch gekennzeichnet, dass sie einen Sachverhalt ausschließlich durch Symbole beschreiben (Schnotz 2001, 2014). Beispiele hierfür sind Sätze der natürlichen Sprache, Terme, Gleichungen bzw. Ungleichungen oder Formeln. In Texten, die aus einzelnen Buchstaben bestehen, benennen beispielsweise die Substantive den Sachverhalt, die durch Adjektive spezifiziert und durch Verben und Präpositionen miteinander in Beziehung gesetzt werden. Zur Beschreibung des Sachverhaltes sind in deskriptionalen Darstellungen „Relationszeichen" (Schnotz 2001, S. 297) enthalten. In der Sprache sind dies die Verben und Präpositionen, in der Mathematik Operationszeichen. „Durch diese Relationszeichen wird Strukturinformation gewissermaßen explizit von außen in die Repräsentation eingebaut" (Schnotz 2001, S. 297). Larkin und Simon (1987) sprechen von „sentential representations". Diese definieren sie als „data structure in which elements appear in a single sequence" (Larkin und Simon 1987, S. 68), also wie Sätze in der natürlichen Sprache. Dabei sind die Informationen auf eine Position in dieser Abfolge festgelegt und stehen in Beziehung zum nächsten Element der Liste (Larkin und Simon 1987, S. 98). Goldin und Kaput (1996) merken an, dass alle Darstellungen, wenn sie beispielsweise auf Papier fixiert sind, im Gegensatz zur gesprochenen Sprache auch ein nichtsequenzielles Vorgehen beim Lesen der Darstellung ermöglichen.

Depiktionale Darstellungen sind „räumliche Konfigurationen, die aufgrund struktureller Gemeinsamkeiten für den repräsentierten Sachverhalt stehen" (Schnotz 2014, S. 48). Sie weisen somit eine Ähnlichkeit zum Sachverhalt auf. Beispiele hierfür sind neben Karten und verschiedenen zweidimensionalen Diagrammen auch realistische Bilder, Reliefs, Skulpturen und dreidimensionale Diagramme. Schnotz (2001) unterscheidet weiter zwischen einer konkreten und einer abstrakten Form der strukturellen Übereinstimmung zwischen depiktionalen Darstellungen und dem darzustellenden Sachverhalt. Bei der konkreten Form der strukturellen Übereinstimmung stimmen repräsentierte und repräsentierende Merkmale überein. Ein Beispiel hierfür wäre ein maßstabsgetreu verkleinertes Modell eines Gegenstands, bei dem die Längen wieder durch Längen im selben Verhältnis repräsentiert werden. Bei der abstrakten Form der strukturellen Übereinstimmung sind repräsentierte und repräsentierende Merkmale voneinander verschieden. Dies ist beispielsweise in Balkendiagrammen der Fall, wenn Längenverhältnisse verwendet werden, um quantitative Sachverhalte wie Geburtenzahlen darzustellen.

Deskriptionale und depiktionale Darstellungen unterscheiden sich auch hinsichtlich ihres Zwecks bzw. ihrer Anwendung. Während depiktionalen Darstellungen zugesprochen wird, einen Sachverhalt „informell vollständig und greifbar darstellen zu können, sodass erforderliche Informationen im Idealfall einfach abzulesen sind" (Sturm 2017, S. 30) und kein sequenzielles Vorgehen notwendig ist, wird der Vorteil deskriptionaler Darstellungen darin gesehen, allgemeineres Wissen darzustellen (ebd.).

6.3   Textaufgaben und grafische Darstellungen

Textaufgaben und grafische Darstellungen können mathematische Strukturen enthalten. Der Begriff der mathematischen Struktur kann in Anlehnung an mengentheoretische Überlegungen definiert werden: Die Strukturierung einer amorphen Menge erfolgt durch die Festlegung bestimmter Beziehungen zwischen zunächst unverbundenen, gleichberechtigten Elementen der Menge (Rinkens 1973). Die Beziehung kann beispielweise eine Operation sein, die auf der Menge definiert wird. Bezüglich der Möglichkeiten, mathematische Strukturen darzustellen, unterscheiden sich Textaufgaben und grafische Darstellungen. Der Darstellungswechsel ist für die Lernenden nicht nur deswegen eine Herausforderung. Gerade die Darstellung mathematischer Beziehungen als Teil der mathematischen Struktur ist für sie oft schwierig (Hasemann 2006).

6.3.1   Darstellung mathematischer Strukturen

Der Begriff der Textaufgabe ist nicht eindeutig geklärt (Ott 2016, S. 86 ff.). Nach Schipper (2009, S. 242) sind es „in Textform dargestellte Aufgaben, bei denen die Sache weitgehend bedeutungslos und austauschbar ist". Der Schwerpunkt liegt auf der Darstellung mathematischer Beziehungen. Diese Beziehungen werden durch die Konstruktion der Textaufgabe festgelegt. Textaufgaben können als deskriptionale Darstellungen verstanden werden (vgl. Abschn. 6.2.3). Die mathematische Strukturdarstellung geschieht in Textaufgaben mit sprachlichen Mitteln. Nach den Regeln der sprachlichen Syntax werden die im Text gegebenen Nomen oder Größen explizit durch Verben und Präpositionen miteinander in Beziehung gesetzt. Die Verben und Präpositionen fungieren als Relationszeichen. Für die Darstellung mathematischer Beziehungen gibt es hier durch die Grammatik klar vorgegebene Regeln. In der Textaufgabe in Abb. 6.1 werden die Größenangaben der einzelnen Kinder beispielsweise durch die Satzstrukturen „genauso groß wie" und „ist kleiner als" explizit miteinander verbunden.

Max ist 78 cm groß.
Wenn er auf eine 20 cm hohe Kiste steigt, ist er
genauso groß wie Klaus.
Paul ist 15 cm kleiner als Klaus.
Wie groß ist Paul?

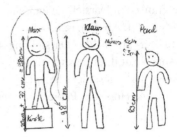

Abb. 6.1 Textaufgabe und grafische Darstellung

Grafische Darstellungen zeichnen sich dadurch aus, dass zweidimensionale Darstellungsmöglichkeiten, z. B. auf Papier, mit inhaltlichen Aspekten des darzustellenden Sachverhaltes in Verbindung gebracht werden (Stern et al. 2003). Larkin und Simon (1987, S. 68) sprechen in diesem Zusammenhang von „diagrammatic representations" und definieren diese als „data structure in which information is indexed by two-dimensional location". Wesentlich ist, dass jede einzelne Aussage der Darstellung die Information enthält, die an einem bestimmten Ort der Grafik abgebildet ist, in Beziehung zu benachbarten Orten der Grafik (ebd., S. 66). Beispielsweise kann in einer Straßenkarte nicht nur die Lage eines Ortes bestimmt werden, sondern durch seine Lage steht er automatisch in Beziehung zu anderen Orten. Mengendiagramme, Baumdiagramme usw. sowie Funktionsgrafen, Pläne oder Karten sind Beispiele für grafische Darstellungen. Grafische Darstellungen können als depiktionale Darstellungen verstanden werden (vgl. Abschn. 6.2.3). Auch Tabellen werden häufig zu grafischen Darstellungen gezählt (Cox 1999; Schnotz 1994), u. a. da in Tabellen zweidimensionale Darstellungsmöglichkeiten für die Abbildung von Sachverhalten genutzt werden und für den Informationszugriff, wie bei anderen grafischen Darstellungen, keine bestimmte sequenzielle Bearbeitungsabfolge vorgesehen ist.

In einer grafischen Darstellung zu einer Textaufgabe wird die mathematische Struktur dargestellt, indem Zeichen für strukturrelevante Objekte der Textaufgabe erfunden und so auf dem Papier angeordnet werden, dass durch die Anordnung die mathematischen Beziehungen deutlich werden. Werden nicht festgelegte Typen von Grafiken gewählt, ist diese Art, mathematische Strukturen darzustellen, nicht durch eine „Grammatik" so eindeutig geregelt wie bei deskriptionalen Darstellungen. Beispielsweise können ordinale oder kardinale Darstellungsmöglichkeiten gewählt werden (Steinweg 2009), ebenso können sich die grafischen Darstellungen auf mathematisch unterschiedliche Situationen (Padberg und Benz 2011) beziehen. Während sich die grafischen Darstellungen hierzu unterscheiden, bleiben die Gleichungen beispielsweise gleich. In der Literatur werden verschiedene Ausprägungen grafischer Darstellungen unterschieden (Ott 2016, S. 36 ff.). Wird die mathematische Struktur der Textaufgabe in einer grafischen Darstellung abgebildet, ist die Möglichkeit zu einem regelgeleiteten Operieren gegeben.

Die grafischen Darstellungen können dann als diagrammatisch (Dörfler 2006) bezeichnet werden (vgl. Abschn. 6.5.3).

In der grafischen Darstellung in Abb. 6.1 sind als strukturrelevante Objekte die Personen mit ihrer jeweiligen Körpergröße so angeordnet, dass die Unterschiede deutlich werden. Dies geschieht beispielweise dadurch, dass alle Personen bzw. die Kiste so auf die gleiche Höhe des Papiers gezeichnet werden, dass ein Vergleich möglich wird.

6.3.2   Erstellen grafischer Darstellungen zu Textaufgaben

Das Erstellen einer grafischen Darstellung zu einer Textaufgabe kann als Darstellungswechsel aufgefasst werden (vgl. Abschn. 6.2.3). Die beiden Darstellungen stimmen bezüglich der mathematischen Struktur überein, wenn sie sich auf der Objektebene und der Verknüpfungsebene entsprechen. Das heißt, es gibt eine Passung zwischen den Größenangaben und Substantiven auf der Textseite und den Zeichen für strukturrelevante Objekte auf der Grafikseite sowie eine Passung auf Ebene der Verknüpfungen zwischen den Verben und Präpositionen auf der Textseite und der Anordnung der Zeichen für die strukturrelevanten Objekte auf der Grafikseite. Die beiden Darstellungen aus Abb. 6.1 weisen beispielsweise sowohl auf der Objektebene als auch auf der Verknüpfungsebene eine Passung auf. Sie stimmen somit hinsichtlich der dargestellten mathematischen Struktur überein.

Der Darstellungswechsel von einer Textaufgabe zu einer grafischen Darstellung stellt für die Lernenden eine Herausforderung dar (vgl. Abschn. 6.2.2). Dies ist bereits durch die unterschiedlichen Möglichkeiten zur Darstellung mathematischer Strukturen bedingt (vgl. Abschn. 6.3.1). Zudem ist der Umgang mit dem zur mathematischen Struktur hinzukommenden Sachkontext herausfordernd. Schwarzkopf (2006) betont, dass ein Wechsel von einer Textaufgabe in eine andere Darstellung nicht einfach eine Reduktion auf die mathematischen Grundelemente ist. Vielmehr muss die Darstellung so erweitert und entwickelt werden, dass eine mathematische Anpassung an das Sachproblem besteht.

Nach Lesh et al. (1987) verwenden Lernende bei der Übertragung eines mathematischen Textes in eine andere Darstellung häufig mehrere Darstellungsformen hintereinander oder parallel, wobei jede nur einen Teil des gegebenen Problems darstellt. Beispielsweise können die statisch gegebenen Quantitäten einer Textaufgabe konkret in einem Bild dargestellt werden, während dynamische Beziehungen durch Sprache oder formale Symbole ausgedrückt werden (Lesh et al. 1983). Flexibilität hinsichtlich des Wechsels zwischen Darstellungen wird als ein Charakteristikum für Problemlösekompetenz angesehen (Lesh et al. 1987; Schnotz et al. 2011).

Kinder jeden Alters haben ein breites Wissen darüber, wie grafische Darstellungen erstellt und verwendet werden können (Sherin 2000). Dies basiert sowohl auf der Kindheit, in der sie lernen, die Welt auf Papier zu fixieren, als auch auf Techniken der grafischen Darstellung, die sie zuvor im Unterricht gelernt haben. Selbstständig nutzen Lernende der Primarstufe jedoch grafische Darstellungen kaum als Bearbeitungshilfen (van Essen und Hamaker 1990; Fagnant und Vlassis 2013; Lopez Real und Veloo 1993). Einige Studien zeigen, dass der Einsatz von grafischen Darstellungen jedoch als Werkzeug zur Problemlösung in verschiedenen Settings trainiert werden kann[1] (Diezmann 2002; van Dijk et al. 2003; Fagnant und Vlassis 2013). Dabei zeigt sich in Studien, in denen Kinder aufgefordert werden, selbst grafische Darstellungen zu Textaufgaben zu erstellen, dass sie zunächst ihre Ideen noch zögerlich aufs Papier bringen und stark textgebundene Darstellungen anfertigen (van Dijk et al. 2003; Veloo und Lopez Real 1994). Van Dijk et al. (2003) zeigen in Einzelfallanalysen zu Aufgaben der Prozentrechnung bei 10-jährigen Kindern, dass sich die grafischen Darstellungen aufgrund der Unterstützung durch die Lehrperson und die Mitschülerinnen und Mitschüler zu stärker formalisierten grafischen Darstellungen entwickeln. Ähnliches berichten Veloo und Lopez Real (1994). Van Essen und Hamaker (1990) sehen derartige positive Entwicklungsprozesse hinsichtlich selbst generierter grafischer Darstellungen zu Textaufgaben eher mit älteren Kindern verbunden.

6.4   Forschungsinteresse

Im Interesse der Studie steht die Frage, inwieweit sich eine auf grafische Darstellungsbewusstheit ausgerichtete Intervention auf die Darstellungskompetenzen der Schülerinnen und Schüler auswirkt. Im vorliegenden Beitrag werden hierzu folgende Unterfragen bearbeitet:

- Welche Entwicklungsverläufe zeigen sich in den selbst generierten Darstellungen der Schülerinnen und Schüler im Verlauf der Untersuchung?
- Welche Entwicklungsverläufe zeigen sich in Erklärungen der Schülerinnen und Schüler zu ihren selbst generierten grafischen Darstellungen im Verlauf der Untersuchung?

Die Fragen fokussieren auf Entwicklungsverläufe, die sich im Verlauf der Untersuchung innerhalb der selbst generierten Darstellungen und der begleitenden Erklärungen erkennen lassen. Dabei wird auf das Interpretieren einzelner Darstellungen und Schülerinnen- bzw. Schüleräußerungen fokussiert. Die Fragen können dementsprechend mit qualitativen Methoden bearbeitet werden.

6.5   Reflexionsgespräche über Darstellungen – Projektdesign

Die Rekonstruktion von Entwicklungsverläufen hinsichtlich der Darstellungskompetenzen bei einem Unterricht mit Reflexionsgesprächen über selbst generierte grafische Darstellungen ist Teil der zu diesem Thema durchgeführten Mixed-Methods-Studie im

---

[1]Für einen Überblick über Studien in verschiedenen Settings siehe Ott (2016, S. 110 ff.).

Längsschnitt mit einem Drei-Gruppen-Design, drei Testzeitpunkten und Begleitinterviews. In einer Vorstudie wurde ein Analysetool für von Kindern selbst generierte grafische Darstellungen zu Textaufgaben entwickelt (Ott 2015, 2016). Die Studie wurde im Schuljahr 2012/13 in Bayern durchgeführt. Daran beteiligt waren insgesamt sechs Schulklassen der Jahrgangsstufe 3, die aus drei verschiedenen Grundschulen in Stadt- und Stadtrandlage einer mittelgroßen Stadt stammten. Von jeder Schule nahmen zwei dritte Klassen an der Untersuchung teil und bildeten jeweils eine Untersuchungsgruppe (Interventionsgruppe und zwei Kontrollgruppen). Die Interventionsgruppe bestand aus zwei Parallelklassen mit insgesamt 35 Kindern (18 männlich, 17 weiblich). Das Durchschnittsalter der Kinder betrug 8 Jahre und 4 Monate (jüngstes Kind: 7 Jahre und 5 Monate; ältestes Kind: 9 Jahre). Insgesamt nahmen 124 Kinder an der Untersuchung teil. Die Tests wurden von der Autorin und verschiedenen Testleiterinnen, die Intervention und die Interviews von der Autorin, der alltägliche Unterricht in den Kontrollgruppen durch die Klassenlehrpersonen durchgeführt.

6.5.1 Intervention

Ziel der Intervention ist es, den Schülerinnen und Schülern den Aufbau von Darstellungskompetenzen zu ermöglichen und durch unterrichtliche Reflexionen auf ihre Bewusstheit (Mason 1987) Einfluss zu nehmen. Die Intervention orientiert sich dabei an den von Steinweg (2002) für den Aufbau von Rechenkompetenzen identifizierten Stationen.

6.5.1.1 Reflexion und Bewusstheit

Der Begriff der Reflexion ist geprägt durch seine Komplexität, Vielschichtigkeit und Vielfältigkeit (Schülke 2013). Allgemein kann Reflexion im Mathematikunterricht als ein Nachdenken über Mathematik und mathematisches Handeln verstanden werden (Schmidt-Thieme 2003). Somit bilden Reflexionen und reflexives Handeln einen Gegensatz zu planlosem Vorgehen und Routinen.

Damit Reflexion stattfinden kann, ist es notwendig, dass sich die Lernenden aus ihren persönlichen Bezügen zur Aufgabe oder zur eigenen Aufgabenbearbeitung lösen und bereit sind, sich auf andere Wege einzulassen (Mason 1987). Freudenthal (1983, 1991) beschreibt Reflexion ähnlich als einen Standpunktwechsel. Dies kann beispielsweise durch eine Rückschau auf eine Bearbeitung geschehen, indem diese umgedeutet oder mit dem aktuellen Wissen verknüpft wird, oder durch die Übernahme der Perspektive einer anderen Person, beispielsweise durch die Auseinandersetzung mit ihrer Vorgehensweise. Dadurch können die Lernenden angeregt werden, eigene Strategien, Vorgehens- und Sichtweisen umzudeuten oder zu verändern. „Momente der Irritation" (Schülke 2013, S. 111) können Standpunktwechsel und damit mathematische Reflexion befördern. Söbbeke (2005) konnte zeigen, dass auch die theoretische Mehrdeutigkeit von mathematischen Darstellungen Momente der Irritation bei Kindern provozieren kann.

In diesem Sinn kann durch Reflexion Einfluss darauf genommen werden, welches mathematische Handeln den Lernenden bewusst wird. Wesentlich für ein bewusstes Handeln sind Handlungsalternativen zu dem gewählten Vorgehen, die im Denken verfügbar sind (Donaldson 1982). Um diese Handlungsalternativen erkennen und gewinnen zu können, müssen sie als solche wahrgenommen werden (Mason 1987). Wesentlich ist hierfür, dass einzelne Erfahrungen der Schülerinnen und Schüler nicht unverbunden stehen bleiben, sondern sinnvoll miteinander in Zusammenhang gebracht werden.

Reflexionsprozesse können in kommunikativen Unterrichtssettings angeregt werden (Schülke 2013). Darstellungen können als Inskriptionen Grundlage für Reflexionsgespräche sein. Hinsichtlich des Problemlösens konnte gezeigt werden, dass kommunikative Unterrichtssettings, die zu Reflexionen über verschiedene Lösungswege anregen, zur Lösungsfindung und dem Aufbau von Wissen beitragen (Nührenbörger und Schwarzkopf 2010; Sturm 2017).

6.5.1.2 Umsetzung im Unterricht in zwei Phasen

Die Intervention ist in zwei Phasen angelegt, die jeweils im wöchentlichen Wechsel stattfinden. Insgesamt werden neun Interventionseinheiten durchgeführt.

Phase 1: Erstellen informeller grafischer Darstellungen

Ausgangspunkt für jede Interventionseinheit bilden von den Schülerinnen und Schülern selbst generierte grafische Darstellungen. Dazu werden die Lernenden in der ersten Woche jeder der neun Interventionseinheiten mit einer Textaufgabe konfrontiert, die sie sowohl hinsichtlich des grafischen Darstellens als auch mathematisch herausfordert. Statt Routinen anzuwenden oder rasche Rechenlösungen zu finden, sollen die Schülerinnen und Schüler so dazu angeregt werden, in ihrer Zone der aktuellen Entwicklung (Wygotski 1964) ihre „ureigene und individuelle Möglichkeit" (Steinweg 2002, S. 17) der grafischen Darstellung zu finden. Schülerinnen und Schüler neigen dazu, nur das Nötigste in ihren grafischen Darstellungen festzuhalten (Meira 2010). Dieses Phänomen kann mit dem Adressaten zusammenhängen (Cox 1999): Darstellungen, die für den Austausch mit anderen bestimmt sind, sind oft reichhaltiger als private Darstellungen. Die Schülerinnen und Schüler werden dementsprechend dazu aufgefordert, eine Mathezeichnung zur Textaufgabe anzufertigen, die alles enthalten soll, was sie für das Verstehen und Lösen der Aufgabe wichtig finden. Die Darstellung soll so gezeichnet sein, dass sie für andere verständlich ist. Jedes Kind erhält ein Arbeitsblatt mit der Textaufgabe und ansonsten freiem Platz für die eigene grafische Darstellung.

Der Arbeitsauftrag verlangt von den Schülerinnen und Schülern einen Wechsel von einer deskriptionalen Darstellung (Textaufgabe) zu einer depiktionalen (grafische Darstellung) (vgl. Abschn. 6.2 und 6.3). Insgesamt kann bereits hier ein erstes Nachdenken über das Vorgehen und die Darstellungsmöglichkeiten stattfinden. Als Inskriptionen sind die so entstandenen grafischen Darstellungen für soziale Aushandlungs- und Reflexionsprozesse zugänglich (vgl. Abschn. 6.2.1). Dabei können sie auch weiterentwickelt werden.

Phase 2: Reflexionsgespräche über grafische Darstellungen

Ausgangspunkt der Reflexionseinheiten bilden jeweils von der Lehrperson im Vorfeld der Unterrichtsstunde ausgewählte grafische Darstellungen der Schülerinnen und Schüler zur Textaufgabe der vergangenen Woche. Eine ausgewählte grafische Darstellung wird als vergrößerte Kopie allen Schülerinnen und Schülern zugänglich gemacht. So kann sie zum Gegenstand von Aushandlungsprozessen werden. Die Lernenden erklären die fremden grafischen Darstellungen, interpretieren und hinterfragen sie, vollziehen die Interpretationen anderer nach, wägen sie gegenüber den eigenen Darstellungsweisen ab und diskutieren aufgabenspezifische Besonderheiten. Steinweg (2002, S. 17) hebt hervor, dass es in dieser Phase „hilfreich und sinnvoll [ist], bewusst zu überlegen, wie der andere gedacht hat und wie er vorgegangen ist". Dabei wird von den Lernenden gefordert, den Standpunkt einer bzw. eines anderen einzunehmen. Zudem können sich durch die Darbietung fremder grafischer Darstellungen Momente der Irritation (Schülke 2013) ergeben, beispielsweise dadurch, dass sich die Darstellungen in den Zeichen für strukturrelevante Objekte oder der Anordnung derselben unterscheiden, dass ein anderer Abstraktionsgrad gewählt wurde, dass sie vollständig oder unvollständig angefertigt wurden oder dass eine andere Lösung gefunden wurde (vgl. Abschn. 6.5.1.1). Unterstützt und angeregt können die reflexiven Prozesse durch Impulse der Lehrperson werden:

- Was hat sich das Kind vermutlich gedacht?
- Was gefällt dir an der Mathezeichnung besonders gut? Warum?
- Was vermutest du, warum das Kind die Objekte/Beziehungen/Beschriftungen so aufgezeichnet hat?

Mit den Impulsen „Hast du selbst auch ähnlich gezeichnet?" oder „Würdest du etwas in deine Mathezeichnung übernehmen?" wird den Kindern ermöglicht, ihre eigenen Darstellungen zu den Erkenntnissen aus dem Gespräch über die Darstellungen der anderen Kinder in Beziehung zu setzen.

Innerhalb jeder Interventionseinheit werden ein bis zwei andere grafische Darstellungen analog behandelt. Dabei bleiben jeweils die vorherigen Darstellungen an der Tafel verfügbar. Dies ermöglicht Vergleiche unter den Darstellungen und kann weitere Distanzierungen und Standpunktwechsel hervorrufen. Zudem können hierdurch die Vielfalt möglicher Darstellungsweisen sowie die Notwendigkeit bestimmter Grundelemente einer grafischen Darstellung deutlich werden. Die Gespräche über die grafischen Darstellungen bieten die Möglichkeit, sich die eigenen Gedanken bewusst zu machen und im Austausch Handlungsalternativen zu entwickeln (vgl. Abschn. 6.5.1.1). Die Auswahl der Darstellungen erfolgt so, dass möglichst verschiedene Darstellungsweisen gezeigt und reflektiert werden. Dabei muss es sich nicht um vollständige oder richtige Darstellungen handeln. Die Auseinandersetzung mit anderen Darstellungsweisen bietet den Lernenden die Möglichkeit, aus der Zone der aktuellen Entwicklung in die Zone der nächsten Entwicklung voranzuschreiten (Wygotski 1964).

6.5.2   Erhebung

Der Paper-Pencil-Test besteht aus acht Textaufgaben, basierend auf Schulbuchaufgaben. Je nachdem, wie stark durch die Formulierung und den Inhalt der Textaufgabe eine grafische Darstellung nahegelegt wird, ändert sich der Schwierigkeitsgrad der Textaufgaben. Drei Aufgabentypen können unterschieden werden:

- Typ A: Eine grafische Darstellung wird durch die Textaufgabe sprachlich und inhaltlich nahegelegt. Die für die mathematische Struktur wesentlichen Objekte können leicht gezeichnet werden, Informationen darüber, wie sie anzuordnen sind, sind im Text enthalten. Ein Beispiel ist die „Jacken-Aufgabe":
  Mama näht neue Knöpfe an eine Jacke, von unten nach oben. Sie braucht 9 Knöpfe. Zwischen den Stellen, an denen sie die Knöpfe näht, lässt sie immer den Abstand von 5 cm. Wie lang ist der Verschluss der Jacke?
- Typ B: Eine grafische Darstellung wird durch die Textaufgabe teilweise sprachlich und inhaltlich nahegelegt. Nicht alle für die mathematische Struktur wesentlichen Objekte können leicht gezeichnet werden, Zeichen für Hilfsobjekte müssen erfunden werden. Informationen darüber, wie sie anzuordnen sind, sind teilweise im Text enthalten. Ein Beispiel ist die „Fichten-Aufgabe":
  Eine Fichte wächst jedes Jahr ca. 15 cm. Im Garten steht eine 83 cm hohe Fichte. Wie alt ist sie?
- Typ C: Eine grafische Darstellung wird durch die Textaufgabe nicht sprachlich oder inhaltlich nahegelegt. Die mathematisch wesentlichen Objekte sind durch ihre physikalischen Eigenschaften nicht direkt grafisch umsetzbar. Zeichen für die mathematisch relevanten Objekte sowie deren Anordnung müssen erfunden werden. Ein Beispiel ist die „Wettrennen-Aufgabe":
  In einem Rennen braucht Tina 74 s. Lara braucht 12 s weniger als Tina. Pia braucht 84 s. Wie viele Sekunden braucht Lara? Wie viele Sekunden mehr als Tina braucht Pia?

Die Tests fanden an zwei aufeinanderfolgenden Tagen statt. Jeden Tag bearbeiteten die Kinder vier Testaufgaben über eine Dauer von insgesamt 40 min. Jede Textaufgabe ist auf ein ansonsten leeres A4-Blatt gedruckt. Die Kinder wurden analog zur Intervention gebeten, alles, was für die Aufgabe wichtig ist, in einer Mathezeichnung so festzuhalten, dass die Testleiterinnen ihre Gedanken später nachvollziehen können. Wenn die Lernenden die Textaufgabe lösen konnten, sollten sie auch die Lösung aufschreiben.

6.5.3   Auswertung

Die Kinderzeichnungen wurden mit dem Analysetool analysiert, das im ersten Teil der Studie durch eine Kombination aus dem induktiven Vorgehen in der qualitativer

Inhaltsanalyse (Mayring 2010) und der theoretischen Kodierung (Strauss und Corbin 1996) entwickelt wurde (Ott 2015, 2016). Die Hauptaspekte werden im Folgenden anhand des Beispiels in Abb. 6.1 erläutert. Wesentlich für die Analyse der selbst generierten Kinderzeichnungen ist die Unterscheidung der drei Analyseaspekte mathematische Struktur, mathematische Passung und Abstraktionsgrad.

6.5.3.1 Mathematische Struktur

In Textaufgaben werden Informationen sequenziell dargestellt, wobei die Größen und Substantive durch Verben und Präpositionen miteinander verknüpft sind. So werden mathematische Strukturinformationen in den Text integriert. Für eine grafische Darstellung der jeweiligen mathematischen Struktur der Textaufgabe ist es notwendig, strukturrelevante Objekte im Text zu identifizieren. Für diese müssen Zeichen erfunden und so auf dem Papier angeordnet werden, dass die Anordnung die mathematische Struktur der Textaufgabe darstellt (vgl. Abschn. 6.3).

Die von Kindern selbst generierten grafischen Darstellungen zu Textaufgaben können verschiedenen Kategorien zugeordnet werden:

- *Nichtgrafische Darstellung:*
  Die Darstellung enthält ausschließlich deskriptionale Elemente, d. h. Textelemente, Terme oder Gleichungen (vgl. Abschn. 6.2.3). Diagrammatische Ausprägungen sind möglich.
- *Textferne Darstellung:*
  Die Darstellung enthält grafische Elemente. In der Aufzeichnung ist der Zusammenhang zum Text nicht erkennbar.
- *Illustrative Darstellung:*
  Die Darstellung enthält grafische Elemente. In der Aufzeichnung ist der Bezug zum Text rein inhaltlich. Aspekte der mathematischen Struktur (strukturrelevante Objekte, Verknüpfungen) sind nicht erkennbar.
- *Objektbezogene Darstellung:*
  Die Darstellung enthält grafische Elemente. In der Aufzeichnung sind strukturrelevante Objekte erkennbar, Verknüpfungen nicht.
- *Implizit diagrammatische Darstellung:*
  Die Darstellung enthält grafische Elemente. In der Aufzeichnung sind strukturrelevante Objekte und deren Verknüpfung in der Anordnung der Zeichen erkennbar. Die Verknüpfung wird nicht verdeutlicht.
- *Explizit diagrammatische Darstellung:*
  Die Darstellung enthält grafische Elemente. In der Aufzeichnung sind strukturrelevante Objekte und deren Verknüpfung in der Anordnung der Zeichen erkennbar. Die Verknüpfung wird deutlich hervorgehoben.

Die Kinderzeichnung in Abb. 6.1 ist ein Beispiel für eine explizit diagrammatische grafische Darstellung.

6.5.3.2 Mathematische Passung

In die Analyse der mathematischen Passung fließen ausschließlich die Darstellungen ein, die mathematische Aspekte abbilden, also objektbezogene oder diagrammatische Darstellungen, da die anderen grafischen Darstellungen per se keine mathematische Passung zur Textaufgabe aufweisen.

Zwischen einer Textaufgabe und einer grafischen Darstellung besteht eine mathematische Passung, wenn sie bezüglich der mathematischen Struktur übereinstimmen (vgl. Abschn. 6.2.2 und 6.3). Die Variation der Passung bezüglich der Größenangaben (Maßzahl und Maßeinheit) und der Verknüpfungen kann skalierend erfasst werden (Mayring 2010): Maßzahlen, Maßeinheiten und Verknüpfungen können in der grafischen Darstellung vollständig, teilweise oder ohne Passung sein. Letzteres bedeutet, dass in der Grafik andere Größen oder Verknüpfungen abgebildet werden, z. B. eine Addition statt einer Multiplikation. Zudem können mathematische Aspekte der Textaufgabe in der grafischen Darstellung keine Beachtung finden. Die mathematische Passung in Abb. 6.1 ist in Bezug auf die Maßzahlen, die Maßeinheiten und die Verknüpfungen vollständig.

6.5.3.3 Abstraktionsgrad

Grafische Darstellungen können hinsichtlich ihrer Realitätsnähe unterschiedlich ausgeprägt sein. Verschiedene Autoren verwenden für die Beschreibung dieser Ausprägungen unterschiedliche Begriffe. Hier wird dafür der Begriff der Abstraktion verwendet, der in Anlehnung an Peschek (1988) als Aufmerksamkeitsfokussierung auf bestimmte Aspekte definiert wird.

Der Abstraktionsgrad einer grafischen Darstellung kann als Fokussierung auf die Darstellung der mathematischen Aspekte beschrieben werden. Grundlage der Strukturdarstellung sind Zeichen für die strukturrelevanten Objekte. Letztere sind auch wesentlich für die Bestimmung des Abstraktionsgrads der grafischen Darstellung. Hinsichtlich des Abstraktionsgrads werden folglich nur die Darstellungen analysiert, die mindestens strukturrelevante Objekte enthalten (objektbezogene und diagrammatische Darstellungen). Die anderen grafischen Darstellungen sind per se nicht abstrakt und werden in die detaillierte Analyse nicht weiter miteinbezogen.

Die Fokussierung auf die mathematischen Aspekte der grafischen Darstellung lässt sich an zwei Indikatoren ablesen:

- Der erste Indikator ist die Fokussierung der grafischen Darstellung auf die strukturrelevanten Objekte. Das bedeutet, dass in der Darstellung außer den strukturrelevanten Objekten keine anderen Objekte – seien sie textbezogen oder textfern – dargestellt werden.
- Der zweite, darauf aufbauende Indikator ist die Fokussierung auf die für die mathematische Strukturabbildung wesentlichen Eigenschaften der strukturrelevanten Objekte. Dieser Indikator besagt, dass die für die Darstellung der strukturrelevanten Objekte eingeführten Zeichen nur auf deren mathematische Eigenschaften fokussieren und nicht weiter gestaltet oder ausgeschmückt sind.

Die zwei Indikatoren kommen in Kinderzeichnungen in unterschiedlicher Ausprägung vor. Graduelle Abstufungen dieser Indikatoren können ebenfalls in einer skalierenden Strukturierung gefasst werden (Mayring 2010). Sowohl die Fokussierung auf die strukturrelevanten Objekte als auch auf deren wesentliche Eigenschaften kann entweder hoch oder niedrig ausfallen. Feinere Unterscheidungen sind kaum einschätzbar und deshalb für die Untersuchung nicht sinnvoll.

In der Kinderzeichnung von Abb. 6.1 ist der Fokus auf die strukturrelevanten Objekte hoch. Der Fokus auf die mathematisch relevanten Eigenschaften der strukturrelevanten Objekte ist niedrig, da die Kinder beispielsweise mit Gesichtern und Haaren ausgeschmückt sind.

6.6 Entwicklungsverläufe

In der Gesamtstudie zeigt sich, dass in den grafischen Darstellungen der Kinder der Interventionsgruppe nach der Intervention häufiger Aspekte der mathematischen Struktur sowie häufiger eine korrekte mathematische Passung erkennbar sind. Diese Entwicklung unterscheidet sich signifikant von der Entwicklung in den Kontrollgruppen (Ott 2016). Bei Aufgaben vom Typ A ist der Anteil der diagrammatischen Darstellungen etwas höher, bei Aufgaben vom Typ C etwas niedriger. Insgesamt ist die beschriebene Entwicklung in allen Aufgabenbereichen beobachtbar. Dabei behalten die Kinder zumeist einen mittleren Abstraktionsgrad bei. Diese auf Grundlage der quantitativen Datenanalyse gewonnenen Ergebnisse werden im Folgenden genauer beschrieben, indem typische Entwicklungsverläufe auf Grundlage von Kinderdokumenten der drei Tests sowie von Interviewtranskripten zu den die drei Tests begleitenden Interviewzeitpunkten rekonstruiert werden.

6.6.1 Grafische Darstellungen

Die Dokumente von Diana und Ole sind typische Beispiele, die exemplarisch eine zunehmende Mathematisierung der grafischen Darstellungen zeigen. Während Diana im Pretest grafische Darstellungen verschiedener Kategorien anfertigt und zunehmend Flexibilität im grafischen Darstellen entwickelt, fertigt Ole zunächst keine grafischen Darstellungen an.

6.6.1.1 Diana – Zunehmende Flexibilität im grafischen Darstellen

In Dianas grafischen Darstellungen (vgl. Abb. 6.2) ist erkennbar, wie sie nach der Intervention neue Zeichen erfindet und flexibel einsetzt. Darüber hinaus erfindet sie verschiedene passende Anordnungen für die Zeichen für strukturrelevante Objekte. Immer wieder nutzt sie zusätzlich das Pluszeichen als Relationszeichen aus deskriptionalen

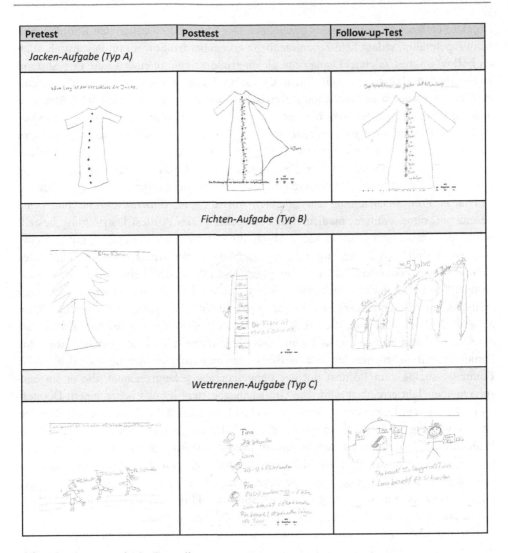

Abb. 6.2 Dianas grafische Darstellungen

Darstellungen (vgl. Abschn. 6.2.3), um die Zusammenhänge zwischen einzelnen Summanden und der Summe zu verdeutlichen.

In Bezug auf die **mathematische Struktur** zeichnet Diana im Pretest grafische Darstellungen verschiedener Kategorien. Im Posttest und im Follow-up-Test sind die strukturrelevanten Objekte und die Verknüpfungen zwischen ihnen in den grafischen Darstellungen erkennbar. Fast alle grafischen Darstellungen von Diana im Posttest und im Follow-up-Test sind diagrammatische Darstellungen:

Für die „Jacken-Aufgabe" kann Dianas grafische Darstellung im Pretest als *objekt-bezogen* klassifiziert werden: Eine Jacke wird mit neun Knöpfen (strukturrelevante

Objekte) entlang des Verschlusses gezeichnet. Die Abstände zwischen den Knöpfen sind nicht regelmäßig, sodass kein Zusammenhang erkennbar ist. Sowohl im Posttest als auch im Follow-up-Test zeichnet Diana neun gleich große Knöpfe in einer Linie. Der Abstand zwischen den Knöpfen ist mit einem Doppelpfeil markiert und mit „5 cm" gekennzeichnet. So werden die Beziehungen zwischen den Knöpfen, die einzelnen Abstände und die Gesamtlänge des Verschlusses deutlich hervorgehoben und die grafischen Darstellungen können als *explizit diagrammatische* Darstellungen klassifiziert werden. Um zu erklären, dass alle Abstände eine Gesamtlänge von 40 cm haben, verwendet Diana nicht nur die Anordnung auf dem Papier, sondern auch das Pluszeichen. So fügt sie zusätzlich zur Anordnung Relationszeichen ein, um die Verknüpfung zu verdeutlichen.

Dianas Pretest-Darstellung zur „Fichten-Aufgabe" ist *illustrativ:* Eine Fichte ist gezeichnet ohne weitere mathematische Aspekte. Die Posttest-Darstellung besteht aus einem Baumstamm, der in sechs Abschnitte unterteilt ist, die jeweils mit „15 cm" beschriftet sind. Die Beziehung zu den Jahren ist in der Anzahl der Abschnitte des Baumstammes erkennbar. Das Verhältnis zur Gesamthöhe der Fichte wird durch einen Doppelpfeil neben dem Baumstamm, der sich wie ein Lineal über dessen Gesamtlänge erstreckt, mit der Größenangabe „83 cm" verdeutlicht. Die grafische Darstellung kann als *explizit diagrammatisch* klassifiziert werden. Im Follow-up-Test zeichnet Diana statt eines unterteilten Baumes sechs Bäume unterschiedlicher Länge auf gleicher Höhe des Papiers direkt nebeneinander, sodass die Längenunterschiede deutlich werden. Jeder Baum ist analog zum Posttest mit der Längenangabe gekennzeichnet, die er im entsprechenden Jahr erreichen wird. Die Größenangabe steht jeweils neben einem Doppelpfeil, der wie ein Lineal neben dem entsprechenden Baum steht. Zwischen den Bäumen ist das vergangene Jahr mit einem Bogen und der Angabe „1 Jahr" gekennzeichnet. Während die Beziehung zu den Jahren im Posttest implizit durch die Abschnitte des Stammes gegeben war, wird sie hier explizit hervorgehoben. Die Zeichnung kann als *explizit diagrammatisch* klassifiziert werden. Wie bei der „Jacken-Aufgabe" verwendet Diana zusätzlich zur Anordnung auf dem Papier das Pluszeichen als Relationszeichen, um zu erklären, dass alle Jahre zusammen die Gesamtzeit ausmachen.

Für die „Wettrennen-Aufgabe" kann Dianas Pretest-Darstellung als *implizit diagrammatisch* eingestuft werden: Die drei Läuferinnen sind mit Namen und Zeitangaben versehen. Die Reihenfolge der Mädchen entspricht ihrer Geschwindigkeit im Rennen. Der Zeitunterschied zwischen ihnen ist also sichtbar, aber nicht explizit hervorgehoben. Die Zeichnung des Posttests ist *objektbezogen.* Die Sekunden (strukturrelevante Objekte) werden neben den beschrifteten Mädchen vermerkt, aber der Zusammenhang zwischen den verschiedenen Laufzeiten ist in der grafischen Darstellung nicht ersichtlich. Im Follow-up-Test werden die drei Mädchen gezeichnet und mit ihrem Namen und der entsprechenden Dauer beschriftet. Wie schon im Pretest entspricht die Reihenfolge der Mädchen ihrer Geschwindigkeit. In der Follow-up-Test-Darstellung wird der Zeitunterschied zwischen Tina und Pia jedoch durch einen gekrümmten Doppelpfeil mit der Aufschrift „10 s" hervorgehoben. Es handelt sich um eine *explizit diagrammatische* grafische Darstellung. Der Unterschied zwischen Lara und Tina wird nicht mehr grafisch dargestellt. Lara befindet sich bereits im Ziel und somit kann nicht mehr der Abstand zwischen den Mädchen den Zeitunterschied darstellen. Um den Unterschied dennoch abzubilden, notiert Diana die zugehörige Rechnung. Diese fügt sie in die grafische Darstellung ein, indem sie diese auf ein Schild notiert, das die Läuferin in der Hand hält.

Die **mathematische Passung** der grafischen Darstellungen zur Textaufgabe nimmt über die drei Testzeitpunkte zu. In den Darstellungen des Pretests ist die mathematische Passung *teilweise vorhanden* („Jacken-Aufgabe" und „Wettrennen-Aufgabe") oder es gibt *keine Passung* („Fichten-Aufgabe"), weil in der Darstellung keine mathematischen Aspekte berücksichtigt sind. Im Posttest und im Follow-up-Test ist die mathematische Passung der „Jacken-Aufgabe" und der „Fichten-Aufgabe" *vollständig* – bis auf die *Maßeinheiten* der „Fichten-Aufgabe", die nur *teilweise vorhanden* sind. In der „Wettrennen-Aufgabe" ist die mathematische Passung im Follow-up-Test *vollständig.* Im Posttest bleibt die mathematische Passung hinsichtlich der *Verknüpfungen ohne Beachtung,* da es sich um eine objektbezogene Darstellung handelt. Die Passung der *Maßeinheiten* ist *teilweise vorhanden,* da die 12 s in der grafischen Darstellung nicht sichtbar sind, sondern nur in der Berechnung.

In Bezug auf den **Abstraktionsgrad** sind Dianas grafische Darstellungen weitgehend konstant. In der „Jacken-Aufgabe" ist bei allen drei Tests die *Fokussierung auf die strukturrelevanten Objekte gering,* da eine Jacke gezeichnet wird. Die *Fokussierung auf die mathematisch wesentlichen Eigenschaften der strukturrelevanten Objekte ist hoch,* da die Knöpfe und Abstände zwischen ihnen nicht weiter ausgeschmückt sind. Bei der „Fichten-Aufgabe" ist die *Fokussierung auf die strukturrelevanten Objekte* sowohl im Posttest als auch im Follow-up-Test *hoch. Die Fokussierung auf die mathematisch wesentlichen Eigenschaften der strukturrelevanten Objekte* ist im Posttest *hoch,* da der Baumstamm nicht ausgeschmückt ist. Eine Krone wird gezeichnet, jedoch wieder ausradiert. Im Follow-up-Test ist dieser Indikator *niedrig,* da die Bäume ausgeschmückt sind. In der „Wettrennen-Aufgabe" ist die *Fokussierung auf die mathematisch wesentlichen Eigenschaften der strukturrelevanten Objekte* bei allen drei Aufgaben *gering.* Die laufenden Mädchen sind ausgeschmückt. Die *Fokussierung auf die strukturrelevanten Objekte* ist im Pretest und Follow-up-Test *gering,* da eine Rennbahn oder ein Ziel gezeichnet wird. Im Posttest wird nichts anderes als die Mädchen gezeichnet. Der *erste Indikator* ist hier also *hoch.*

Dianas **Lösungen** der „Fichten-Aufgabe" und der „Wettrennen-Aufgabe" sind in jedem Test richtig. In der „Jacken-Aufgabe" ist die Lösung nur im Posttest und im Follow-up-Test richtig, im Pretest ist sie falsch.

6.6.1.2 Ole – Zunehmende grafische Umsetzung mathematischer Strukturen

In Oles grafischen Darstellungen (vgl. Abb. 6.3) ist erkennbar, wie er zunächst keine grafischen Darstellungen anfertigt, dann einen eigenen Zeichenstil entwickelt, beibehält und gleichzeitig zunehmend die Darstellung der mathematischen Struktur und der mathematischen Passung berücksichtigt.

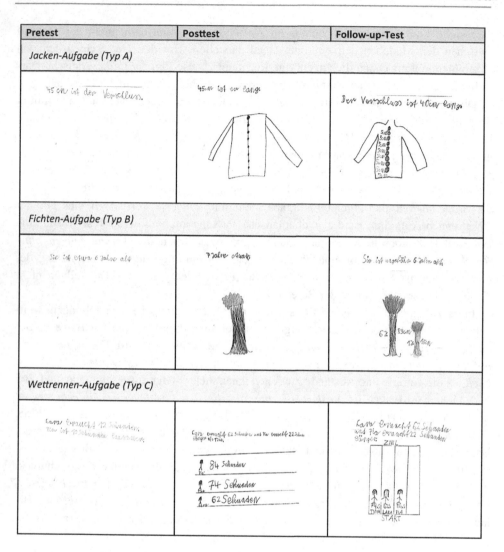

Abb. 6.3 Oles grafische Darstellungen

In Bezug auf die **mathematische Struktur** beginnt Ole mit *nichtgrafischen* Darstellungen im Pretest. Im Posttest und im Follow-up-Test erstellt er grafische Darstellungen. Die strukturrelevanten Objekte und die Verknüpfungen zwischen ihnen sind in unterschiedlicher Ausprägung erkennbar.

In seiner Posttest-Darstellung zur „Jacken-Aufgabe" sind neun Knöpfe (strukturrelevante Objekte) in gleichem Abstand in einer Linie gezeichnet. So ist der Zusammenhang zwischen den neun Knöpfen und der Gesamtlänge des Verschlusses in der Anordnung erkennbar, aber nicht explizit hervorgehoben. Daher ist die grafische

Darstellung *implizit diagrammatisch*. Im Follow-up-Test ist Oles Zeichnung ähnlich der im Posttest und kann wiederum als *implizit diagrammatisch* eingestuft werden. Aber jetzt beschriftet er die Abstände mit der Längenangabe „15 cm". Die Beschriftung ist nicht immer neben dem jeweiligen Abstand geschrieben, sodass der Zusammenhang in der Zeichnung nicht direkt ersichtlich ist. Am obersten Knopf wird die Zugehörigkeit zum Abstand durch einen dorthin zeigenden Pfeil angegeben. Die Beschriftung kann als erster Schritt interpretiert werden, um das Verhältnis zwischen den Knopfabständen und der Gesamtlänge zu verdeutlichen.

In der „Fichten-Aufgabe" ist im Posttest eine Fichte gezeichnet, ohne Bezug zu den mathematischen Aspekten der Aufgabe. Die grafische Darstellung ist *illustrativ*. Im Follow-up-Test zeichnet Ole zwei Fichten. Beide Fichten sind mit den mathematischen Aspekten der Aufgabe verknüpft: Neben den Fichten sind jeweils die Höhe der Fichte („83 cm" bzw. „15 cm") und die Jahre („6 J." für sechs Jahre bzw. „1 J." für ein Jahr) angegeben. Entsprechend werden die Fichten in unterschiedlicher Länge jeweils auf gleicher Höhe des Papiers angeordnet, sodass die Längenunterschiede erkennbar sind. Somit ist das Verhältnis zwischen der Höhe und den Jahren in der grafischen Darstellung dargestellt. Das Wachstum der Fichte im Laufe der Jahre bleibt implizit und ist nicht erkennbar. Daher kann die grafische Darstellung als *implizit diagrammatisch* klassifiziert werden. Die beiden Fichten mit der Bezeichnung der Jahre und der Höhe können als Versuch interpretiert werden, die Beziehungen zwischen der Höhe und den Jahren während des Wachstumsprozesses deutlich zu machen.

In der „Wettrennen-Aufgabe" sind die grafischen Darstellungen des Posttests und des Follow-up-Tests in Bezug auf die mathematische Struktur ähnlich, die Rennbahn ist einmal längs und einmal quer zum Blatt gezeichnet. Beide grafischen Darstellungen sind *objektbezogen*. Die Sekunden (strukturrelevante Objekte) sind angegeben, aber die Beziehungen zwischen den verschiedenen Zeitdauern sind nicht ersichtlich.

In Oles grafischen Darstellungen nimmt der Grad der **mathematischen Passung** über die Testzeitpunkte hinweg zu. Im Pretest hat er keine grafische Darstellung erstellt. In der „Jacken-Aufgabe" ist die mathematische Passung der *Maßzahlen* und – *einheiten* im Posttest *teilweise* und im Follow-up-Test *vollständig* ausgeprägt. In Bezug auf die *Verknüpfungen* ist die mathematische Passung in beiden Tests *vollständig*. In der „Fichten-Aufgabe" gibt es keine mathematische Passung im Posttest, da die Darstellung illustrativ ist. Die Passung der *Maßzahlen* und – *einheiten* ist im Follow-up-Test *vollständig*. In Bezug auf die *Verknüpfungen* ist die mathematische Passung *teilweise* ausgeprägt. In der „Wettrennen-Aufgabe" ist die mathematische Passung hinsichtlich der *Maßzahlen* sowohl im Posttest als auch im Follow-up-Test *teilweise* ausgeprägt, die Passung der *Maßeinheiten vollständig* und die Passung der *Verknüpfungen ohne Beachtung*.

In Bezug auf den **Abstraktionsgrad** bleiben Oles grafische Darstellungen zu den verschiedenen Testzeitpunkten konstant. In der „Jacken-Aufgabe" ist die *Fokussierung auf die strukturrelevanten Objekte* sowohl im Posttest als auch im Follow-up-Test *gering*, da eine Jacke gezeichnet wird. Die *Fokussierung auf die mathematisch wesentlichen*

Eigenschaften der strukturrelevanten Objekte ist jeweils *hoch,* da die Knöpfe und Abstände zwischen ihnen nicht ausgeschmückt sind. In der „Wettrennen-Aufgabe" ist sowohl in der grafischen Darstellung des Posttests als auch in der des Follow-up-Tests die *Fokussierung auf die strukturrelevanten Objekte* sowie *auf deren mathematisch wesentliche Eigenschaften gering.* Eine Rennbahn wird gezeichnet und die rennenden Mädchen werden ausgeschmückt. In der „Fichten-Aufgabe" ist die *Fokussierung auf die strukturrelevanten Objekte* im Follow-up-Test *hoch,* da nichts anderes als die Fichten gezeichnet werden. Die *Fokussierung auf die mathematisch wesentlichen Eigenschaften* der strukturrelevanten Objekte ist *gering,* da die Fichten z. B. mit Farben verziert sind.

Oles **Lösungen** der „Fichten-Aufgabe" und der „Wettrennen-Aufgabe" – mit Ausnahme des Posttests in der „Fichten-Aufgabe". In der „Jacken-Aufgabe" ist die Lösung nur im Follow-up-Test richtig.

6.6.2 Erklärungen

Ziel der begleitend zu den Tests und der Intervention durchgeführten Interviews war es u. a., Entwicklungsverläufe der Kinder hinsichtlich der Erläuterung ihrer Vorgehens- und Denkweisen beim Erstellen ihrer eigenen grafischen Darstellung zu rekonstruieren. Die verwendeten grafischen Darstellungen bezogen sich in den drei Begleitinterviews zu den Tests jeweils auf dieselbe Testaufgabe des Typs B. Es zeigen sich naturgemäß verschiedene, individuelle Entwicklungen in den spontanen Erklärungen der Kinder zur eigenen Darstellung. Hier werden zwei Verläufe exemplarisch anhand der Interviews zu den drei Testzeitpunkten zu folgender Testaufgabe dargelegt:

Max ist 78 cm groß. Wenn er auf eine 20 cm hohe Kiste steigt, ist er genauso groß wie Klaus. Paul ist 15 cm kleiner als Klaus. Wie groß ist Paul?

Zeigt ein Kind während des Interviews auf Zeichen innerhalb der Darstellungen, ist dies im Transkript mit kursiv gedruckten Nummern, z. B. *a.1,* gekennzeichnet. In der grafischen Darstellung wird an der Stelle, auf die das Kind zeigt, ein nummeriertes Kästchen gesetzt. Wenn während des Interviews Zusätze durch das Kind eingezeichnet werden, werden diese Zusätze mit gestrichelten Linien eingerahmt.

6.6.2.1 Oskar – Zusammenführung von grafischer Darstellung und Rechnung

In Oskars Beschreibungen seiner eigenen Darstellungen lässt sich über die Interviewzeitpunkte hinweg verfolgen, wie die zunächst für ihn vorliegende Trennung zwischen der grafischen Darstellung und der Berechnung der Aufgabenlösung (Rechnung) zunehmend aufgehoben wird. Beide werden von ihm in seinen Äußerungen zu den verschiedenen Interviewzeitpunkten immer mehr zusammengeführt und schließlich als Einheit beschrieben.

Oskars Darstellung des Pretests ist *objektbezogen* (vgl. Abschn. 6.5.3.1). Seine Erklärung zum Interviewzeitpunkt 1 (vgl. Abb. 6.4) bezieht sich in den meisten Sätzen

9   O: *(15 sec)* Dann hab ich halt erst den Max aufgeschrieben. Und dann hab ich mir gedacht 78 plus 15. Weil der is ja klein,
10   ne' *(31 sec)* Dann hab ich erst die unten hingeschrieben. *zeigt auf (a.1)* Dann hab ich 78 cm. *zeigt auf (a.2)* Dann hab ich
11   20 dazu gerechnet. Dann warns 98 cm. Dann war der Klaus 98. Und dann minus 15 ist 83. Und dann Paul 83 cm.

$$78\,cm + \boxed{20}\,cm = 98 - 15 = 83$$

$$83\ cm\ \text{ist Paul}$$

Abb. 6.4 Oskars Erklärung im Pretest-Interview (vgl. Ott 2016, S. 295)

auf Berechnungen. Dies zeigt sich in Aussagen wie „Und dann hab ich mir gedacht 78 plus 15" (Z. 9) oder „Dann hab ich 20 dazugerechnet" (Z. 11). In anderen Sätzen nimmt er Bezug auf die Aufgabenstellung, beispielsweise wenn er als Erklärung seiner Gedanken hinzufügt: „Weil der is ja klein, ne'" (Z. 9–10), oder sagt, er habe erst Max aufgeschrieben (Z. 9). In dieser Aussage bezieht er sich neben der Textaufgabe auch auf seine Darstellung. In einigen Sätzen verbindet Oskar rechnerische Elemente und die Textaufgabe bzw. seine Darstellung zur Textaufgabe, wenn er z. B. sagt: „Und dann Paul 83 cm" (Z. 11). Diese Verbindung findet aber nur dann statt, wenn er Ergebnisse seiner Rechnungen einbezieht.

Für die Formulierung seiner Überlegungen fängt Oskar jeweils neue Sätze an. Insgesamt folgt er in der Beschreibung der im Text gegebenen Reihenfolge. Innerhalb der Darstellung springt er zwischen den verschiedenen Elementen, beispielsweise zwischen seiner Notiz (Verweis a.1) und der Rechnung (Verweis a.2). Dies deutet darauf hin, dass er diese als getrennt wahrnimmt. Er fügt eine Erklärung ein, die sich auf Max' Größe bezieht, die er als klein interpretiert (Z. 9–10). Die zwei Pausen (Z. 9 und Z. 10) in seiner Äußerung weisen darauf hin, dass er seine Darstellung im ersten Interview zögerlich beschreibt.

Oskars Darstellung des Posttests ist *explizit diagrammatisch* (vgl. Abschn. 6.5.3.1). Im Posttest-Interview (vgl. Abb. 6.5) erläutert er seine mathematischen Überlegungen und Berechnungen anhand der grafischen Darstellung und begründet sie in Bezug auf die Textaufgabe. Er integriert dabei seine Berechnungen in seine Erklärung der grafischen Darstellung und unterstützt dies, indem er jeweils auf die entsprechenden Stellen in der Darstellung zeigt.

7	O: Also erst mal is mir direkt eingefallen, dass man des, des hab ich auch so gemacht als wir die da im Unterricht mal
8	hatten. Da war nämlich die, da hab ich den *zeigt auf (a.1)* halt auf die Kiste *zeigt auf (a.2)* gestiegen lassen. Dann hab ich
9	dabei die 20 cm und dann plus 78 cm weil der Max is ja 78 cm groß. Hab ich des da auf dem Streifen *zeigt auf (a.3)*
10	zusammengerechnet. Dann warns 98 cm. Und da hab ich nicht die 98, hier *zeigt auf (a.2)* die 20 cm, hier die 78 cm *zeigt*
11	*auf (a.4)* und hier die ganzen cm. Da hab ich mm genommen. Und dann da die 98 cm da rüber weil genauso groß wie
12	Klaus. Und dann der Klaus *zeigt auf (a.5)* dahin. Dann minus die 15 cm *zeigt auf (a.6)* weil der Paul is ja 15 cm kleiner als
13	der Klaus. War der Paul 83 cm.

Abb. 6.5 Oskars Erklärung im Posttest-Interview (vgl. Ott 2016, S. 298)

In seinem ersten Satz bezieht sich Oskar vermutlich auf den Pretest, in dem er diese Aufgabe bereits bearbeitet hat. Anschließend erklärt er zunächst die Darstellung mit Bezug zur Textaufgabe: „da hab ich den [Max] halt auf die Kiste gestiegen lassen" (Z. 8). Danach erklärt er die daneben notierten Größenangaben und begründet diese teilweise wiederum mit Bezug zur Textaufgabe und zur Darstellung durch die Äußerung „weil der Max is ja 78 cm groß" (Z. 9). Erst nach dieser Erklärung der verschiedenen Zeichen beschreibt er seine Rechnung. Auch diese bringt er aber in Beziehung zu seiner Darstellung, indem er erklärt, er habe „des da auf dem Streifen zusammengerechnet" (Z. 9–10). Diese Rechnung erläutert er erneut, indem er noch einmal auf die in der Darstellung notierten Größenangaben verweist (Z. 10–11). Anschließend erläutert er den nächsten mathematischen Zusammenhang, den Vergleich der Größe von Max und der Größe der Kiste mit Klaus darauf, ebenfalls mit Bezug auf die grafische Darstellung. Dabei erläutert er sein Vorgehen „dann die 98 cm da rüber" und begründet dieses wiederum anhand der Textaufgabe mit der Größe von Klaus, welchen er auch aufzeichnet (Z. 11–12). Auch die nächste Rechnung, die sich auf den Vergleich zwischen Klaus und Paul bezieht, erläutert er, indem er auf die entsprechende Stelle in der Darstellung zeigt und sie mit der Textaufgabe begründet (Z. 12–13).

Insgesamt zeigt er im Posttest-Interview bei jeder verbalen Erklärung auf die entsprechende Stelle in seiner grafischen Darstellung. Dabei geht er geordnet vor und beschreibt die Darstellung von links nach rechts. Auch hier begründet er seine Darstellungsentscheidungen, wobei er sich auf die mathematischen Verknüpfungen in der

10   O: Weil hier *zeigt auf (a.1)*, ja des is ja eigentlich wie ne Rechnung. Und dann hab ich halt erst mal die Kiste hingemalt und
11   dann den Max drauf. Und dann hab ich des hier zusammengerechnet, die 78 und die 20 cm von der Kiste. Und dann
12   kam das Ergebnis vom Klaus raus. Und dann hab ich des wieder minus die 15 cm gemacht, weil der Paul ja 15 cm kleiner
13   is als der Klaus. Und dann kam raus 82 cm ist der Paul.

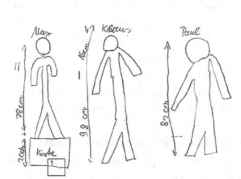

Abb. 6.6   Oskars Erklärung im Follow-up-Test-Interview (vgl. Ott 2016, S. 299)

Textaufgabe bezieht. Während seiner Erklärung verweist er zudem darauf, dass er zwar Zentimeter geschrieben, jedoch in der Darstellung Millimeter verwendet habe (Z. 11).

Oskars grafische Darstellung des Follow-up-Tests ist *implizit diagrammatisch* (vgl. Abschn. 6.5.3.1). In seiner Erklärung im Follow-up-Test-Interview (vgl. Abb. 6.6) verbindet er ebenfalls seine grafische Darstellung und seine Berechnungen. Im Gegensatz zu Posttest-Interview unterstützt er dies kaum durch zeigende Gesten. Während im vierten Interview der Schwerpunkt auf der Beschreibung der grafischen Darstellung liegt, erläutert er im fünften Interview hauptsächlich seine Rechnungen und integriert hierbei die Beschreibung der grafischen Darstellung.

Er beginnt mit der Aussage, dass der Teil der Darstellung, in dem Max auf der Kiste zu sehen ist, „ja eigentlich wie ne Rechnung" sei (Z. 10). Diese erläutert er anschließend zunächst rein anhand der grafischen Darstellung, indem er beschreibt, was er „hingemalt" hat (Z. 10–11). Anschließend erläutert er, dass er „des", was er eben gezeichnet habe, daneben „zusammengerechnet" habe (Z. 11). Mit dem Verweis auf die Kiste stellt er es in Bezug zur Textaufgabe und zur grafischen Darstellung (Z. 11). Im Folgenden benennt er zwar Klaus, bleibt aber in der Beschreibung einer Rechnung, da er nicht von Klaus' Größe spricht, die die Rechnung ergibt, sondern vom „Ergebnis vom Klaus" (Z. 12). Anschließend erläutert er die nächste durchgeführte Rechnung ohne Bezug zur Darstellung. In der Begründung nimmt er wieder Bezug zum Vergleich zwischen Klaus und Paul, der in der Textaufgabe gegeben ist, und stellt auch das Ergebnis in diesen Zusammenhang. Damit bezieht er indirekt die grafische Darstellung mit ein, verweist jedoch nicht direkt darauf. Die mathematischen Verknüpfungen der Textaufgabe kommen nur im Vergleich zwischen Paul und Klaus im vorletzten Satz zur Sprache

(Z. 12–13). Zuvor beschreibt Oskar seine Rechnungen ohne diesen Bezug. Ähnlich wie im Posttest-Interview geht er in der Erklärung geordnet von links nach rechts vor.

Insgesamt zeigt sich in Oskars Interview zum Posttest die stärkste Zusammenführung von den in der Textaufgabe gegebenen mathematischen Verknüpfungen, den Berechnungen und der grafischen Darstellung. Oskar kann hier die mathematischen und rechnerischen Überlegungen in die Beschreibung der grafischen Darstellung integrieren und dabei geordnet vorgehen. Die Ausführlichkeit seiner Erläuterungen entspricht der jeweiligen Klassifikation der Darstellungen nach der mathematischen Struktur, nach der beispielsweise die Posttest-Darstellung als explizit diagrammatisch klassifiziert werden kann. Während er im Laufe seiner Erklärungen im ersten Interview noch Ergänzungen an seiner Darstellung vornimmt (durch gestrichelte Linien eingerahmt), belässt er sie zu den anderen Zeitpunkten so, wie er sie zuvor erstellt hat.

6.6.2.2 Alina – Integration mathematischer Aspekte

In Alinas Beschreibung ihrer eigenen Darstellungen lässt sich über die Interviewzeitpunkte hinweg verfolgen, wie sie ihre Erläuterungen zunehmend geordneter vornimmt und sich in den letzten Interviews stärker auf die mathematische Struktur der Textaufgabe bezieht. Besonders deutlich wird das erst im Follow-up-Test-Interview. Zu diesem Zeitpunkt zeigt sich bei Alina – ähnlich wie bei Oskar zu Beginn der Interviews – eine Trennung zwischen grafischer Darstellung und Berechnung der Aufgabenlösung (Rechnung).

Alinas Pretest-Darstellung kann als *objektbezogen* klassifiziert werden (vgl. Abschn. 6.5.3.1). Ihre Erklärung im Pretest-Interview (vgl. Abb. 6.7) bezieht sich auf die grafische Darstellung. Dabei unterbricht sie ihren ersten beschreibenden Satz und fügt

9   A: Ich hab mir gedacht, dass halt der Klaus oder. (..) Ich hab die Kiste vergessen da noch zu zeichnen. Da hatt ich keine Zeit
10   mehr, deshalb. Und das hab ich mir halt gedacht, dass der hier der Größte ist, der Klaus war des *zeigt auf (a.1)* Und des
11   hier *zeigt auf (a.2)* der Max und des hier *zeigt auf (a.3)* der Paul. Da hab ich mir gedacht, da kann ich ein bisschen halt
12   schauen. (...) Ja.

Abb. 6.7 Alinas Erklärung im Pretest-Interview (vgl. Ott 2016, S. 309)

ein, dass sie die Kiste zu zeichnen vergessen habe, und begründet dies mit dem Zeit-
faktor bei der Aufgabenbearbeitung (Z. 9–10). Anschließend setzt sie die Beschreibung
ihrer Darstellung fort. Dabei beschreibt sie jede Person, benennt sie und zeigt auch
darauf (Z. 10–11). Abschließend erklärt Alina, dass sie gedacht habe, die Darstellung
zum „Schauen" verwenden zu können (Z. 11–12) Was sie damit genau meint, erläutert
sie nicht. Da sie sich in der Erklärung der drei Personen auch qualitativ auf die Größe
von Klaus bezieht, indem sie feststellt, dass „der hier der Größte ist" (Z. 10), kann vermutet werden, dass sie die Größenunterschiede der Personen in ihrer Darstellung sehen
kann. Dieser qualitative Bezug zur Größe von Klaus ist die einzige mathematische
Äußerung in Alinas Erklärung. Alle anderen Aussagen beziehen sich inhaltlich auf die
Textaufgabe und bestehen in der Nennung der Kiste und der Namen.

Alinas Darstellung im Posttest kann als *implizit diagrammatisch* klassifiziert werden
(vgl. Abschn. 6.5.3.1). Dennoch geht sie in ihren Erläuterungen im Posttest-Interview
(vgl. Abb. 6.8), wie bereits im ersten Interview, nicht auf die mathematische Struktur
ein. Ihre Beschreibung formuliert sie nun jedoch geordnet, ohne Rückgriffe oder
Ergänzungen. Sie erklärt zunächst, was sie gezeichnet hat, und bezieht dabei jedes
Element ihrer grafischen Darstellung mit ein (Z. 7–8). Die Beschriftung der einzelnen
Personen mit Namen begründet sie darüber hinaus darstellungsbezogen: „damit ich sie
nicht verwechsle" (Z. 8). Erst nach der Beschreibung ihrer Darstellung macht sie einen
kleinen Einschub, dass sie aus Versehen einen Strich auf das Papier gemacht hätte, der
mit der Darstellung nichts zu tun habe (Z. 8). Neu ist, dass sich Alina, nachdem sie
die Darstellung beschrieben hat, indirekt auf mathematische Elemente bezieht, indem
sie äußert: „und ich hab halt [*lacht*] gerechnet" (Z. 8–9). Was sie genau gerechnet hat,
erwähnt sie nicht und bezieht damit auch die mathematische Struktur nicht weiter ein.
Deutlich zeigt sich hier in ihrer Erklärung eine Trennung zwischen der grafischen Darstellung und der Berechnung der Aufgabenlösung. Im Gegensatz zum Pretest-Interview
wird hier jedoch der Gedanke in ihrer Äußerung deutlich, dass zur Aufgabenlösung
gerechnet werden muss. Das impliziert den Gedanken, dass mathematische Elemente in

7   A: *lacht* Ok, ich hab einfach Paul, Klaus und Max gezeichnet. Den Max hab ich auf eine Kiste *zeigt auf (a.1)*. Hab oben
8   drüber geschrieben, damit ich sie nicht verwechsle. Da hab ich aus Versehen einen Strich, aber und ich hab halt *lacht*
9   gerechnet.

Abb. 6.8 Alinas Erklärung im Posttest-Interview (vgl. Ott 2016, S. 311)

10   A: Ah, hab mir einfach gedacht, ähm *lacht* hab halt einfach ein Strich gemalt. Und, em, das is der Klaus mit 98 cm *zeigt auf*
11   *(a.1)* und der Paul *zeigt auf (a.2)* und der Max *zeigt auf (a.3)* Also jeder hat sein eigenen Strich. Dann hab ich halt
12   einfach geguckt, weil wenn der Max 78 cm groß is und auf eine hohe, auf eine 20 cm hohe Kiste steigt und genauso
13   groß is wie Klaus, muss man einfach 78 plus 20 rechnen is 98. Und em, dann müsste man 98 minus 15 rechnen, das war
14   dann 83. Dann hab ich noch hingeschrieben Paul ist 83 cm groß.

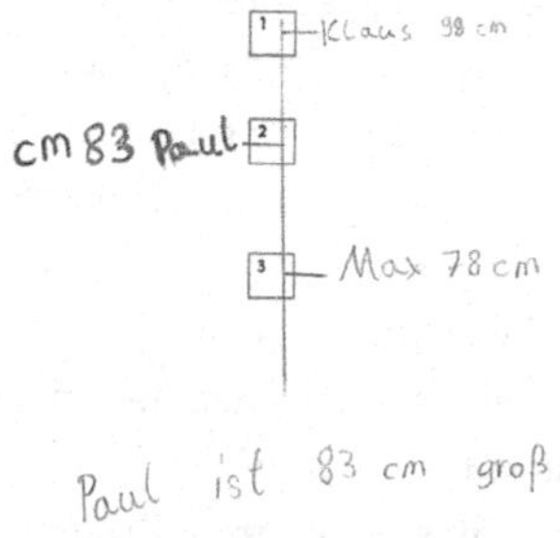

Abb. 6.9   Alinas Erkärung im Follow-up-Test-Interview (vgl. Ott 2016, S. 312)

der Aufgabe wichtig sind. Alinas Lachen bei dieser Äußerung könnte zusätzlich darauf hinweisen, dass sie zwischen grafischer Darstellung und Rechnung trennt und weiß, dass in der Aufgabenstellung keine Rechnung, sondern eine Zeichnung gefordert ist.

Alinas Darstellung im Follow-up-Test kann als *implizit diagrammatisch* klassifiziert werden (vgl. Abschn. 6.5.3.1). In ihrer Erläuterung im Follow-up-Test-Interview (vgl. Abb. 6.9) beschreibt sie sowohl ihre grafische Darstellung als auch die Berechnung der Aufgabenlösung. Bei beidem bezieht sie nun explizit Elemente der mathematischen Struktur mit ein. Ihre Erläuterung formuliert sie geordnet ohne Einschübe oder Rückgriffe.

Alina beginnt ihre Erläuterung direkt mit der grafischen Darstellung, indem sie fest-stellt: „hab halt einfach ein Strich gemalt" (Z. 10). Einen Bezug zur Textaufgabe stellt sie im Anschluss daran her, indem sie zeigt, welcher kleine Strich für welche Person steht (Z. 10–11), und verstärkend hinzufügt: „Also jeder hat sein eigenen Strich" (Z. 11). Die mathematischen Zusammenhänge, die sich aus dieser Darstellung ergeben, erwähnt sie nicht in ihrer Erläuterung. Stattdessen beschreibt sie die mathematische Struktur ohne direkten Bezug zur grafischen Darstellung: „weil wenn der Max 78 cm groß is und auf eine hohe, auf eine 20 cm hohe Kiste steigt und genauso groß is wie Klaus" (Z. 12–13). Der Hinweis zuvor, dass sie „einfach geguckt" habe (Z. 12), kann sich zwar auf die Dar-stellung beziehen. Er kann sich aber auch auf die Textaufgabe beziehen, worauf die fast wörtliche Wiedergabe des Textes hindeutet. Ihre weiteren Erläuterungen beinhalten alle im Text gegebenen Elemente der mathematischen Struktur. Sie beziehen sich nicht auf die grafische Darstellung, sondern auf die Berechnung der Aufgabenlösung, d. h. darauf, wie Alina gerechnet hat oder nun denkt, dass man rechnen „muss" oder „müsste" (Z. 13–14). Anschließend verweist sie auf ihren Antwortsatz (Z. 14).

Insgesamt zeigt sich bei Alina erst im Interview zum Follow-up-Test eine deut-liche Zunahme von Elementen der mathematischen Struktur in ihrer Erläuterung der grafischen Darstellung. Zuvor waren diese an einigen Stellen höchstens indirekt erkennbar. Nun benennt sie alle Strukturelemente explizit. Die Darstellung ist jedoch implizit diagrammatisch. Zwar zeigt sich hier eine Trennung zwischen der Berechnung und der grafischen Darstellung, wobei die mathematischen Elemente bei der Beschreibung der Berechnung auftreten, aber Alina fügt als Überleitung zwischen Darstellung und Rechnung den Text der Aufgabe ein, in dem Größen und deren Verknüpfung angegeben sind. Sowohl darin als auch in den nicht mehr auftretenden Einschüben in den Erklärungen zeigt sich zudem die Entwicklung einer geordneten Beschreibung.

6.7   Zusammenfassung und Diskussion

Ziel der qualitativen Analyse der grafischen Darstellungen und Erklärungen war es, Entwicklungsverläufe von Kindern der Interventionsgruppe während der auf Darstellungsbewusstheit ausgerichteten Intervention (vgl. Abschn. 6.5.1) zu ermitteln und exemplarisch zu verdeutlichen. Das Design der Studie als Längsschnitt ermöglicht es, derartige intraindividuelle Unterschiede zu ermitteln und so Verläufe nachzuzeichnen (Schmitz und Perels 2006). Die in der qualitativen Analyse beobachteten Entwicklungsverläufe zeigen exemplarisch, wie sich die Darstellungen und Erklärungen der Kinder im Verlauf der Untersuchung in mathematischer Hinsicht zunehmend weiterentwickeln. Die quantitative Analyse zeigt, dass die hier dargestellten Entwicklungsverläufe zwar typisch, jedoch nicht bei jedem Kind feststellbar sind (Ott 2016). Derartige Stagnationen müssten gesondert untersucht und genauer analysiert werden.

In den exemplarischen Entwicklungsverläufen der grafischen Darstellungen zeigt sich, wie die Kinder Darstellungsideen vorheriger Testzeitpunkte aufgreifen und zunehmend mathematisieren. Bei Ole ist das beispielsweise darin erkennbar, dass er im Posttest und Follow-up-Test ähnlich zeichnet, die grafischen Darstellungen jedoch im Follow-up-Test mit Größenangaben (Typ A und B) bzw. einem weiteren Baum zur Darstellung der Beziehungen (Typ B) erweitert. Damit achtet er auf die mathematische Struktur und Passung. Besonders interessant ist Dianas Entwicklung. Wie Ole erweitert sie ihre grafischen Darstellungen des Pretests beispielsweise um Größenangaben. Bei den Aufgaben des Typs B und C nutzt sie jedoch zusätzlich die Freiheiten, die die Aufgabenformulierung zulässt, und ändert auch die Anordnung der Zeichen auf dem Papier. Während Ole in der „Fichten-Aufgabe" beginnt, Anordnungen für mathematische Beziehungen zu entwickeln, ist bei Diana hier bereits eine Flexibilität zu erkennen. Gleichzeitig verwendet sie zur Darstellung der mathematischen Beziehungen auch neue Zeichen im Vergleich zum Pretest: Pfeile, um Abstände oder Zeitdauern auszudrücken, und das Pluszeichen, um die additive Verknüpfung darzustellen. Sie integriert somit Elemente deskriptionaler Darstellungen in ihre depiktionale Darstellung (vgl. Abschn. 6.2.3). Das entspricht Beobachtungen von Lesh et al. (1987, 1983), dass Lernende beim Darstellungswechsel von einem mathematischen Text in ein anderes Darstellungssystem häufig mehrere Darstellungssysteme hintereinander oder parallel verwenden und für die Darstellung von Beziehungen formale Symbole nutzen (vgl. Abschn. 6.3.2). Jedoch drückt Diana die mathematischen Beziehungen nicht nur durch formale Symbole aus, sondern auch durch die Anordnung der Zeichen auf dem Papier. Sie nutzt also auch die Möglichkeiten der depiktionalen Darstellung und ergänzt diese um die Relationszeichen. Inwieweit ihre Flexibilität im grafischen Darstellen mit einer hohen Problemlösekompetenz hinsichtlich des Lösens von Textaufgaben zusammen-hängt, wie von Lesh et al. (1987) postuliert, müsste in weiteren Untersuchungen geklärt werden. Im Posttest und Follow-up-Test löst Diana alle Aufgaben korrekt, was ein Hinweis darauf sein könnte.

Auch in den exemplarischen Entwicklungsverläufen der Erklärungen zu den eigenen grafischen Darstellungen zeigt sich die zunehmende Mathematisierung. Hier ist zu erkennen, dass für Oskar die Rechnungen zunächst unabhängig von der grafischen Dar-stellung waren, für Alina zunächst die mathematischen Aspekte für die grafische Dar-stellung ebenfalls keine Rolle spielten. Für beide stellt im Verlauf der Untersuchung die Textaufgabe das Verbindungsglied zwischen Rechnung und grafischer Darstellung dar: Sie nutzen den Sachkontext, um damit die grafischen Darstellungen und Rechnungen zu erläutern. Ähnliches ist in den Entwicklungsverläufen der grafischen Darstellungen bei Diana und Ole zu erkennen: Auch hier ist der Sachkontext für die Kinder nicht bedeutungslos, sondern in den grafischen Darstellungen jeweils deutlich zu erkennen, was sich im Abstraktionsgrad der Darstellungen zeigt. Gleichzeitig berücksichtigen sie stärker Elemente der mathematischen Struktur. Die Kinder konstruieren somit zunehmend mathematische Beziehungen im Sachkontext und reduzieren die grafischen Darstellungen nicht völlig auf die mathematischen Elemente. Das kann im Sinne Schwarzkopfs (2006) als eine Erweiterung verstanden werden, indem im Sachkontext eine mathematische Anpassung an die Aufgabe hergestellt wird (vgl. Abschn. 6.3.2).

Sowohl die Analyse von Entwicklungsverläufen auf Grundlage der grafischen Dar-stellungen als auch jene auf Grundlage der Erklärungen zeigt, dass der Darstellungs-wechsel von einer Textaufgabe zu einer grafischen Darstellung eine Herausforderung für die Lernenden darstellt (Abschn. 6.2.2). Vor der Intervention werden kaum Elemente der mathematischen Struktur von den Kindern dargestellt, nach der Intervention werden sie zunehmend berücksichtigt. Bei Ole bezieht sich das zunächst auf die struktur-relevanten Objekte, kaum auf mathematische Beziehungen. Es zeigt sich, dass das Erstellen einer grafischen Darstellung zu einer Textaufgabe ein komplexer, individueller Prozess ist. Obwohl alle Kinder dieselbe Intervention durchlaufen und dieselben Auf-gaben vorgelegt bekommen, setzen sie in ihren eigenen grafischen Darstellungen und in ihren Erklärungen unterschiedliche Schwerpunkte. Auch wenn in den Entwicklungen ähnliche Tendenzen erkennbar sind, beispielsweise die Zunahme an Ausführlich-keit in den Erklärungen bzw. die zunehmende Mathematisierung in den grafischen Darstellungen, bleiben die Erklärungen und grafischen Darstellungen der Kinder individuell verschieden. Wenngleich diese Fallanalysen keine Verallgemeinerungen zulassen, so können sie doch zeigen, welche Chancen die vorgestellte, auf Darstellungs-bewusstheit abzielende Intervention bietet, die die Kinder nicht auf weitere grafische

Schematisierungen neben der symbolischen Darstellung festlegt, sondern ihnen Entfaltungsmöglichkeiten bietet, auf ihre eigene Art und Weise die Welt auf Papier zu fixieren.

Sowohl die Entwicklungsverläufe auf Grundlage der Kinderdokumente als auch auf Grundlage der Interviews zeigen exemplarisch eine zunehmende Ausführlichkeit der grafischen Darstellungen und der Erklärungen. Eine mögliche Erklärung hierzu kann in Anlehnung an Cox (1999) gefunden werden: Darstellungen, die für eine potenzielle Öffentlichkeit bestimmt sind, werden meist reichhaltiger ausgearbeitet als private Darstellungen. In diesem Sinne könnte die zunehmende Ausführlichkeit der grafischen und mündlichen Darstellungen der Kinder auf ihrer Bewusstheit für eine potenzielle Öffentlichkeit beruhen. Demgemäß würde sich darin ein Adressatenbezug widerspiegeln. Eine andere mögliche Erklärung liegt im Design und dem Ziel der Intervention (vgl. Abschn. 6.5.1): Die zunehmende Ausführlichkeit der Darstellungen und der Erklärungen im Verlauf der Intervention kann auch darauf zurückgeführt werden, dass die Schülerinnen und Schüler zunehmend eine Bewusstheit für die wesentlichen Elemente grafischer Darstellungen entwickelt und sich zu eigen gemacht haben. Dieser Erklärungsansatz würde auf Grundlage der grafischen Darstellungen und Erklärungen durch die Selbstständigkeit und Spontaneität gestützt werden, die von den Schülerinnen und Schülern sowohl in den Tests als auch in den Interviews verlangt wurde. Die Elemente, die ihre Darstellungen und Erklärungen ausführlicher machen, waren für sie in diesen Situationen verfügbar und konnten umgesetzt und angewandt werden. Natürlich ist ein Effekt der dreimaligen Test- und fünfmaligen Interviewwiederholung hier nicht auszuschließen. Dennoch entwickeln sich sowohl die Darstellungen als auch die Erklärungen individuell. Ein Wiederholungseffekt hätte somit ebenfalls zur Bewusstheitsentwicklung bezüglich der speziellen Aufgaben und Fragestellungen beigetragen. Da die grafischen Darstellungen und Erklärungen nicht nur allgemein ausführlicher wurden, sondern auch zunehmend durch mathematische Strukturen geprägt waren – was auch die quantitative Analyse zeigt (vgl. Ott 2016) –, lässt sich im Rahmen dieses Erklärungsansatzes vermuten, dass die Schülerinnen und Schüler im Verlauf der Intervention eine Bewusstheit für mathematische Strukturen in grafischen Darstellungen entwickelt haben.

Insgesamt stützen die Entwicklungsverläufe Beobachtungen von Rasch, dass „Passungsdefizite [zwischen Textaufgaben und grafischen Darstellungen] im Lauf der Grundschulzeit immer besser ausgeglichen werden können, die Bearbeitung an Zielgerichtetheit gewinnt" (Rasch 2001, S. 304). Die Zielgerichtetheit kann hier als eine Zunahme der Beachtung der mathematischen Strukturen der Textaufgaben in den Darstellungen und Erklärungen verstanden werden. Jedoch ist dies kein Prozess, der automatisch und von selbst passiert, der aber durch Reflexionsgespräche über selbst generierte grafische Darstellungen gefördert werden kann. Das zeigen zum einen die grafischen Darstellungen des Pretests, die am Ende des 2. Schuljahres angefertigt wurden und kaum Elemente der mathematischen Struktur enthalten. Zum anderen werden diese Beobachtungen durch die Ergebnisse aus dem quantitativen Teil der

Mixed-Methods-Studie gestützt, in dem sich signifikante Unterschiede zwischen den drei Gruppen der Untersuchung zeigen: In der Interventionsgruppe werden nach der Intervention signifikant häufiger Elemente der mathematischen Struktur in den grafischen Darstellungen beachtet als in den Kontrollgruppen (Ott 2016).

6.8   Fazit

Um die Kinder in der Entwicklung ihren Darstellungskompetenzen zu unterstützen und zu fördern, ist es notwendig, das Erstellen von grafischen Darstellungen zu Textaufgaben nicht nur als Hilfsmittel zu thematisieren, sondern auch als eigenen Unterrichtsgegenstand ins Zentrum zu rücken. Um grafische Darstellungen als Hilfsmittel nutzen zu können, ist es notwendig, dass der Darstellungswechsel gelingen kann. Ansonsten kann das Erstellen einer grafischen Darstellung statt zu einem Hilfsmittel zu einer zusätzlichen Hürde beim Bearbeiten von Textaufgaben werden. Die Ergebnisse der Studie zeigen, dass ein Unterricht, in dem die Kinder selbst grafische Darstellungen erstellen und anschließend im Klassengespräch darüber reflektieren, diese dabei unterstützen und fördern kann.

Literatur

Cox R (1999) Representation construction, externalised cognition and individual differences. Learn Instr 9:343–363

Diezmann C (2002) Enhancing students' problem solving through diagram use. Aust Primary Math Classroom 7(3):4–8

Dijk IMAW, van Oers B, Terwel J (2003) Providing or designing? Constructing models in primary maths education. Learn Instr 13:53–72

Donaldson M (1982) Wie Kinder denken. Huber, Bern

Dörfler W (2005) Inskriptionen und mathematische Objekte. In G Graumann (Hrsg) Beiträge zum Mathematikunterricht 2005: Vorträge auf der 39. Tagung für Didaktik der Mathematik vom 28.2. bis 4.3.2005 in Bielefeld. Franzbecker. Hildesheim, S 171–174

Dörfler W (2006) Diagramme und Mathematikunterricht. J Math-Didaktik 27(3–4):200–219

Dörfler W (2015) Abstrakte Objekte in der Mathematik. In G Kadunz (Hrsg) Semiotische Perspektiven auf das Lernen von Mathematik. Springer. Wiesbaden, S 33–49

Duval R (2006) A cognitive analysis of problems of comprehension in a learning of mathematics. Educ Stud Math 61:103–131

Essen G, van Hamaker C (1990) Using self-generated drawings to solve arithmetic word problems. J Educ Res 83(6):301–312

Fagnant A, Vlassis J (2013) Schematic representations in arithmetical problem solving: analysis of their impact on grade 4 students. Educ Stud Math 84:149–168

Franke M, Ruwisch S (2010) Didaktik des Sachrechnens in der Grundschule, 2. Aufl. Spektrum, Heidelberg

Freudenthal H (1983) Wie entwickelt sich reflexives Denken? Neue Sammlung 23:485–497

Freudenthal H (1991) Revisiting mathematics education. Kluwer, Dordrecht

Goldin GA, Kaput J (1996) A joint perspective on the idea of representation in learning ans doing mathematics. In: Steffe LP, Nesher P, Cobb P, Goldin GA, Greer B (Hrsg) Theories of mathematical learning. Earlbaum, Mahwah, S 397–430

Goldin GA, Shteingold N (2001) Systems of Representations and the Development of Mathematical Concepts. In: Cuoco A, Curcio FR (Hrsg) The roles of representation in school mathematics. National Council of Teachers of Mathematics, Reston, S 1–23

Gravemeijer K (2010) Preamble: from models to modeling. In: Gravemeijer K, Lehrer R, van Oers B, Verschaffel L (Hrsg) Symbolizing, modeling and tool use in mathematics education. Springer. Dordrecht, S 7–22

Gravemeijer K, Lehrer R, Bv Oers, Verschaffel L (2010) Symbolizing, modeling and tool use in mathematics education. Springer, Dordrecht

Hasemann K (2006) Rechengeschichten und Textaufgaben – Vorgehensweisen, Darstellungsformen und Einsichten von Kindern am Ende des 2. Schuljahres. In: Rathgeb-Schnierer E, Roos U (Hrsg) Wie rechnen Matheprofis? Ideen und Erfahrungen zum offenen Mathematikunterricht. Oldenbourg, München, S 15–26

Kadunz G (2003) Visualisierung. Die Verwendung von Bildern beim Lernen von Mathematik, München

KMK (2005) Bildungsstandards im Fach Mathematik für den Primarbereich. Beschluss vom 15.10.2004. Luchterhand, München

Kuhnke K (2013) Vorgehensweisen von Grundschulkindern beim Darstellungswechsel. Springer Spektrum, Wiesbaden

Kuntze S (2013) Vielfältige Darstellungen nutzen im Mathematikunterricht. In: Sprenger J, Wagner A, Zimmermann M (Hrsg) Mathematik lernen, darstellen, deuten, verstehen. Didaktische Sichtweisen vom Kindergarten bis zur Hochschule. Springer, Wiesbaden, S 17–33

Larkin JH, Simon HA (1987) Why a diagram is (Sometimes) worth ten thousand words. Cogn Sci 11:65–99

Latour B, Woolgar S (1986) Laboratory life. The construction of scientific facts. Princeton University Press, Princeton

Lesh RA, Landau M, Hamilton E (1983) Conceptual models in applied mathematical problem solving. In: Lesh RA, Landau M (Hrsg) Acquisition of mathematics concepts and processes. Academic press, New York

Lesh RA, Post T, Behr M (1987) Representations and translations among representations in mathematics learning and problem solving. In: Janvier C (Hrsg) Problems of representation in the teaching and learning of mathematics. Lawrence Erlbaum Associates, Hillsdale, S 33–40

Lopez Real F, Veloo PK (1993) Children's use of diagrams as a problem-solving strategy. In Hirabayashi N, Shigematsu L (Hrsg) Proceedings of the seventeenth international conference for the psychology of mathematis education. University of Tsukuba. Tsukuba, S 169–176

Mason J (1987) „Erziehung kann nur auf die Bewußtheit EInfluß nehmen". mathematik lehren 21:4–5

Mayring P (2010) Qualitative Inhaltsanalyse: Grundlagen und Techniken, 11. Aufl. Beltz, Weinheim

Meira L (2010) Mathematical representations as systems of notations-in-use. In: Gravemeijer K, Lehrer R, Oers Bv, Verschaffel L (Hrsg) Symbolizing, modeling ans tool use in mathematics education. Springe, Dordrecht, S 87–103

Nührenbörger M, Schwarzkopf R (2010) Die Entwicklung mathematischen Wissens in sozial-interaktiven Kontexten. In: Böttinger C, Bräuning K, Nührenbörger M, Schwarzkopf R, Söbbeke E (Hrsg) Mathematik im Denken der Kinder. Anregungen zur mathematikdidaktischen Reflexion. Klett Kallmeyer, Seelze

Ott B (2015) Qualitative Analyse grafischer Darstellungen zu Textaufgaben: Eine Untersuchung von Kindezeichnungen in der Primarstufe. In: Kadunz G (Hrsg) Semiotische Perspektiven auf das Lernen von Mathematik. Springer, Heidelberg, S 163–182

Ott B (2016) Textaufgaben grafisch darstellen: Entwicklung eines Analyseinstruments und Evaluation einer Interventionsmaßnahme. Waxmann, Münster

Padberg F, Benz C (2011) Didaktik der Arithmetik, vol 4. Spektrum, Heidelberg

Palmer SE (1978) Fundamental aspects of cognitive representation. In: Rosch E, Lloyd BB (Hrsg) Cognition and categorization. Erlbaum, Hillsdale, S 259–303

Peschek W (1988) Untersuchungen zur Abstraktion und Verallgemeinerung. In: Dörfler W (Hrsg) Kognitive Aspekte mathematischer Begriffsentwicklung. Hölder-Pichler-Tempsky, Wien, S 127–190

Polya G (1967) Schule des Denkens, vol 2. Bern, Francke

Presmeg N, & Nenduradu R (2005) An investigation of preservice teacher's use of representations in solving algebraic problems involving exponential relationships In: Chick HL, Vincent JL (Hrsg) Proceedings of the 29th conference of the international group of psychology of mathematics education. International Group For The Psychology Of Mathematics Education, Melbourne, Bd 4, S 105–112

Rasch R (2001) Zur Arbeit mit problemhaltigen Textaufgaben im Mathematikunterricht der Grundschule. Franzbecker, Hildesheim

Rinkens HD (1973) Abstraktion und Struktur: Grundbegriffe der Mathematikdidaktik. Henn, Ratingen

Roth W-M, McGinn MK (1998) Inscriptions: toward a theory of representing as social practice. Rev Educ Res 68(1):35–59

Schipper W (2009) Handbuch für den Mathematikunterricht an Grundschulen. Schroedel, Braunschweig

Schmidt-Thieme B (2003) Gute Aufgaben als Ausgangspunkt für mathematische Reflexion. Mildenberger, Offenburg

Schmitz B, Perels F (2006) Potentiale der Zeitreihenanalyse in der Pädagogischen Psychologie. In: Ittel A, Mertens H (Hrsg) Veränerungsmessung und Längsschnittstudien in der empirischen Erziehungswissenschaft. VS Verlag, Wiesbaden

Schnotz W (1994) Wissenserwerb mit logischen Bildern. In: Weidenmann B (Hrsg) Wissenserwerb mit Bildern: Instruktionale Bilder in Printmedien, Film/Video und Computerprogrammen. Huber, Bern, S 95–147

Schnotz W (2001) Wissenserwerb mit Multimedia. Unterrichtswissenschaft 29(4):292–318

Schnotz W (2014) Visuelle kognitive Werkzeuge beim Mathematikverstehen. In: Roth J, Ames J (Hrsg) Beiträge zum Mathematikunterricht 2014. Vorträge auf der 48. Tagung für Didak-tik der Mathematik. WTM, Münster, S 45–52

Schnotz W, Baadte C, Müller A, & Rasch R (2011) Kreatives Denken und Problemlösen mit bildlichen und beschreibenden Repräsentationen. In: Sachs-Hombach K, Totzke R (Hrsg) „Bilder – Sehen – Denken" – zum Verhältnis von begrifflich-philosophischen und empirisch-psychologischen Ansätzen in der bildungswissenschaftlichen Forschung. Halem, Köln, S 204–252

Schreiber C (2010) Semiotische Prozess-Karten. Waxmann, Münster

Schülke C (2013) Mathematische Reflexion in der Interaktion von Grundschulkindern. Waxmann, Münster

Schwarzkopf R (2006) Elementares Modellieren in der Grundschule. In: Büchter A, Humenberger H, Hussmann S, Prediger S (Hrsg) Realitätsnaher Mathematikunterricht: Vom Fach aus und für die Praxis. Franzbecker, Hildesheim, S 95–105

Sherin BL (2000) How students invent representation of motion: a genetic account. J Math Behav 19(4):399–441

Söbbeke E (2005) Zur visuellen Strukturierungsfähigkeit von Grundschulkindern. Epistemologische Grundlagen und empirische Fallstudien zu kindlichen Strukturierungs- prozessen mathematischer Anschauungsmittel. Franzbecker, Hildesheim

Steinweg AS (2002) Ich freu' mich so, dass ich 1.-Schuljahr-Aufgaben rechnen darf. Grundschul- unterricht 10:17–20

Steinweg AS (2009) Handreichung Schulanfangsphase Mathematik. TransKiGs, Berlin

Stern E (2009) The development of mathematical competencies. Sources of individual differences and their developmental trajectories. In: Schneider W, Bullok M (Hrsg) Human development from early childhood to early adulthood: evidence from the Munich longitudinal study on the genesis of individual competencies (LOGIC). Erlbaum, Mahwah, S 221–236

Stern E, Aprea C, Ebner HG (2003) Improving criss-content transfer in text processing by means of active graphical representations. Learning and Instruction 13(2):191–203

Strauss AL, Corbin JM (1996) Grounded Theory: Grundlagen qualitativer Sozialforschung. Beltz, Weinheim

Sturm N (2017) Problemhaltige Textaufgaben lösen. Springer Spektrum, Wiesbaden

Veloo PK, Lopez Real F (1994) Drawing diagrams and solving word problems: a study of a sample of bruneian primary and secondary school children. http://www.merga.net.au/ documents/RP_Veloo_Real_1994.pdf. Zugegriffen: 12. Jan 2015

Voigt J (1993) Unterschiedliche Deutungen bidlicher Darstellungen zwischen Lehrerin und Schülern. In: Lorenz JH (Hrsg) Mathematik und Anschauung. Aulis, Köln S 147–166

Wygotski LS (1964) Denken und Sprechen. Akademie, Berlin

Teil III
Zeichen hören und Zeichen sehen

Translanguaging im Mathematikunterricht

7

Unterschiedliche Funktionen der Erst- und Zweitsprache beim mehrsprachigen Lehren und Lernen von mathematischen Inhalten

Angel Mizzi

Inhaltsverzeichnis

A. Mizzi (✉)
Universität Duisburg-Essen, Essen, Deutschland
E-Mail: angel.mizzi@uni-due.de

© Springer-Verlag GmbH Deutschland, ein Teil von Springer Nature 2020
G. Kadunz (Hrsg.), *Zeichen und Sprache im Mathematikunterricht*,
https://doi.org/10.1007/978-3-662-61194-4_7

7.1   Einleitung

Im Mathematikunterricht ist Sprache nicht nur ein Mittel, um mathematische Inhalte zu
vermitteln und zu kommunizieren, sondern auch ein Werkzeug, um kognitiv zu neuen
Erkenntnissen über mathematisches Wissen zu gelangen (Maier und Schweiger 1999).
Dabei sollen die kommunikative und die kognitive Funktion von Sprache nicht völlig
isoliert voneinander betrachtet werden, da sie sich gegenseitig unterstützen (Wessel
2015). Studien zur Rolle der Sprache beim Mathematiklernen und -lehren heben die
Bedeutung der Vernetzung von fachlichem und sprachlichem Lernen im Mathematikunterricht hervor (z. B. Wessel 2015; Mizzi 2017). Sprache ist nicht nur Lernmedium im
Mathematikunterricht, sondern kann auch ein Gegenstand des Lernens sein, wenn die
mathematische Sprache entwickelt und dabei neues mathematisches Wissen konstruiert
wird. Weitere Studien über Mehrsprachigkeit haben gezeigt, wie wichtig es ist, die Erstsprache der Lernenden beim Mathematiklernen zu berücksichtigen (z. B. Cummins
1981). Jedoch liegen bislang kaum Studien dazu vor, wie Mehrsprachigkeit besonders
durch Mathematiklehrkräfte im Unterricht integriert werden kann, um mathematisches
Wissen zweisprachig zu vermitteln und zu konstruieren.

In dieser Fallstudie wird die Rolle zweier Sprachen, die sowohl von Lehrenden als
auch von Lernenden gesprochen werden, beim Lehren und Lernen von mathematischen
Inhalten im Primarbereich untersucht. Insbesondere wurden Lehrpersonen und
deren Einsatz zweier Sprachen bei der Einführung von mathematischen Inhalten
beobachtet, um neue Erkenntnisse über die Funktionen der Sprachen in mehrsprachigen
Lehr-Lern-Umgebungen zu gewinnen. Zu beobachten ist, dass die mathematische
Sprache in einem mehrsprachigen Kontext im Sinne des Translanguaging, auch bekannt
als translingualer Unterricht, aus zwei Sprachen konstruiert ist, wobei angenommen
wird, dass jede Sprache eigene Funktionen im mathematischen Lehr-Lern-Prozess hat.
Solche Erkenntnisse sollen verdeutlichen, dass es sich beim Translanguaging nicht
nur um die Übersetzung von einer Sprache in die andere handelt, sondern dass beide
Sprachen unterschiedliche Potenziale haben, um das mathematische Lehren und Lernen
unter Berücksichtigung der Mehrsprachigkeit effektiver zu gestalten und zu fördern.

7.2   Theoretische Grundlagen

In den folgenden Abschnitten sollen die für diese Studie wichtigsten theoretischen
Grundlagen wie der Begriff des Translanguaging in unterrichtlichen Kontexten und die
unterschiedlichen Darstellungen im Mathematikunterricht sowie zwei Theorien über die
Konstruktion mathematischen Wissens aus kognitiver Perspektive erläutert werden.

7.2.1 Codeswitching und Translanguaging in Lehr- und Lernprozessen

In der sprachwissenschaftlichen Forschung über Mehrsprachigkeit wird häufig der Begriff Codeswitching verwendet. Codeswitching bezeichnet den Prozess des Wechselns von einer Sprache in eine andere auf diskursiver Ebene, wobei insbesondere bilinguale Individuen im Fokus stehen, die mehrere Sprachen nutzen, um sich untereinander verständigen zu können. Im Kontrast zu Codeswitching findet der Begriff Translanguaging in der Forschung zum mehrsprachigen Bildungskontext Anwendung und wurde zuerst von Williams (2002) definiert. Unter Translanguaging versteht er Lehrpraktiken, in denen eine Sprache zur Verstärkung einer anderen im Unterricht eingesetzt wird, um das Schülerverständnis beim Lernen zu fördern und um die Schülerbeteiligung in den Lernprozessen durch die Anwendung beider Sprachen zu erhöhen. Die Anwendung zweier Sprachen in Lehr- und Lernprozessen ist kognitiv anspruchsvoll und sollte nicht lediglich auf das Übersetzen von einer Sprache in die andere reduziert werden, wie Lewis et al. (2012) in Bezug auf die theoretischen Ansätze zum Translanguaging von Williams (1996) feststellen:

> The process of translanguaging uses various cognitive processing skills in listening and reading, the assimilation and accommodation of information, choosing and selecting from the brain storage to communicate in speaking and writing. Thus, translanguaging requires a deeper understanding than just translating as it moves from finding parallel words to processing and relaying meaning and understanding. (Lewis et al. 2012, S. 644)

In ähnlicher Weise bezeichnet Baker (2011, S. 288) Translanguaging als „the process of making meaning, shaping experiences, understandings and knowledge through the use of two languages". Vorteile vom translingualen Unterricht umfassen laut Baker ein tieferes Verständnis des Lerngegenstands und die Unterstützung der schwächeren Sprache im Lernprozess. Somit fokussiert Translanguaging auf die kognitiven Prozesse beim Lernen in zwei Sprachen und nicht lediglich auf die äußere kommunikative Form des Wechselns von einer Sprache zur anderen (dies entspräche eher dem Codeswitching). Dennoch ist ein Verständnis von Codeswitching eine Voraussetzung, um Erkenntnisse über die kognitiven Prozesse beim Lernen und Lehren in zwei Sprachen unter Einsatz des Translanguaging zu gewinnen.

7.2.2 Unterschiedliche Register und Mehrsprachigkeit

Mathematisches Wissen kann auf verschiedene Arten im enaktiven, ikonischen und symbolischen Repräsentationsmodus nach Bruner (1971) dargestellt werden. Unter Berücksichtigung von Mehrsprachigkeit für das mathematische Lernen und Lehren ist der symbolische Repräsentationsmodus, der auch das sprachliche Darstellen beinhaltet, von großer Bedeutung. Im Sinne von Translanguaging besteht die sprachliche Dimension im symbolischen Modus aus der Verschmelzung von zwei Sprachen für die Konstitution der mathematischen Sprache. Somit ist es interessant zu beobachten, welche sprachlichen Mittel aus welcher Sprache eingesetzt werden, um die mathematische Sprache zu bilden. Moschkovich (2005) betont, dass die Sprachregister und die im Lernprozess damit verbundenen Erfahrungen der Lernenden eine entscheidende Rolle spielen: „Students have had varied experiences with the mathematics register […] and mathematical discourse in each language" (Moschkovich 2005, S. 132 f.). Prediger und Wessel (2011) haben ein Modell zur Berücksichtigung der mehrsprachigen Vielfalt beim Darstellen von mathematischem Wissen entwickelt. In diesem Modell sind sechs Facetten für die verbal-sprachliche Darstellung von mathematischem Wissen erkennbar: drei für die Erstsprache (L1) und drei für die Zweitsprache (L2) (siehe Abb. 7.1).

Bei den sprachlichen Registern wird in diesem Modell von Prediger und Wessel (2011) zwischen Alltags-, Bildungs- und Fachsprache unterschieden und das Modell berücksichtigt die Entwicklung der einzelnen Sprachen von bilingualen Lernenden im Mathematikunterricht. Unter Alltagssprache versteht man die Art von Sprache, die eingesetzt wird, um in alltäglichen Situationen mit Familienmitgliedern oder Freunden zu kommunizieren. Das Alltagsregister wird eher mündlich verwirklicht, wird unterstützt von der nonverbalen Sprache (z. B. Gesten), ist kontextabhängiger und wird durch die Anwendung von Deixis sowie durch einfache Satzkonstruktionen charakterisiert. Bildungssprache ist das Register, das im Bildungskontext oder in Situationen, in denen ein anspruchsvoller Sachverhalt vermittelt wird, Anwendung findet. Die Fachsprache ist

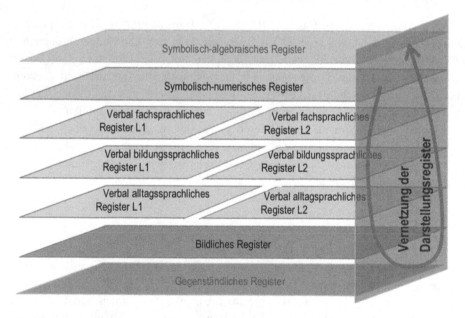

Abb. 7.1 Ein Modell unterschiedlicher Darstellungen mathematischen Wissens unter Berücksichtigung von Mehrsprachigkeit. Nach Prediger und Wessel (2011, S. 167)

ein Register, das vom Fach abhängig kontextunabhängiger und syntaktisch komplexer ist. Es gibt viele Gründe dafür, dass es wichtig ist, die unterschiedlichen Register in einem mehrsprachigen Bildungskontext zu berücksichtigen. Beispielsweise können bilinguale Lernende eine Sprache nur auf alltäglichem Niveau und die andere Sprache sowohl auf dem alltäglichen als auch auf bildungssprachlichem Niveau beherrschen.

7.2.3 Konstruktion mathematischen Wissens

In diesem Abschnitt werden zwei mathematische Theorien, die die Konstruktion mathematischen Wissens aus der individuellen Perspektive beschreiben, dargestellt. Nach der Theorie von Schwank (2003) gibt es zwei unterschiedliche kognitiven Herangehensweisen im mathematischen Denken. Sie differenziert zwischen prädikativem und funktionalem Denken. Zusätzlich spielen Erfahrungen, die ein Individuum im Lernprozess gesammelt hat, auch eine wichtige Rolle bei der individuellen Konstruktion bzw. Rekonstruktion mathematischen Wissens. Deshalb wird auch die Theorie von Bauersfeld (1983) über subjektive Erfahrungsbereiche thematisiert. Beide Theorien wurden ausgewählt, um eine Beziehung zum Konstrukt Mehrsprachigkeit herzustellen und die Berücksichtigung unterschiedlicher Sprachen beim Konstruieren mathematischen Wissens theoretisch zu fundieren.

7.2.3.1 Prädikatives und funktionales Denken

Aus kognitiver Sicht kann man zwischen zwei unterschiedlichen Herangehensweisen unterscheiden, in denen sich das mathematische Denken vollzieht: prädikativ und funktional (Schwank 2003). Das prädikative Denken fokussiert auf die Wahrnehmung von Gleichheiten. Wahrgenommene Objekte werden auf Gemeinsamkeiten und Ähnlichkeiten untersucht, um sie in einen strukturellen Zusammenhang zu bringen und zu ordnen. Im Gegensatz dazu treten beim funktionalen Denken Unterschiede während des Wahrnehmungsprozesses stärker in den Vordergrund. Verschiedene Objekte werden dabei durch hintereinandergeschaltete Konstruktionsprozesse ineinander überführt und somit in einen logischen Zusammenhang gebracht. Anders als beim prädikativen Denken ist beim funktionalen Denken, das häufig mit dem Denken in Bewegungen verbunden wird, kein Ordnungskriterium notwendig, sondern vielmehr ein Herstellungskriterium, was das Zustandekommen der Unterschiede begründet (vgl. Schwank 2003). Typisch für das prädikative Denken ist die statische Sichtweise auf mathematische Gegenstände, während die dynamische Perspektive charakteristisch für das funktionale Denken ist. Da diese Charakterisierung zentral für die Unterscheidung zwischen prädikativ und funktional in diesem Beitrag ist, werden die Begriffe statisch/dynamisch synonym mit prädikativ/funktional in diesem Kapitel verwendet.

Insbesondere um Einblicke in die mathematische Denkweise der Lernenden zu erhalten, ist die Externalisierung solcher Denkstile (z. B. Verbalisierung der kognitiven Prozesse) von großer Bedeutung in der qualitativen Forschung. Neben der Wahrnehmung ist die Sprache ein besonders wichtiges prädikatives Denkwerkzeug. Erst die konkrete Benennung einzelner Merkmale ermöglicht es, eine vorliegende Systematik ausfindig zu machen, und die Beziehung zwischen Prädikaten sprachlich aufzufassen und zu externalisieren (vgl. Schwank 2003).

Beim dynamischen Denken ist die Herausforderung, den dynamischen Prozess durch Sprache zu externalisieren, da die Vorstellung über das Entstehen der Veränderung nur im Moment des Konstruktionsprozesses, aber nicht zwangsläufig auch darüber hinaus existiert (vgl. Schwank 2003). So können z. B. bei der Externalisierung dynamischen Denkens auch Gesten bei der Beschreibung dynamischer Prozesse eine wichtige Rolle einnehmen.

Betrachtet man den Einsatz zweier Sprachen zur Verbalisierung des mathematischen Denkens, so stellt sich u. a. die Frage, ob beide Sprachen für die Externalisierung statischen oder dynamischen Denkens gleichmäßig eingesetzt werden oder ob eine der beiden Sprachen dominant ist.

7.2.3.2 Subjektive Erfahrungsbereiche

Betrachtet man, wie Individuen mathematisches Wissen konstruieren und wie das konstruierte Wissen in einer individuellen kognitiven Struktur geordnet wird, so ist die Theorie von Bauersfeld (1983) über subjektive Erfahrungsbereiche von zentraler Bedeutung. Bauersfelds Grundannahme lautet, dass sich die Erfahrungen eines Subjektes in subjektive Erfahrungsbereiche (SEB), die hauptsächlich isoliert voneinander sind, gliedern und dass andere Dimensionen wie Emotionen und Wiederholung die Aktivierung dieser SEB beeinflussen:

> Erfahrungen mache ich stets in einem Kontext, in einer konkreten Situation. Je stärker meine Emotionen sind, um so genauer kann ich mich später an Einzelheiten und Begleitumstände erinnern. Nie lerne ich nur kognitiv, stets sind phylogenetisch ältere Dimensionen beteiligt, wie Gefühle (Zwischenhirn) und Motorik (Kleinhirn). (Bauersfeld 1983, S. 7)
> Das Durchleben der gleichartigen Situation in mehrfacher Wiederholung trägt zur Verfestigung und damit zugleich zur Isolierung des zugeordneten SEB bei. Ein SEB umfaßt stets die Gesamtheit des als subjektiv wichtig Erfahrenen und Verarbeiteten in der aufgenommenen Vielschichtigkeit. Deshalb kann ein SEB auch über jedes der in ihm präsenten und mit Emotion belegten Elemente – Wort, Geruch, Bild, Handlung usw. – wieder aus dem Gedächtnis abgerufen werden. (Bauersfeld 1983, S. 7)

Weitere Grundannahmen in der Theorie von Bauersfeld sind, dass die SEB nicht hierarchisch geordnet sind, dass sie um Aktivierung konkurrieren und dass sie sich während des Lernprozesses andauernd verändern und vermehren. Laut Bauersfeld (1983) soll ein reichhaltiger Mathematikunterricht als Leitziel die Verknüpfung isolierter SEB und die Bildung von SEB fördern. Besonders interessant für diese Studie über Translanguaging ist die Bildung von SEB bilingualer Lernender beim translingualen Mathematiklernen bzw. -lehren. Die Theorie von Bauersfeld führt u. a. zu den Fragen:

Stehen zwei Sprachen bei der Bildung von SEB in Konkurrenz? Kann man bestimmte Muster beobachten, wenn eine Sprache in translingualen mathematischen Lehr- und Lernprozessen dominanter ist als die andere?

7.3 Forschungsinteresse und Design der Studie

7.3.1 Rahmenbedingungen, Forschungsziel und -fragen

Der Forschungsgegenstand dieser Studie ist Translanguaging im Mathematikunterricht, insbesondere die Funktionen der eingesetzten Sprachen für das Lehren und Lernen von Mathematik in einem mehrsprachigen Kontext. Grundlegende Voraussetzungen in dieser Studie sind, dass die Lehrenden und Lernenden beide Sprachen beherrschen und dass beide Sprachen den gleichen Status in der Gesellschaft, in der Translanguaging in Bildungskontexten die Norm ist, haben. Aus diesen Gründen wurde diese Studie auf Malta durchgeführt, da hier beide Sprachen (Maltesisch und Englisch) in den Primar- und Sekundarschulen als Lernmedium eingesetzt werden. Insbesondere dürfen Lehr- personen in maltesischen Primarschulen beide Sprachen nutzen, um die mathematischen Inhalte zu vermitteln und das mathematische Lernen unabhängig von der Wahl ihrer Sprache zu fördern, wie im Curriculum für den Mathematikunterricht in maltesischen Grundschulen dargestellt wird:

> The class teacher, in accordance with the school strategy, is to decide what language must be used to facilitate the development and acquisition of mathematical concepts. Once, this objective is achieved, however, it is essential that children are exposed to the mathematical ideas in English [...] However, on no account should the use of either language (Maltese or English) impede upon the children's learning of mathematics. (Department of Curriculum Management Malta 2014, S. 10).

Diese Rahmenbedingungen dienen als Grundlage, um die Rolle von Translanguaging im mathematischen Lehren und Lernen zu untersuchen. Zwei Forschungsfragen, die auf- einander aufbauen, sind dabei leitend:

- Wie nutzen Lehrerinnen und Lehrer Translanguaging, um mathematische Inhalte im Primarbereich mehrsprachig zu vermitteln?
- Welche unterschiedlichen Funktionen haben die einzelnen Sprachen während des translingualen Lehrens und Lernens von mathematischen Inhalten?

Die erste Forschungsfrage fokussiert auf die Anwendung von Translanguaging durch die Lehrperson, da angenommen wird, dass die Lehrperson, insbesondere bei Einführung von mathematischen Begriffen, einen großen Einfluss auf die Wahl der Sprache im Mathematikunterricht hat. Die zweite Forschungsfrage führt zu tieferen Erkenntnissen, indem sie auf die einzelnen Funktionen der gewählten Sprache in mathematischen Lern- und Lehrprozessen eingeht.

7.3.2   Design, Durchführung der Studie und Datenanalyse

Zur Beantwortung der Forschungsfragen aus dem vorherigen Abschnitt wurde eine qualitative Fallstudie entwickelt, um unterschiedliche Lehrkräfte bei der Einführung von mathematischen Inhalten in maltesischen Primarschulen, wo Translanguaging im Mathematikunterricht üblich ist, zu beobachten. Durch die Annahme, dass die Lehrkraft den größten Einfluss beim Einsatz beider Sprachen bei der Begriffseinführung hat, eignen sich zunächst einzelne Fälle, um das Phänomen adäquat zu untersuchen. Langfristig sollen unterschiedliche Mathematiklehrer an dieser Studie teilnehmen, wobei in jedem Fall eine Lehrkraft beobachtet wird.

In diesem Kapitel wird von zwei Fällen berichtet: einer Lehrerin einer vierten und einer Lehrerin einer sechsten Klasse in einer Primarschule auf Malta mit jeweils acht Schülerinnen und Schülern pro Klasse. Die Erhebungen fanden jeweils während der Einführung von neuen Themen statt. In der vierten Klasse hat die Lehrerin die Themen „Brüche und ihre Äquivalenz" sowie „Gewicht und Masse" in zwei verschiedenen Unterrichtsreihen eingeführt. In der sechsten Klasse wurde das Thema Prozentrechnung behandelt. Alle Lernenden haben Maltesisch, eine semitische Sprache und Muttersprache für die Mehrheit der maltesischen Bevölkerung, als Erstsprache und Englisch, die Sprache der ehemaligen Kolonialherrscher, als Zweitsprache erworben, und lernen beide Sprachen seit der ersten Klasse in der Schule. Dieselben Sprachbedingungen gelten für die Lehrerinnen, die jedoch ihr Lehramtsstudium hauptsächlich auf Englisch an der Universität auf Malta abgeschlossen haben.

Als Datenerhebungsinstrumente dienten Beobachtungen und Audioaufnahmen des Unterrichts während der Einführung der jeweiligen Begriffe. Die Aufnahmen wurden transkribiert und qualitativ nach Jungwirth (2003) analysiert. Das Ziel bei der Analyse der erhobenen Daten war die Untersuchung des Einsatzes von Translanguaging, insbesondere wann und für welche Funktionen im mathematischen Lehr-Lern-Prozess beide Sprachen eingesetzt worden sind.

7.4   Empirische Fälle zur Untersuchung der Funktionen von Sprachen in translingualen Lehr- und Lernprozessen im Mathematikunterricht

Nach einer ersten Analyse der beobachteten und transkribierten einführenden Unterrichtsphasen wurde festgestellt, dass beide Lehrerinnen Translanguaging intensiv nutzten und dass die Wahl der Sprache auch von den eingesetzten Lehr-Lern-Materialen (z. B. materialbasiert oder mit Lehrbüchern) abhängig zu sein scheint. Zum Beispiel sollten in einer Unterrichtsszene in der vierten Klasse die Schülerinnen und Schüler 100-Gramm-Tüten mit Mehl füllen und das Gewicht mit einer digitalen Waage kontrollieren. In dieser Szene haben die Lernenden und die Lehrkraft hauptsächlich Maltesisch gesprochen. Eine mögliche Erklärung dafür ist, dass für sie Maltesisch die

Sprache für die alltäglichen Erfahrungen (vor allem zu Hause) ist. Dementsprechend aktivieren Emotionen vorheriger Erfahrungen im Sinne der Theorie von Bauersfeld (1983) die maltesische Sprache und führen dazu, dass diese Sprache in bestimmten Kontexten dominanter im Diskurs wird. In den folgenden Abschnitten sollen drei unterschiedliche Funktionen der Erstsprache und der Zweitsprache beim Lernen und Lehren von unterschiedlichen mathematischen Inhalten anhand von analysierten Transkripten dargestellt und erläutert werden.

7.4.1 Erstsprache zur Mündlichkeit und Zweitsprache zur Fixierung der mathematischen Sprache

Besonders beachtenswert während der Unterrichtsbeobachtungen beider Klassen sind die unterschiedlichen Funktionen der Sprachen bezüglich Mündlichkeit und Schriftlichkeit. Die Erstsprache wurde überwiegend nur verbal mündlich benutzt, während im Schriftlichen die Zweitsprache sehr dominant war. Maltesisch wurde oft benutzt, um mathematische Phänomene mündlich zu vermitteln, während Englisch benutzt wurde, um die entsprechenden mathematischen Erkenntnisse schriftlich festzuhalten. Dies kann man im Transkript 1 (T1) zum Thema „Gewicht und Masse" in der 4. Jahrgangsstufe beobachten:

Die obere Szene im Transkript 1 (siehe Tab. 7.1) stammt aus der Einführung in „Gewicht und Masse" in der vierten Klasse, nachdem die Viertklässler mithilfe von Materialien (mit Mehl und einer digitalen Waage) gelernt haben, wie man das Gewicht von einer Waage abliest. In dieser ausgewählten Szene im Transkript 1 geht es um das Thema „Vergleichen bzw. Schätzen von Gewichten". Eine Analyse der Nutzung von Translanguaging durch die Lehrerin (Le1) zeigt, dass die Zweitsprache nicht nur zum Übersetzen der Erstsprache oder umgekehrt eingesetzt wird. Das Ziel dieser Unterrichtseinheit wurde hauptsächlich auf Maltesisch formuliert und unter dem englischen Begriff „estimate" zusammengefasst (bzw. der Begriff „estimate" wird auf Maltesisch erklärt). Die Erkenntnisse über die betrachteten Gegenstände, insbesondere ihr Gewicht, z. B. „around five oranges weigh one kilogram", werden auf Englisch formuliert und schließlich schriftlich auf der Tafel (siehe Abb. 7.2) festgehalten. In der schriftlich-fachlichen Darstellung im Mathematikunterricht, auch im Schulbuch (siehe Abb. 7.3 für ein Beispiel), ist Englisch die bevorzugte Sprache, und dies spiegelt sich in der Wahl der Schriftsprache wider, um mathematische Phänomene schriftlich festzuhalten (siehe Tafelinskriptionen begleitend zu Transkript 1). Im Gegensatz dazu wird Maltesisch eher für die mündliche Erklärung von mathematischen Phänomenen verwendet, insbesondere beim Vergleichen von Größen miteinander, z. B. in T1–Z1 (Transkript 1 – Zeile 1 in Tab. 7.1). In anderen Instanzen wird Maltesisch für die Aktivierung von Schülerwissen von der Lehrerin benutzt, z. B. „Rajna li…" (dt.: Wir haben gesehen, dass …) oder „Għadkom tiftakru …" (dt.: Erinnert ihr euch daran …) in T1–Z1. Alternativ verwendet sie das Maltesische für die verbale Mitteilung von

Tab. 7.1 Transkript 1 (T1)

Zeile	Sprecher	Maltesisch-englisches Transkript	Übersetzung des Maltesischen ins Deutsche; Englisch beibehalten
1.	Le1	Mela, ħa naraw bejn wieħed u iehor kemm jiżnu l-affarijiet. Aħna rajna li one packet of flour, li tfisser dqiq, f-l-o-u-r jiżen one kilogram. (…) Biex nkunu kapaċi nagħmlu estimate. Inqabblu bejn il-ħaġa li tiżen iktar jew inqas minn pakkett dqiq. Iktar jew inqas minn one kilogram? Rajna li around five oranges weigh one kilogram. Għadkom tiftakru kemm jiżen baby tat-twelid?	Also, wir schauen wie viel Gegenstände ungefähr wiegen. Wir haben gesehen, dass one packet of flour, was Mehl bedeutet, f-l-o-u-r wiegt one kilogram. (…) Wir wollen eine estimate machen können. Wir wollen vergleichen, ob der Gegenstand mehr oder weniger als eine Packung Mehl wiegt. Mehr oder weniger als one kilogram? Wir haben gesehen, dass around five oranges weigh one kilogram. Erinnert ihr euch daran, wie viel ein baby bei der Geburt wiegt?
2.	Chor	Three or four	Three or four
3.	Le1	Kilograms. (…) Intom għandkom bathroom scale id-dar? (…) Mela din ha tkompluha id-dar … I weigh kilograms	Kilograms. (…) Habt ihr ein bathroom scale zu Hause? (…) Also diese [Aufgabe] füllt ihr zu Hause aus … I weigh kilograms

1 packet of flour = 1 kg.

Around 5 oranges weigh 1 kg.

A newborn baby weighs around 3 1/2 kg.

I weigh ____ kg.

Abb. 7.2 Tafelinskriptionen der Lehrerin, begleitend zu Transkript 1

Instruktionen, beispielsweise für Hausaufgaben: „Intom għandkom bathroom scale id-dar? (…) Mela din ha tkompluha id-dar" (dt.: Habt ihr eine Waage zuhause? (…) Also diese [Aufgabe] füllt ihr zu Hause aus) in T1–Z3.

Dadurch, dass für die schriftliche mathematische Fachsprache hauptsächlich Englisch eingesetzt wird, stellt sich die Frage, welche Rolle das Maltesische beim Bearbeiten von englischen Textaufgaben spielen kann. Im folgenden Transkript löst die sechste Klasse eine Anfangsaufgabe zur Prozentrechnung, die in Abb. 7.3 dargestellt wird, in Lehrer-Schüler-Interaktion:

Im Transkript 2 (siehe Tab. 7.2) liest die Lehrerin der 6. Jahrgangsstufe (Le2) die Prozentrechnungsaufgabe vor und lässt den Lernenden eine Lösung zur Aufgabe, welcher

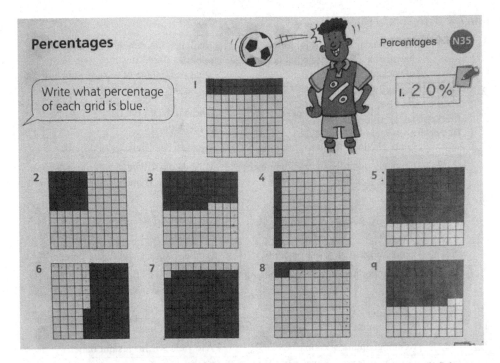

Abb. 7.3 Die in T2 behandelte Schulbuchaufgabe in der Prozentrechnung in der 6. Jahrgangs-stufe im Primarbereich aus dem Schulbuch „Abacus Number Textbook 2" (S. 35)

Prozentanteil in Aufgabe 1 blau gefärbt ist (siehe Abb. 7.3), vorschlagen. Die Lehrerin interessiert sich für die Schülerbegründung bzw. -argumentation, die ausschließlich auf Maltesisch vermittelt wird. Jedoch werden die grundlegenden mathematischen Fachbegriffe wie „Percent" (Prozent) bzw. fachliche Satzkonstruktionen wie „out of (something)" (dt.: von (etwas)) in T2–Z13 (siehe Tab. 7.2), die der mathematischen Anteilvorstellung entsprechen, auf Englisch dargestellt. Dennoch ist die Denksprache zum Argumentieren und damit auch für die Verbalisierung der Denkprozesse Maltesisch, insbesondere für Schülerin 1, die begründen sollte, wie sie auf zwanzig Prozent gekommen ist. Der Prozess des Zählens, das Hinterfragen bzw. das Reflektieren und das Berücksichtigen von Voraussetzungen werden eher auf Maltesisch kommuniziert, während in Englisch die Aufgabenstellung im Schulbuch darstellt und repräsentativ für einzelne mathematische Begriffe sowie für die mathematische Anteilvorstellung („out of") ist, die vorher in der Bruchrechnung thematisiert wurde.

Die beiden Transkripte (T1 und T2) zeigen, welche Funktionen die Erst- und die Zweitsprache im Zusammenspiel im Mathematikunterricht der maltesischen Primar-schule haben können. Während die Erstsprache in der mündlichen Vermittlung von mathematischem Wissen, z. B. bei der Argumentation, Reflexion oder Verbalisierung der eigenen Gedanken, sehr prägnant ist, wird die Zweitsprache dafür eingesetzt, die

Tab. 7.2 Transkript 2 (T2)

1.	Le2	Mela, ħa naraw x'qed jgħidilna hawnhekk. (…) Write what percentage of each grid is blue	Also, lass uns sehen, was er [der Autor oder das Buch] uns hier sagt. Write what percentage of each grid is blue
2.	S1	Twenty percent?	Twenty percent?
3.	Le2	U kif taf li twenty percent?	Und wie weißt du, dass es twenty percent sind?
4.	S1	Għax għoddejt il-blu	Weil ich das Blaue gezählt habe
5.	Le2	Għax għoddejt il-blu, kien hemm … kemm kellek blu?	Weil du das Blaue gezählt hast, es gab … wie viele Blaue hast du gehabt?
6.	S1	Twenty	Twenty
7.	Le2	Twenty. U għaliex żiedtli percent magħha?	Twenty. Und warum hast du percent hinzufügt?
8.	S1	Għax hu jgħidlek write percent	Weil er [Autor] sagt, write percent
9.	Le2	Mela importanti li rajna kemm hemm blu biss?	Also ist es wichtig, dass wir nur die Anzahl der Blauen betrachten?
10.	Chor	Le	Nein
11.	Le2	X' importanti wkoll?	Und was ist noch wichtig?
12.	S2	Kemm għandna b'kollox?	Wie viele wir insgesamt haben?
13.	Le2	Irrid nkun naf dawk il-blu li għandi humiex out of?	Ich muss wissen, ob die Blauen, die ich habe, out of? sind
14.	Chor	Hundred	Hundred

mathematischen Vorstellungen mithilfe unterschiedlicher Medien (z. B. Tafel in T1 und Schulbuch in T2) schriftlich zu fixieren. Das Englische wird insbesondere dann eingesetzt, wenn eine gewisse Abstraktion der mathematischen Phänomene erreicht wird, was im nächsten Abschnitt thematisiert werden soll.

7.4.2 Erstsprache zur Konkretisierung und Zweitsprache zur Abstrahierung von mathematischen Phänomenen

Der Einsatz zweier Sprachen, um Mathematik zu unterrichten, wobei die Erstsprache öfter als die Zweitsprache im Alltag eingesetzt wird, ist beobachtbar bei der Vermittlung von mathematischen Phänomenen, die zunächst auf Prozessen auf der gegenständlichen Ebene beruhen und in andauernden Lernprozessen immer abstrakter werden (siehe Abb. 7.1). Der Einsatz der Erstsprache für die Aktivierung des Alltagswissens und der Zweitsprache für die entsprechende Abstraktion ist beobachtbar in Transkript 3 (T3), in dem die Lehrerin der vierten Klasse (L1) die Äquivalenz von Brüchen einführt:

Um die Äquivalenz von Brüchen einzuführen, aktiviert die Lehrerin der 4. Jahrgangsstufe (Le1) in Transkript 3 (T3, siehe Tab. 7.3) die Grundvorstellung des Verteilens mithilfe

Tab. 7.3 Transkript 3 (T3)

1.	Le1	Illum, we have twenty-four small squares, (…) if I want to eat one fourth of the chocolate, if one, two, three, four (pointing to four different students) are going to share the chocolate, ha naqsmu ċ-chocolate bejn one, two, three, four, taparsi, kemm se tieħdu kull wieħed?	Heute, we have twenty-four small squares, (…) if I want to eat one fourth of the chocolate, if one, two, three, four (zeigt auf vier verschiedene Schüler) are going to share the chocolate, wir teilen die Schokolade zwischen one, two, three, four, nehmen wir an, wie viele nehmt ihr jeweils?
2.	S1	Two?	Two?
3.	Le1	Two? (pointing at the squares of the bar) One two, one two, one two, u one two, jibqa din il-biċċa. (…)	Two? (zeigt auf die Würfel der Schokolade, siehe Abb. 7.4) One two, one two, one two, und one two, dieses Stück bleibt übrig. (…)
4.	S2	Six	Six
5.	Le1	Nistgħu npinġuha u naqsmuha f'erba'. One, naqsmu waħda minn nofs, u waħda minn nofs hawn (uses gestures to show how to break the bar into half and then each into halves). (…)	Wir können es malen und in vier zerlegen. One, wir zerlegen eine in zwei Hälften und eine in zwei Hälften hier (zeigt mithilfe von Gesten die Handlungen zum Brechen der Schokoladentafel in zwei Hälften und jeweils erneut in zwei Hälften). (…)
6.	S3	Teacher, jew taqsam hekk. One, two, three… (points along the rows of the chocolate bar)	Teacher, oder du zerlegst so. One, two, three… (zeigt auf die Reihen der Schokoladentafel)
7.	Le1	That's another method, very good. (…) K'naqsmuha f'erba', one, two, three, four, dawk ir-rows, kull wieħed kemm jieħu? Għoddu!	That's another method, very good. (…) Wenn wir diese in vier zerlegen, one, two, three, four, diese rows, wie viel nimmt jeder? Zählt!
8.	Chor	Six	Six
9.	Le1	Six. What fraction? (…) How many pieces? Six. That's good. What fraction?	Six. What fraction? (…) How many pieces? Six. That's good. What fraction?
10.	S4	Six from four. (…)	Six from four. (…)
11.	Le1	Six on? Out of how many?	Six on? Out of how many?
12.	S4	Four	Four
13.	Le1	Ara, are there only four in all? How many in all?	Schaut mal, are there only four in all? How many in all?
14.	S4	Six times four	Six times four
15.	Le1	Six out of twenty-four. (…) Kieku naqsmu ċ-ċikkulata hekk, u kull wieħed se jieħu one fourth, kemm hemm squares?	Six out of twenty-four. (…) Wenn wir die Schokolade so zerlegen, und jeder nimmt one fourth, wie viele squares gibt es?

(Fortsetzung)

Tab. 7.3 (Fortsetzung)

16.	Chor	Six	Six
17.	Le1	Six. Mela, what is another fraction? What can I say instead of six on twenty-four? (…)	Six. Also, what is another fraction? What can we say instead of six on twenty-four? (…)
18.	S2	One fourth	One fourth
19.	Le1	(…) So what can you tell me about these two fractions? Six on twenty-four and one fourth. What can you tell me about them? Jekk jiena rrid niekol ħafna ċikkulata, liema nagħżel din jew din (showing on the two fractions on the whiteboard)?	(…) So what can you tell me about these two fractions? Six on twenty-four and one fourth. What can you tell me about them? Wenn ich viel Schokolade essen will, welche wähle ich aus, dies oder dies (zeigt auf die beiden Brüche auf der Tafel, siehe Abb. 7.5)?

Abb. 7.4 Eine Visualisierung der Schokoladentafel, verwendet durch Lehrerin 1 zur Einführung von äquivalenten Brüchen

einer Schokolade (siehe Abb. 7.4), die unter vier Schülerinnen aufgeteilt werden soll. Die Lehrerin gibt die Anzahl der zu bildenden Teilgruppen (vier Kinder) an und die Größe wird in Form eines Bruchs dargestellt, wobei die leitende Frage dabei lautet: „Wie viele Stücke pro Kind?" Auf sprachlicher Ebene kann man beobachten, dass die Lehrerin in Transkript 3 häufig Englisch im Diskurs einsetzt. Eine mögliche Ursache dafür könnte die Tatsache sein, dass eine neue Schülerin mit Migrationshintergrund (Maltesisch als Fremdsprache seit ungefähr zwei Jahren) erst seit einigen Wochen in der vierten Klasse eingeschult wurde. Dennoch kann man beobachten, dass beide Sprachen unterschiedliche Funktionen hinsichtlich der gegenständlichen und der abstrakten Ebene im Diskurs der Lehrerin erfüllen. In T3–Z1 (siehe Tab. 7.3) wird das Ziel oder die Aufgabe in beiden Sprachen dargestellt, jedoch liegt im Maltesischen die Betonung auf dem Teilen der Schokolade („ħa naqsmu ċ-chocolate" in T3–Z1) und darauf, wie viele Stücke jedes Kind erhält („Kemm se jieħu kull wieħed?" in T3–Z1), während das Englische den Bruch („one fourth of the chocolate" in Z1) und die zugehörigen Informationen darstellt. Ab T3–Z5 wird das Maltesische benutzt, um das Zerlegen des Materials darzustellen, und sogar die maltesischen Zahlen, z. B. „erba'" (vier) in „K'naqsumha f'erba'" in T3–Z7, kommen vor, um die Zerlegungszahl zu bezeichnen. Jedoch werden die zerlegten Teile – im Sinne des Ordinalaspekts der natürlichen Zahlen – mit englischen Zählwörtern bezeichnet (siehe T3–Z7). Ab T3–Z8 wird

Abb. 7.5 Tafelinskription, begleitend zu Transkript 3

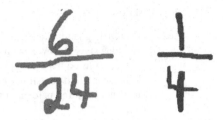

das Englische verwendet, um nach dem Bruch, nach dem Zähler oder nach dem Nenner zu fragen. Nachdem beide Brüche „Six out of twenty-four" und „one fourths" genannt wurden, nutzt die Lehrerin das Englische, um die Lernenden zur Verallgemeinerung der Bruchzahlen anzuregen. In der gleichen Zeile (T3–Z19) nutzt sie das Maltesische, um alltägliche Schülervorstellungen hinsichtlich des Essens einer Schokolade und die entsprechende Reflexion hervorzurufen. Insgesamt zeigt diese Episode, dass die Erstsprache in kontextabhängigen Situationen beim mathematischen Lehren bzw. Lernen sehr prägnant ist. Hingegen ist Englisch als Zielsprache im Mathematikunterricht notwendig, um abstraktere mathematische Gegenstände darzustellen, die zuvor mithilfe von Alltagskontexten oder Materialien eingeführt wurden. Der Einsatz der Erstsprache für konkrete Situationen aus dem Alltag kann mithilfe der Theorie von Bauersfeld (1983) erklärt werden. Die Erfahrungen, die in konkreten Situationen in der Erstsprache gemacht worden sind, werden in derselben Sprache kognitiv gespeichert und bei ihrer Aktivierung wird wiederum die Erstsprache zur externen Darstellung derselben Erfahrungen eingesetzt.

7.4.3 Erstsprache für handlungsorientierte Prozesse und Zweitsprache für statische Begriffe im Mathematikunterricht

Als dritte Differenzierung der Funktionen von Erst- und Zweitsprache im mehrsprachigen Mathematikunterricht wird zwischen statischen und dynamischen Prozessen beim Vermitteln von mathematischen Inhalten differenziert. Aufgrund der vorherigen Transkripte (1 bis 3) kann man die Hypothese aufstellen, dass viele handlungsorientierte Prozesse (u. a. im enaktiven Darstellungsmodus nach Bruner 1971), z. B. Vergleichen von Größen (in T1), Zählen (in T2) oder Zerlegen (in T3), eher auf Maltesisch bezeichnet werden, während statische Definitionen, z. B. Schätzung (in T1), Prozent (in T2), Bruch (in T3), Quadrat (in T3), Zahlbegriffe (in T1 bis T3) (u. a. im abstrakteren symbolischen Darstellungsmodus nach Bruner 1971), eher auf Englisch bezeichnet werden. Mithilfe von Transkript 4 (T4), in dem die Lehrerin der 6. Jahrgangsstufe Prozentrechnung einführte, soll diese Hypothese qualitativ näher untersucht werden, genauer gesagt, wie die Erstsprache für dynamische und die Zweitsprache für statische Zusammenhänge beim Mathematiklehren und -lernen eingesetzt werden können.

In Transkript 4 (T4, siehe Tab. 7.4) stellt die Lehrerin die Aufgabe „10 Prozent von 60 Euro" in der Prozentrechnung aus dem Schulbuch (siehe Abb. 7.6) vor, die mithilfe der alltagssprachlichen Erstsprache in T4–Z1 beschrieben wird. Um „ten out of sixty"

Tab. 7.4 Transkript 4 (T4)

1.	Le2	(…) Mela għandna hekk, ġo dan is-sejf għandna sixty euro w l-mami tgħidlek: ara, tista tonfoq ten percent minnhom kull xahar. U kif se nsir naf jien kemm nista nonfoq? Ten percent xi tfisser? (…)	(…) Also wir haben Folgendes, in diesem Tresor haben wir sixty euro und Mutter sagt dir: Schau mal, du kannst ten percent davon jeden Monat ausgeben. Wie finde ich raus, wie viel ich ausgeben kann? Was bedeutet ten percent?
2.	Chor	Ten minn hundred	Ten von hundred
3.	Le2	Ten out of hundred. Ten percent ta' xiex nista nonfoq jien?	Ten out of hundred. Ten percent wovon kann ich ausgeben?
4.	Chor	Tas-six	Von six
5.	Le2	Ta' sixty. Mela kif se naħdimha? Ten percent of?	Von sixty. Also wie kann ich es lösen? Ten percent of?
6.	Chor	Sixty. (…) Sixty division hundred	Sixty. (…) Sixty division hundred
7.	Le2	(…) Li tiġi? Fejn hu l-point bħalissa?	(…) Es ergibt? Wo ist der point jetzt?
8.	Chor	Wara	Dahinter
9.	S1	Wara zero point six	Hinter zero point six
10.	Le2	Kemm se jaqbeż?	Wie viel springt es [das Komma]?
11.	S1	Tnejn	Zwei
12.	Le2	Lil fejn?	Wohin?
13.	Chor	L' hemm (pointing their hands to their left)	Dahin (zeigen mit ihren Händen nach links)
14.	Le2	Għaliex?	Warum?
15.	Chor	Għax division	Weil division
16.	Le2	Għax ħa jiċkien. Wieħed. Tnejn. (…) X'iktar? lesta? (…)	Weil es kleiner wird. Eins. Zwei. (…) Was noch? Bin ich fertig?
17.	Chor	Times ten	Times ten
18.	Le2	Lill fejn se jaqbeż il-point?	Wohin springt das point?
19.	Chor	L'hemm. (lifting their hands and pointing to their right)	Dahin. (zeigen mit ihren Händen nach rechts)
20.	Le2	Għaliex l'hawn? (pointing to their right facing the whiteboard)	Warum hierhin? (zeigt auch nach rechts Richtung Tafel)
21.	Chor	Għax times	Weil times
22.	Le2	Għax times, ħa jikber. Kemm se jaqbeż?	Dadurch, dass es times ist, wird sie größer. Wie viel springt es (das Komma)?
23.	Chor	Wieħed	Eins
24.	Le2	Għaliex wieħed?	Warum eins?
25.	Chor	Għax hemm zero wieħed	Weil es eine zero gibt

Abb. 7.6 Die in T4 behandelte Schulbuchaufgabe in der 6. Jahrgangsstufe im Primarbereich aus dem Schulbuch „Abacus Number Textbook 2" (S. 35)

zu lösen, fangen die Schülerinnen mit der mathematischen Operation der Division, „sixty division by hundred", an. Aber die dazugehörigen Prozesse in dieser Divisionsaufgabe werden mithilfe der Erstsprache wahrgenommen und dementsprechend auch verbalisiert. Zu jenen Prozessen beim Lösen der Aufgabe gehören das Identifizieren des Kommas, „point" (dt.: Komma) in T4–Z7, um wie viele Stellen und in welche Richtung das Komma bewegt werden muss und ob der Zahlenwert größer oder kleiner wird. Es ist ähnlich wie in T3: Sobald Zahlen (insbesondere mit einer kontextabhängigen) mit dynamischen Handlungen oder Bewegungen wie Zerlegen in eine Anzahl (in T3) oder Bewegen um eine Anzahl von Stellen (in T4) versehen sind, werden diese eher auf Maltesisch sprachlich dargestellt, z. B. von L2 „Għax ħa jiċkien. Wieħed. Tnejn." (dt.: Weil es kleiner wird. Eins. Zwei.) in T4–Z16. Das Englische wird eher für statische Sichtweisen auf mathematische Begriffe, insbesondere für einzelne Prädikate eher auf der abstrakten Ebene eingesetzt, beispielsweise für einzelne Begriffe wie Division oder Multiplikation („times" in T4–Z17) oder für Zahlwörter. Solche Befunde in der Forschung zur Mehrsprachigkeit zeigen expliziter, wie sich mathematisches Denken in Prädikaten und Beziehungen oder in Handlungen (vgl. Schwank 2003) vollzieht, wobei die unterschiedlichen Denkstile bei bilingualen Personen durch die unterschiedlichen Sprachen externalisiert werden können.

7.5   Zusammenfassung und Ausblick

Die oben in den Transkripten dargestellten empirischen Fälle zeigen, wie zwei Sprachen im mehrsprachigen Mathematikunterricht unterschiedliche Funktionen erfüllen können und nicht lediglich zum Übersetzen im Diskurs eingesetzt werden. Die ersten Analysen haben gezeigt, wie Translanguaging im Unterricht durch bilinguale Lehrpersonen umgesetzt wird, sodass die Lernenden mithilfe zweier Sprachen mathematische Phänomene erlernen können. Anhand von Transkripten und Beobachtungen wurde zum einen gezeigt, wie die Erstsprache zur verbal-mündlichen Auseinandersetzung mit den mathematischen Inhalten im translingualen Unterricht auf Malta oft eingesetzt wird. Im Gegensatz dazu wird Englisch, das als Zielsprache nach dem Verständnis der mathematischen Inhalte im Curriculum für maltesische Primarschulen dient, für die Fixierung der mathematischen Sprache bzw. des Erlernten in der verbal-schriftlichen Darstellung verwendet. Zum anderen gilt auch, dass die Erstsprache mehr Anwendung auf der gegenständlichen Ebene findet, da das Maltesische stärker im Alltag genutzt wird und das Erfahren konkreter Situationen begleitet. Beispielsweise sind Handlungen mit Gegenständen im Sinne des materialbasierten Lernens kognitiv in der Erstsprache dominant und dementsprechend auch in dieser Sprache verbalisiert. Die Zweitsprache wird verwendet, um mathematische Phänomene zu abstrahieren, insbesondere wenn der Kontext keine große Rolle mehr spielt. An dieser Stelle ist auch wichtig zu erwähnen, dass es manchmal noch keine Begriffe für bestimmte abstrakte mathematische Phänomene in der maltesischen Sprache gibt. Zum Beispiel nutzt die Lehrerin bei der Einführung von äquivalenten Brüchen in T3 Maltesisch mehrmals, um Handlungen mit der Schokolade, z. B. das Zerlegen, zu verbalisieren, während Englisch eher eingesetzt wird, um die Brüche bzw. die zerlegten Teile vom Gesamten zu benennen und später miteinander zu vergleichen. Der Einsatz der Erstsprache, um mathematische Handlungen (u. a. im enaktiven Repräsentationsmodus nach Bruner 1971) zu verbalisieren, während die Zweitsprache eher für statische abstraktere mathematische Gegenstände im mathematischen Diskurs eingesetzt wird (u. a. im symbolischen Repräsentationsmodus nach Bruner 1971), wurde im letzten Abschnitt der Ergebnisse thematisiert. Somit lässt sich feststellen, dass Sprachen im mehrsprachigen Mathematikunterricht im Sinne von Translanguaging unterschiedliche Funktionen haben können und sich mehrsprachiges sprachliches und fachliches Lernen nicht nur gegenseitig unterstützen, sondern auch verstärken. Ähnlich wie die These, dass die Entwicklung der mathematischen Fachsprache von der Alltagssprache im Mathematikunterricht ausgehen soll (Wessel 2015), ist die Nutzung der Erstsprache im mehrsprachigen Mathematikunterricht (insbesondere in der Einführungsphase) notwendig, um die abstrakte mathematische Fachsprache in der Zweitsprache entwickeln, lernen und anwenden zu können.

Literatur

Baker C (2011) Foundations of bilingual education and bilingualism, 5. Aufl. Multilingual Matters, Bristol

Bauersfeld H (1983) Subjektive Erfahrungsbereiche als Grundlage einer Interaktionstheorie des Mathematiklernens und -lehrens. In: Bauersfeld H (Hrsg) Lernen und Lehren von Mathematik, vol 6. Untersuchungen zum Mathematikunterricht. Aulis Verlag Deubner, Köln, S 1–56

Bruner JS (1971) Toward a theory of instruction. Harvard University Press, Cambridge

Cummins J (1981) The role of primary language development in promoting educational success for language minority students. In: California State Department of Education (Hrsg) Schooling and language minority students. A theoretical framework. National Dissemination and Assessment Center, Los Angeles, S 3–49

Department of Curriculum Management Malta (Hrsg) (2014) Mathematics. A revised syllabus for primary schools

Jungwirth H (2003) Interpretative Forschung in der Mathematikdidaktik. Ein Überblick für Irrgäste, Teilzieher und Strandvögel. Zentralblatt Didakt Math 35(5):189–200

Lewis G, Jones B, Baker C (2012) Translanguaging origins and development from school to street and beyond. Int J Theor Pract 18(7):641–654

Maier H, Schweiger F (1999) Mathematik und Sprache. Öbv & Hpt, Wien

Mizzi A (2017) The relationship between language and spatial ability. An analysis of spatial language for reconstructing the solving of spatial tasks. Springer Spektrum, Wiesbaden

Moschkovich J (2005) Using two languages when learning mathematics. Educ Stud Math 64(2):121–144

Prediger S, Wessel L (2011) Darstellen – deuten – darstellungen vernetzen. Ein fach- und sprachintegrierter Förderansatz für mehrsprachige Lernende im Mathematikunterricht. In: Prediger S, Özdil E (Hrsg) Mathematiklernen unter Bedingungen der Mehrsprachigkeit. Stand und Perspektiven der Forschung und Entwicklung. Waxmann, Münster, S 163–184

Schwank I (2003) Einführung in funktionales und prädikatives Denken. Zentralblatt Didakt Math 35(3):70–78

Wessel L (2015) Fach- und sprachintegrierte Förderung durch Darstellungsvernetzung und Scaffolding. Ein Entwicklungsforschungsprojekt zum Anteilbegriff. Springer Spektrum, Heidelberg

Williams C (1996) Secondary education. Teaching in the bilingual situation. In: Williams C, Lewis G, Baker C (Hrsg) The language policy. Taking stock. CAI, Llangefni, S 39–78

Williams C (2002) Ennill iaith. Astudiaeth o sefyllfa drochi yn 11–16 oed [A language gained: A study of language immersion at 11–16 years of age]. School of Education, Bangor

Semiotische Perspektiven auf das Erklären von Mathematik in Laut- und Gebärdensprache

8

Christof K. Schreiber und Annika M. Wille

Inhaltsverzeichnis

C. K. Schreiber (✉)
Institut für Didaktik der Mathematik, Justus-Liebig-Universität Gießen, Gießen, Deutschland
E-Mail: christof.schreiber@math.uni-giessen.de

A. M. Wille
Institut für Didaktik der Mathematik, Alpen-Adria-Universität Klagenfurt, Klagenfurt, Österreich
E-Mail: annika.wille@aau.at

© Springer-Verlag GmbH Deutschland, ein Teil von Springer Nature 2020
G. Kadunz (Hrsg.), *Zeichen und Sprache im Mathematikunterricht*,
https://doi.org/10.1007/978-3-662-61194-4_8

8.1   Theoretischer Rahmen

Zur Analyse von drei medial unterschiedlichen Erklärungen gehen wir zunächst auf den semiotischen Ansatz der *semiotic mediation* nach Hasan (2000, 2002, 2005) ein, da uns dieser zur Unterscheidung der Produkte besonders ertragreich erscheint. Allgemein werden wir aber auch die unterschiedliche Art der Erklärungen in den drei Produkten beschreiben, wobei wir uns vorwiegend auf Kiel (1999), Kiel et al. (2015) sowie Wagner und Wörn (2011) beziehen.

8.1.1   Der semiotische Ansatz

Das Konzept der *semiotic mediation* nach Hasan (2000, 2005) geht grundsätzlich davon aus, dass *Vermittlung* („mediation") als ein Prozess gesehen werden kann, in dem sich ein *Vermittler* („mediator") mit *etwas,* das vermittelt wird *(Inhalt/Kraft/Energie),* an einen Adressaten („mediatee") wendet, dem etwas vermittelt wird. Dabei werden die Umstände der Vermittlung unterschieden in

a) die Mittel, die Ausführungsart/Modalität sowie
b) der Ort der Vermittlung (vgl. Hasan 2005, S. 136).

Dieser Beitrag fokussiert auf a), da sich im Wesentlichen die unterschiedlichen Erklärprodukte bezüglich der Mittel unterscheiden.

Hasan (2002) unterscheidet beim Vermittlungsprozess zwischen *material action,* die sie als „acting by doing" beschreibt, und *verbal action,* bei der es sich um „acting by saying" handelt (ebd., S. 115). Diese zwei Handlungsformen können unabhängig voneinander stattfinden, indem entweder physisch/materiell gehandelt oder gesprochen wird. Materielles Tun und verbales Sprechen können jedoch auch raum- und zeitgleich auftreten. In dem Fall unterscheidet Hasan zwischen *verbal action,* die zur *material action* ergänzend ist, und nennt diese „ancillary" (ebd., S. 116), und der von der *material action* losgelöste *verbal action,* die Hasan „constitutive" (ebd.) nennt. Im Folgenden wird die von der *material action* losgelöste *verbal action* „konstitutiv" genannt.

Einem Wechsel von ergänzender zu konstitutiver *verbal action* misst Hasan besondere Bedeutung bei, da anschließend häufig nicht nur eine Vermittlung von spezialisiertem Wissen stattfindet, sondern ebenso Gewohnheiten vermittelt werden. Ersteres nennt Hasan *visible mediation* (ebd., S. 113), Letzteres *invisible mediation* (ebd.). Ein Beispiel für solche Gewohnheiten – *habits of mind* (ebd., S. 114) – ist die Weise, wie man über etwas spricht, und nicht der konkrete Inhalt, über den man spricht (vgl. ebd., S. 113 f.). Hasan betrachtet dabei vor allem alltägliche Gespräche, bei denen zunächst das zeitgleiche Tun kommentiert wird, gefolgt von dem Sprechen über Themen, die darüber hinausgehen, auch wenn sie von der vorherigen Handlung angestoßen sein können. In den drei medialen Erklärungen, die in diesem Artikel vorgestellt werden, sind solche

Wechsel zu beobachten und werden in der Analyse diskutiert. Bei ihnen wird jedoch zu Themen gewechselt, die nicht vollständig losgelöst von der materiellen Aktivität sind, sondern im Sinne einer Verallgemeinerung über das konkrete Handeln hinausgehen.

8.1.2   Erklären als pädagogischer Prozess

Sehr ausführlich und auf die Praxis in der Lehrerbildung bezogen wird das Erklären bei Wagner und Wörn (2011) behandelt, die sich vorwiegend auf Kiel (1999) beziehen (siehe auch Schreiber 2016). Erklären wird dort in folgende Kategorien unterteilt (siehe auch Klein 2009): *Was*-Erklärungen sind eine Art „Beschreibung" von Begriffen, Material etc., *Wie*-Erklärungen zeigen, wie etwas gemacht werden soll, z. B. die Anwendung von Algorithmen. *Warum*-Erklärungen besitzen nach Wagner und Wörn (2011) Parallelen zum mathematischen Beweisen und sollen etwas begründen, wie z. B. einen strittigen Sachverhalt im Unterricht.

Wenn jemand einer anderen Person etwas erklärt, so geschieht das in der Absicht, dass diese Person „die Sache" dann auch versteht (vgl. Wagner und Wörn 2011, S. 10). „Das Verstehen kann als Komplement zum Erklären betrachtet werden. Denn die zentrale und notwendige Funktion des Erklärens ist es, etwas verstehbar zu machen" (Kiel 1999, S. 83). Erklären im pädagogischen Kontext fokussiert nicht auf das Produkt (erworbenes Verständnis), sondern auf den Prozess des Erklärens (vgl. ebd., S. 99). Je nach Kontext wird Erklären *„als Übertragen von Wissen, als Entwickeln von Wissen oder als Aushandeln von Wissen"* (Wagner und Wörn 2011, S. 13, Hervorhebung im Original) verstanden. Beim Übertragen von Wissen versucht der Erklärende, Wissen auf die Lernenden (als Objekt) zu übermitteln (vgl. ebd.). Hierbei wählt der Erklärende den Lerngegenstand aus und bereitet sich auf die Übertragung intensiv vor, indem er u. a. Vorstellungen und Kernelemente der Erklärung gestaltet, um das Verstehen der Erklärung zu sichern (vgl. ebd., S. 13 und 15). Die hier vorliegenden Erklärungen sind zunächst grundsätzlich darauf ausgelegt, Wissen zur Übertragung bereitzustellen, und die Videos übernehmen im Prinzip die Rolle einer referierenden Lehrperson. Für das Entwickeln von Wissen müssten die Videos in entsprechende Lernprozesse so eingebunden werden, dass die Lernenden sich dieses möglichst selbst aneignen und nicht „als mit Wissen anzufüllendes Objekt betrachtet" werden (ebd.). Aufgabe der Lehrkraft ist es, ideale Situationen und Kontexte zu schaffen, in denen Lernende ihr Wissen entwickeln können (vgl. ebd.).

Kriterien guten Erklärens können in die folgenden vier Hauptbereiche eingeteilt werden (vgl. Kiel 1999; Wagner und Wörn 2011):

- *Strukturelle Kriterien* beziehen sich auf den Aufbau und den Ablauf der Erklärungen. Bei komplexen Sachverhalten ist ein Überblick zu geben (vgl. Wagner und Wörn 2011, S. 26). Die logische Reihenfolge der Erklärschritte ist für die Verständlichkeit entscheidend (vgl. ebd., S. 27) und auch die Konzentration auf den

Erklärungsgegenstand ist für das Verständnis von Bedeutung (vgl. ebd., S. 28). Die Erklärung sollte präzise formuliert sein und den Kern des Gegenstandes treffen. Bei Fragen und Verständnisproblemen sollte Raum für kommunikative Prozesse, also für Rückfragen und Feedback gegeben werden, um Verständnislücken aufzudecken (vgl. ebd.). Mit Blick auf die hier vorliegenden Produkte ist die Planung der Reihenfolge der Erklärschritte sicherlich besonders überlegt erfolgt, andere Kriterien müssen aber eingeschränkt werden, da die Videos im Rahmen dieser Untersuchung nicht mit Lernenden erprobt werden.

- *Inhaltliche Kriterien* fokussieren auf die „Erklärkraft im inhaltlichen Sinne" (Schreiber und Schulz 2017, S. 94) und auf die sachliche Korrektheit der Erklärung (vgl. Wagner und Wörn 2011, S. 28 f.). Dies bedeutet, dass alle Elemente einer Erklärung beachtet werden, sodass ein Verstehen der Erklärung möglich werden kann. Der Argumentationsstrang muss dabei „stringent sein und auf den Erklärungsgegenstand hinführen" (ebd., S. 29). Durch die Drehbücher und den erfolgten Reviewprozess sollte dieses Kriterium recht gut erfüllt sein. Eine besondere Rolle spielen für Wagner und Wörn (ebd.) die sprachliche und sachliche Korrektheit. Der mathematische Inhalt soll nicht durch „sprachliche Unschärfen oder eine didaktische Reduktion falsch dargestellt werden" (ebd.). Für alle drei Erklärungen in Video und Audio wurde dabei eine didaktische Reduktion vorgenommen, was uns für die Erstellung unvermeidbar scheint.
- *Adressatenbezogene Kriterien* nehmen Kenntnisse und Bedürfnisse der Adressaten in den Blick. Das Wissensdefizit der Lerngruppe muss zuvor ermittelt werden, damit die Erklärungen adressatenbezogen abgegeben werden können (vgl. ebd., S. 30). Eine angemessene (Fach-)Sprache sollte für die größtmögliche Verständlichkeit beachtet werden (vgl. ebd.). Kommt es dennoch zu Verständnisproblemen, kann man auf zuvor angefertigte Erklärvarianten zurückgreifen (vgl. ebd.). Im Falle der hier vorliegenden Videos und dem Audio können natürlich nur fiktive Adressaten – etwa Lernende aus dem 5. bis 7. Schuljahr – angenommen werden. Da die Adressaten aber nicht während der Aufzeichnung zugegen sind, kann nicht auf entstehende Verständnisprobleme reagiert werden. Erklärvarianten sind daher nicht erforderlich, könnten allenfalls gleich als geplante alternative Erklärung in den Videos und Audios erfolgen.

Je nach Erklärsituation kommen *weitere Kriterien* zum Tragen (vgl. Wagner und Wörn 2011, S. 30). Darunter fallen u. a. das Setzen angemessener Impulse, der gewinnbringende Umgang mit Feedback und das Einbeziehen der Adressaten. „Darüber hinaus ist es wichtig, dass die Sprache analog zum Material verwendet wird" (ebd.). Die sprachliche Dimension und der Bezug zum Material bzw. zum mathematischen Inhalt sind für die hier vorliegenden Produkte von besonderem Interesse. Die Ausrichtung der Erklärtiefe, also die Frage, wie exakt eine Erklärung sein muss und sein kann, ist beim Schreiben der Drehbücher und bei der Erstellung der Produkte zu klären (vgl. ebd.).

8.2   Die medialen Produkte

Die in diesem Beitrag vorgestellten Erklärungen beziehen sich inhaltlich alle auf den Aufbau des Hauses der Vierecke (Weigand 2013, S. 137). Alle drei Erklärungen basieren auf der gleichen Sachanalyse (vgl. Jaschke 2010), auf deren Grundlage jeweils ein Drehbuch erstellt wurde. Diese Drehbücher wurden einem mehrstufigen Reviewprozess unterworfen. In einem ersten Video (Abschn. 8.2.1) wird an der Tafel der Aufbau ausgehend vom Quadrat in Lautsprache erläutert und schrittweise entwickelt. In einem zweiten Video (Abschn. 8.2.2) wird diese Erklärung in Österreichischer Gebärdensprache (ÖGS) umgesetzt, das heißt ohne lautsprachliche Mittel. Die dritte mediale Umsetzung ist ein Audio-Beitrag (Abschn. 8.2.3) in Lautsprache ohne visuelle Unterstützung.

8.2.1   Die Erstellung des lautsprachlichen Videos

Das lautsprachliche Video wird in Anlehnung an den Ablauf der Erstellung von Stop-Motion-Filmen hergestellt, wie diese in Schreiber und Schulz (2017) beschrieben sind. Da der Inhalt bereits feststeht und die Sachanalyse vorliegt, beginnt die Erstellung mit einem ersten Drehbuch, dem Reviewprozess, der Erstellung eines optimierten Drehbuchs und endet mit dem Video, das dem Artikel als eines von drei Produkten zugrunde liegt (vgl. Wille 2019b). Die Studierenden, die zum Erstellen des Videos aufgefordert wurden, sind so weit instruiert, dass sie den Sachverhalt an einer Tafel erläutern sollen. Dazu sollen sie die ebenen Figuren nicht an der Tafel selbst zeichnen, sondern auf Papier gezeichnete ebene Figuren nacheinander an die Tafel heften. Der Studierende kann bei der Erklärung durch das Zeigen auf die Figuren bestimmte Eigenschaften hervorheben oder Zusammenhänge gestisch und auch zeichnerisch unterstreichen.

Der für die spätere Analyse entscheidende Ausschnitt aus dem optimierten Drehbuch für die Aufnahme des lautsprachlichen Videos ist wie in der Tab. 8.1 gegliedert: Nummerierung der Szene, Handlung, gesprochener Text, Skizze für das Bild.

8.2.2   Die Erstellung des ÖGS-Videos

Die Grundlage des Videos in Österreichischer Gebärdensprache (ÖGS) ist ein Drehbuch in Schriftdeutsch. Dabei wurden die Sätze einfach gehalten, da sie nur den jeweiligen Inhalt vorgaben, der Szene für Szene in ÖGS umgesetzt wurde. Diese Umsetzung erfolgte in Zusammenarbeit mit Christian Hausch, einem gehörlosen Mitarbeiter des Zentrums für Gebärdensprache und Hörbehindertenkommunikation: Szene für Szene wurde in ÖGS darüber gesprochen, wie der Inhalt in Gebärdensprache umgesetzt werden konnte. Danach wurde ein übersetzter Abschnitt des Drehbuchtextes in Glossen (vgl. Skant et al. 2002, S. 2 ff.) angegeben, die auf einem Teleprompter beim Drehen des

Tab. 8.1 Ausschnitt aus dem Drehbuch für das lautsprachliche Video (hier Szene 3 und 4)

Sz	Handlung	Gesprochener Text	Skizze
3.	Kamerazoom auf das Rechteck, welches nach Szene 2 an die Tafel aufgehängt wurde. Das Rechteck soll sich getreu dem Haus der Vierecke (nach Weigand) schräg rechts unterhalb des Quadrats befinden Person zeichnet die Spiegelachsen mit roter Farbe ein Kamerazoom raus, sodass Rechteck und Quadrat zu sehen sind Person zeichnet Pfeil zwischen Quadrat und Rechteck	Ist diese Figur auch ein Quadrat? (…) Nein, dies ist ein Rechteck, denn es hat nicht die gleichen Eigenschaften wie das Quadrat Hier kann man sehr gut sehen, dass dieses Rechteck keine vier gleich großen Seiten besitzt. Diese Figur besitzt lediglich je zwei gleich lange Seiten, welche je parallel zueinander verlaufen. Daher kann diese Figur kein Quadrat sein Das Rechteck hat wie das Quadrat vier rechte Winkel Bei diesem Rechteck können wir noch zwei Spiegelachsen einzeichnen, denn die anderen beiden sind aufgrund der unterschiedlichen Seitenlänge verloren gegangen Bei einer Drehung um ein Viertel kommt dieses Rechteck noch nicht zur Deckung, wir müssen jeweils um die Hälfte drehen, damit die Figur wieder aussieht wie vorher Wir halten also fest, dass dieses Rechteck nicht alle Eigenschaften des Quadrates besitzt und deswegen kein Quadrat sein kann. Dieses Rechteck hat keine vier gleich langen Seiten und weniger Spiegelachsen. Allerdings haben beide Figuren vier rechte Winkel Das Quadrat ist eine besondere Form eines Rechteckes, denn das Quadrat ist nichts anderes als ein Rechteck aber eben mit vier gleich langen Seiten Wir zeichnen zwischen den beiden Figuren also einen Pfeil ein, der uns sagt, dass das Quadrat eben auch ein Rechteck ist. Der Pfeil verläuft aber nur in eine Richtung, denn ein Rechteck ist nicht immer auch ein Quadrat	

(Fortsetzung)

Tab. 8.1 (Fortsetzung)

Sz	Handlung	Gesprochener Text	Skizze
4	Kamerazoom auf die Raute, welche nach Szene 3 an die Tafel angepinnt wurde. Das Rechteck soll sich getreu dem Haus der Vierecke (nach Weigand) schräg links unterhalb des Quadrats befinden Person zeichnet die Spiegelachsen Kamerazoom raus, sodass alle Figuren zu sehen sind Person zeichnet Pfeil zwischen Quadrat und Raute	Hier haben wir das nächste Viereck. Das ist eine Raute Mit Blick auf die Seiten der Figur stellen wir fest, dass alle vier Seiten gleich lang sind, so wie beim Quadrat ja auch Wir können erkennen, dass die Winkel dieser Raute keine rechten Winkel sind. Also haben wir es nicht mit einem Quadrat zu tun. Bei der Raute müssen die Winkel nicht zwingend rechte Winkel sein. Wichtig ist allerdings, dass die jeweils gegenüberliegenden Winkel gleich groß sind Wie das Rechteck besitzt die Raute zwei Spiegelachsen, welche wir nun einzeichnen (…), und kann um die Hälfte gedreht werden, damit es wieder deckungsgleich ist Auch hier gilt, dass diese Raute ähnliche Eigenschaften wie das Quadrat hat. Beide haben vier gleich lange Seiten, aber unterschiedliche Winkel und deswegen auch unterschiedliche Symmetrien. Wir zeichnen einen Pfeil vom Quadrat zu dieser Raute. Das Quadrat ist eine besondere Form der Raute, nämlich eine Raute, die vier rechte Winkel besitzt	

Ausschnitt aus dem Drehbuch für das lautsprachliche Video; hier Szene 3 und 4

Videos angezeigt wurden. Dieser Text war dann wiederum die Grundlage für das, was in der Szene gebärdet wurde und sich wieder leicht vom Telepromptertext unterschied. Dabei muss beachtet werden, dass Glossen Gebärdensprache nicht vollständig wiedergeben. Dieselbe Glosse kann unterschiedlich gebärdet werden. Außerdem kann mehr an Bedeutung übermittelt werden, als allein aus der Glosse sichtbar wird (vgl. die Gebärde GEBEN (Wille im Buch, S. 1) oder die Gebärde DREHEN weiter unten).

Ein Beispiel, das den Prozess vom Drehbuch zum Film aufzeigt, ist der folgende Ausschnitt. Vor dieser Szene waren Eigenschaften des Quadrats und eines Rechtecks besprochen worden. Im Drehbuch steht nun (Tab. 8.2):

Tab. 8.2 Ausschnitt aus dem Drehbuch für das ÖGS-Video

Drehbuchtext	
1.	Also: Dieses Rechteck ist kein Quadrat
2.	Es besitzt nicht alle Eigenschaften, die das Quadrat hat
3.	Aber wie sieht es andersherum aus?
4.	Ist ein Quadrat ein Rechteck? – Ja!
5.	Jedes Quadrat ist ein Rechteck. Es ist ein besonderes Rechteck
6.	Es besitzt alle Eigenschaften eines Rechtecks

Die Glossen (siehe Abb. 8.1) auf dem Teleprompter waren die folgenden:

Der dann tatsächlich gebärdete Text wird durch die folgenden Glossen wiedergegeben (Tab. 8.3):

Ein Unterschied vom Telepromptertext zum tatsächlich gebärdeten ist die Gebärde INHALT, die im ÖGS-Video dazukam. Die Bedeutung dieser Gebärde wird weiter unten aufgegriffen (Tab. 8.4).

Ein weiterer Unterschied, der in den zwei Schritten vom Drehbuch über den Teleprompertext zu den tatsächlich gebärdeten Sätzen sichtbar ist, betrifft das Sprechen über konkrete geometrische Formen oder allgemeine Aussagen über sie. Grote (2010) bezeichnet Gebärdensprache als eine „beschreibende Sprache" (ebd., S. 310), wobei Gehörlose dazu neigen, „Sachverhalte detailliert und anschaulich zu beschreiben" (ebd.). Außerdem wird bei gebärdensprachlichen Erzählungen gerne ein singulärer Aspekt in den Mittelpunkt gestellt, im Raum verortet und im Laufe der Erzählung immer wieder darauf verwiesen (vgl. Grote 2016, S. 114, und auch Wille (in diesem Band), S. 2?).

Abb. 8.1 Die Gebärde BESONDERS im ÖGS-Film und der dazugehörige Glossentext im Teleprompter

Tab. 8.3 Telepromptertext in Glossen und freie Übersetzung in Schriftsprache

Telepromptertext		Übersetzung
1.	XI RECHTECK KEIN QUADRAT	Dieses Rechteck ist kein Quadrat,
2.	NICHT ALLE EIGENSCHAFTEN	Da es nicht alle Eigenschaften besitzt
3.	IX QUADRAT EIN RECHTECK JA	Ist dieses Quadrat ein Rechteck? Ja
4.	QUADRAT BESONDERES RECHTECK; ALLE EIGEN-SCHAFTEN RECHTECK DA	Ein Quadrat ist ein besonderes Rechteck. Es erfüllt alle Eigenschaften eines Rechtecks
5.	ABER RECHTECK NICHT IMMER QUADRAT	Aber ein Rechteck ist nicht immer ein Quadrat
6.	ZUM BEISPIEL XI RECHTECK KEIN QUADRAT	Zum Beispiel ist dieses Rechteck kein Quadrat

Tab. 8.4 Das Transkript des ÖGS-Videos in Glossen und die Übersetzung in Schriftsprache

Transkript des ÖGS-Videos		Übersetzung
1.	IX RECHTECK NICHT INHALT QUADRAT	Dieses Rechteck ist kein Quadrat,
2.	NICHT ALLE EIGENSCHAFT	Da es nicht alle Eigenschaften besitzt
3.	IX QUADRAT INHALT JA RECHTECK	Dieses Quadrat ist tatsächlich ein Rechteck
4.	AUFPASSEN QUADRAT IX BESONDERS INHALT ALLE EIGENSCHAFT DA DA DA	Man muss beachten, dass dieses Quadrat ein besonderes (Rechteck) ist, da alle Eigenschaften erfüllt sind
5.	ABER RECHTECK NICHT IMMER QUADRAT	Aber ein Rechteck ist nicht immer ein Quadrat
6.	BEISPIEL IX RECHTECK INHALT KEIN QUADRAT	Zum Beispiel ist dieses Rechteck kein Quadrat

Bei dem obigen Beispiel ist nun zu beobachten, dass insgesamt mehr und mehr über konkrete Formen gesprochen wird und allgemeine Aussagen im Vergleich zum Drehbuchtext weniger werden. Im Drehbuchtext beginnen die ersten zwei Zeilen konkret und in den letzten vier Zeilen werden allgemeine Aussagen gemacht. Im Telepromptertext sind es nur noch zwei Zeilen (Zeile 4 und 5), in denen allgemeine Aussagen ausgedrückt werden. Im ÖGS-Video wird nur noch in Zeile 5 allgemein ausgedrückt, dass ein Rechteck nicht immer ein Quadrat ist. Alle anderen Sätze beziehen sich auf konkrete Formen. Weiter unten wird auch diese Beobachtung noch einmal diskutiert.

8.2.3   Die Erstellung der Audio-Erklärung

Die Audio-Erklärungen werden in Anlehnung an den Ablauf der Erstellung von mathematischen Audio-Podcasts, wie diese in Schreiber und Klose (2017) beschrieben sind, hergestellt. Da es sich aber bei der Erstellung nicht um einen intendierten Lernprozess der Erstellenden handelt, fokussiert sich der Ablauf auf die Erstellung eines ersten Drehbuchs, einer ersten Aufnahme, den Reviewprozess und die im Anschluss entstehende Audio-Erklärung, die dem Artikel zugrunde liegt. Das auf der gemeinsamen Sachanalyse gründende erste Drehbuch dient der Planung einer ersten Fassung, die dann im Rahmen einer Redaktionssitzung zur Diskussion gestellt wird. Danach erstellen die Autoren der Audio-Erklärung ein zweites Drehbuch (siehe Abb. 8.2), das Grundlage ist für die in diesem Artikel analysierte Audio-Erklärung:

Mathematik ist eine eher schriftbasierte Wissenschaft, in der Begriffe, Verfahren und Sachverhalte in der Regel schriftlich dargestellt und erläutert werden. In der Auseinandersetzung mit schriftlich-grafischen Anteilen in der mathematischen Unterrichtskommunikation wird deutlich, dass eine hohe Abhängigkeit mathematischer Kommunikation von schriftbasierter Darstellung – den mathematischen Inskriptionen – angenommen werden muss. Das Geschriebene übernimmt dabei nicht nur die Funktion der Reflexion und Dokumentation von Aussagen oder Aspekten des Bearbeitungsprozesses. Es ist nicht ohne Weiteres möglich, über mathematische Sachverhalte zu

S2: Im Haus der Vierecke wohnen außerdem auch Rechteck und Raute.

S1: Und was ist am Rechteck anders als am Quadrat?

S2: Das Rechteck hat auch vier Ecken und vier rechte Winkel. Aber es sind nicht alle vier Seiten gleich lang, nur die jeweils gegenüberliegenden und diese verlaufen auch parallel.

S1: Genau. Und da nicht alle vier Seiten gleich lang sind, besitzt das Rechteck auch nur zwei Spiegelachsen durch die Mittelpunkte der jeweils gleichlangen Seiten und sieht erst bei einer halben Drehung wieder aus wie vorher.

S2: Stimmt. Bei der Raute ist dann der Unterschied zum Quadrat, dass die vier Winkel keine rechten Winkel sind, oder?

S1: Ja, die Winkel müssen bei der Raute nicht 90° betragen. Es ist jedoch wichtig, dass die jeweils gegenüberliegenden Winkel gleich groß sind. Außerdem sind alle vier Seiten der Raute gleich lang. Sie besitzt zwei Spiegelachsen, welche durch die jeweils gegenüberliegenden Ecken verlaufen und wenn die Figur um die Hälfte gedreht wird, ist sie wieder deckungsgleich.

S2: Das Quadrat ist also sowohl eine besondere Form des Rechtecks als auch eine besondere Form der Raute. Deshalb wohnen diese beiden im Haus der Vierecke im Obergeschoss direkt unter dem Quadrat.

Abb. 8.2 Drehbuchausschnitt

kommunizieren, ohne dabei etwas schriftlich-grafisch aufzuzeichnen (vgl. Schreiber 2010, S. 14): So sind beispielsweise beim Problemlösen selbst oder beim Erläutern einer Lösung schriftlich-grafische Darstellungen essenziell. Die Abhängigkeit der Darstellung von der Wahl der Darstellungs*weise* ist möglicherweise in keiner anderen Wissenschaft so groß wie in der Mathematik. David Pimm spricht von einer für mathematische Darstellungen typischen „semantic pathology" (Pimm 1987, S. 159). Mathematik und ihre Didaktik sind daher Disziplinen, in denen schriftlich-grafische Zeichen eine herausragende Rolle spielen (vgl. dazu auch Kadunz 2010; Schreiber 2014). Im Gegensatz dazu ist die mündliche Darstellung mathematischer Inhalte für Lehrende und Lernende eher ungewohnt und kann daher Widerstände hervorrufen, die aber im Rahmen der Erstellung von Audio-Beiträgen zu mathematischen Themen produktiv genutzt werden können (siehe dazu Schreiber und Klose 2016).

8.3 Analyse der medialen Produkte

Im hier vorliegenden Artikel geht es bei den analysierten Erklärprozessen nicht um die Übertragung von Wissen im Sinne von Wagner und Wörn (Abschn. 8.1.2) oder gar eine Art des Messens erfolgreicher Erklärstrategien. Vielmehr sollen die drei unterschiedlichen Produkte, die auf medial unterschiedliche Weise den gleichen Inhalt erklären, auf ihre Besonderheiten untersucht werden, ohne dabei eine Zielgruppe und deren Verständnis des erklärten Inhaltes zu analysieren.

Alle drei Erklärungen fokussieren zunächst das *Was,* da einzelne Vierecke beschrieben werden, und dann für die Zusammenhänge im Haus der Vierecke eher das *Warum.* Die jeweiligen Adressaten sind nicht bei der Erklärung zugegen. In Bezug auf die oben genannten Kriterien nach Wagner und Wörn (2011; Abschn. 8.1.2) sind Aufbau und Ablauf der Erklärung ähnlich, Grundlage ist die gleiche Sachanalyse, wenn auch die Dramaturgie der Produkte jeweils individuell Akzente setzt. Der geforderte Raum für Rückfragen und Feedback entfällt, wird aber zum Teil durch rhetorische Fragen im ÖGS-Video „" oder durch die dialogische Gestaltung des Audios kompensiert.

Ein besonderes Augenmerk kann hier auf das Kriterium der sprachlichen und sachlichen Korrektheit (Wagner und Wörn 2011; Abschn. 8.1.2) gelegt werden: Die vorgenommene Sachanalyse nimmt schon von sich aus eine didaktische Reduktion vor, da sich die Erklärungen an Schülerinnen und Schüler wenden. Lautsprachlich muss dabei beim Audio wohl besonderes Augenmerk auf die Verwendung der Begriffe gelegt werden, da dieses Produkt auf die Lautsprache eingeschränkt ist. Deutlich einfacher ist dies beim lautsprachlichen Video. Hier wird die lautsprachliche Äußerung durch die Bilder unterstützt und die Zusammenhänge können außerdem gestisch verdeutlicht und so nachvollzogen werden. Im ÖGS-Video kann nicht gleichzeitig gebärdet und die Hände für andere manuelle Aktionen verwendet werden, wie beispielsweise beim Schreiben oder Zeichnen an der Tafel. Andererseits beinhalten die Gebärden eine Ikonizität und Indexikalität, die mathematische Inhalte inskriptional darstellen können, was lautsprachlich nicht möglich ist.

In der Auswertung werden einzelne Phasen der drei medial unterschiedlichen Erklärungen in das Konzept der *semiotic mediation* eingeordnet und diese Einordnungen kommentiert. Insbesondere werden Unterschiede bei Wechseln von ergänzender zu konstitutiver *verbal action* erläutert. Daraus werden Schlüsse für den Einfluss der Wahl der Mittel auf die mathematischen Erklärungen aus einer semiotischen Perspektive gezogen.

Betrachet man die Erklärprodukte, die hier im Fokus stehen, aus dem theoretischen Blickwinkel von Hasan (2002, 2005), so kann ein Erklär-Video oder ein Erklär-Audio, das von einem Lernenden angesehen und/oder angehört wird, als *semiotic mediation* bezeichnet werden. Der Hauptunterschied zwischen den Erklärprodukten liegt dabei im Wesentlichen im jeweiligen Mittel: Das Audio verwendet die deutsche Lautsprache als Mittel, genauso wie auch das lautsprachliche Video. Zusätzlich werden im lautsprachlichen Video visuelle Mittel eingesetzt wie beispielsweise Abbildungen von verschiedenen Vierecken, aber auch Zeigegesten zum Verweis auf die jeweiligen Vierecke oder deren Eigenschaften. Schließlich ist das Mittel, insbesondere die Modalität, beim ÖGS-Video rein visuell. Es wird sowohl mit Österreichischer Gebärdensprache der Inhalt vermittelt als auch mithilfe von Abbildungen, die hinter dem Gebärdenden an die Wand gepinnt werden und auf die verwiesen wird. Dagegen gibt es zwischen den Erklärprodukten keinen grundsätzlichen Unterschied bei dem *Vermittler,* dem zu vermittelnden *Inhalt,* den *Adressaten* oder dem *Ort:* Es *vermitteln* die jeweils in Lautsprache oder Gebärdensprache Sprechenden den *Inhalt,* den die didaktische Sachanalyse über das Haus der Vierecke vorgibt. *Adressaten* sind mögliche Lernende, die sich die Videos oder das Audio ansehen und/oder anhören. Der *Ort* ist der jeweilige Ort, an dem ein Lernender zusieht und/oder zuhört, was für diese Analyse aber unerheblich ist.

8.3.1   Ikonische und indexikalische Fachgebärden – ein Exkurs

Der Unterschied in der Modalität wirkt sich auf die Erklärprodukte aus. So kommt durch die Gebärden im ÖGS-Video eine Ikonizität und Indexikalität hinzu, die in Lautsprachen so nicht vorkommt. Die meisten Gebärden für die geometrischen Formen können als *ikonische Gebärden,* genauer als *Bild-Ikonen* aufgefasst werden (vgl. Wille in diesem Band, S. 5). So wird bei den Gebärden QUADRAT RECHTECK, RAUTE und TRAPEZ die jeweilige Form der mathematischen Inskriptionen mit Fingern nachgezeichnet (vgl. Wille und Schreiber 2019). Bei der Gebärde VIERECK zeichnen beide Hände die vier Ecken. Auf die Weise wird rein sprachlich die Inskription sichtbar, anders als es ein Audio in Lautsprache vermag. Die Gebärde PARALLELOGRAMM (siehe Abb. 8.3) zeigt nicht nur am Ende mit den Händen die Form der entsprechenden Inskription an, sondern es sieht so aus, als ob aus einem Rechteck (das natürlich auch ein Parallelogramm ist) ein Parallelogramm mit nicht rechtwinkligen Ecken entsteht.

Die Gebärde DRACHEN hingegen ähnelt nicht der Form des geometrischen Drachens, sondern stellt einen Spielzeugdrachen dar, der an der Schnur im Wind fliegt,

Abb. 8.3 Bei der Gebärde PARALLELOGRAMM ähneln die Hände den beiden Seiten der Form. Sie sind zunächst senkrecht (linkes Bild) und bewegen sich dann in die Schräglage (rechtes Bild)

Abb. 8.4 Bei der Gebärde PARALLEL werden in Bezug auf das Quadrat zunächst mit zwei Zeigefingern die beiden senkrechten parallelen Seiten nachgezeichnet (linkes Bild), danach die beiden horizontalen Seiten (rechtes Bild)

und kann daher als *indexikalische Gebärde* verstanden werden (vgl. Abb. 12 in Wille (in diesem Band), S. 8?).

Mit Gebärden können im Gegensatz zu Lautsprachen verschiedene visuelle Ebenen simultan vermittelt werden. In dem hier besprochenen ÖGS-Video betrifft das vor allem die Gebärden PARALLEL und DREHEN. Bei der Gebärde PARALLEL erhält der Adressat simultan die Information, wo die parallelen Seiten beim Quadrat liegen (siehe Abb. 8.4).

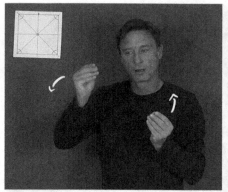

Abb. 8.5 Bei der Gebärde DREHEN vollziehen die Hände eine Drehbewegung (im Uhrzeigersinn vom Gebärdenden aus)

Bei der Gebärde DREHEN wird zusätzlich zur rein symbolischen Bedeutung des Wortes übermittelt, dass ein flacher Gegenstand (so wie das hinten angeheftete Papier mit dem Quadrat) gedreht wird (siehe Abb. 8.5).

Zusammenfassend werden also die folgenden Unterschiede zwischen den Modalitäten Gebärdensprache und Lautsprache beim ÖGS-Video sichtbar: Die Gebärden in dem ÖGS-Video ähneln zum Teil den mathematischen Inskriptionen und sogar Handlungen an ihnen im Sinne einer Ikonizität. Damit wohnt ihnen eine gewisse Materialität bzw. eine ikonische Ähnlichkeit zur Materialität mathematischer Verschriftlichungen inne.

8.3.2 *Verbal action* und *material action* im ÖGS-Video

Gebärden wie QUADRAT, DREHEN oder PARALLEL wohnt, wie oben besprochen, eine gewisse Materialität inne. Es wird nicht nur sprachlich ein Inhalt vermittelt, sondern es können mathematische Inskriptionen und die Handlung an ihnen im Sinne einer Ikonizität sichtbar werden. Insofern ist der Unterschied zwischen *verbal action* und *material action* nicht in gleichem Maße trennscharf wie bei lautsprachlichen mathematischen Erklärungen. Die Verwendung von Gebärdensprache ist eine *verbal action,* die jedoch durch die Ikonizität der Gebärdensprache eine sichtbare Verbindung zu dem hat, was als *material action* an mathematischen Inskriptionen gehandelt werden kann.

Welche Wechsel von ergänzender zu konstitutiver *verbal action* sind nun im ÖGS-Video erkennbar? Im bereits genannten Ausschnitt über den Zusammenhang zwischen Quadraten und Rechtecken gibt es im Drehbuch einen solchen Wechsel zwischen Zeile 2 und 3. In Zeile 2 lautet der Text: „Also: Dieses Rechteck ist kein Quadrat. Es besitzt nicht alle Eigenschaften, die das Quadrat hat", ergänzend zu dem, was materiell an die Pinnwand geheftet wurde. Danach, in Zeile 3, löst sich die

Sprache von den konkreten Vierecken an der Pinnwand. Lautsprachlich wird dies durch den Wechsel von „dieses" bzw. „das" zu „ein" deutlich. Es findet ein Wechsel von ergänzender zu konstitutiver *verbal action* statt, der über das konkrete Materielle hinausgeht. In Gebärdensprachen gibt es keine Eins-zu-eins-Übersetzung von bestimmten und unbestimmten Artikeln der Lautsprache. Stattdessen kann die Indexgebärde IX, die mit dem Zeigefinger gebärdet wird, im Sinne von „dieses" verwendet werden.

Im Teleprompttertext wurde der konstitutive Text „Ist ein Quadrat ein Rechteck? – Ja!" zu einem ergänzenden Text: „IX QUADRAT EIN RECHTECK JA" (übersetzt: „Ist dieses Quadrat ein Rechteck? Ja."). Der Wechsel zu konstitutiver *verbal action* findet zwischen Zeile 3 und Zeile 4 statt. Anders als im Drehbuch wird im Teleprompttertext jedoch am Ende noch einmal auf das konkrete Rechteck verwiesen. Die Aussage von Zeile 1, eine ergänzende *verbal action,* wird noch einmal wiederholt.

Im ÖGS-Video bleibt als konstitutive *verbal action* nur noch der Satz: „ABER RECHTECK NICHT IMMER QUADRAT" (übersetzt: „Aber ein Rechteck ist nicht immer ein Quadrat."). Das Fehlen der Gebärde IX zeigt hier an, dass nun allgemein über Rechtecke gesprochen wird. Tatsächlich ist es auch gar nicht möglich, diese allgemeine Aussage als ergänzende *verbal action* zu tätigen. Man gewinnt hier also den Eindruck, dass der Gebärdensprecher dazu tendiert, ergänzende *verbal action* zu verwenden. Dies passt zu der in Abschn. 8.2.2 genannten Beobachtung (vgl. Grote 2010, 2016), dass Gehörlose häufig Details anschaulich beschreiben.

Hasan beschreibt, dass bei konstitutiver *verbal action* häufig auch im Sinne einer „invisible mediation" Gewohnheiten („habits of mind"), vermittelt werden (Hasan 2002, S. 113 f.). Was tatsächlich vermittelt wird, kann natürlich nicht allein aus dem ÖGS-Video entnommen werden, da zu einer *semiotic mediation* auch der Adressat gehört, der hier nicht im Blick ist. Dennoch können Möglichkeiten angedacht werden: So ist es eine typische Gewohnheit mathematischer Überlegungen, von speziellen Fällen zu verallgemeinern und durch Aussagen über Allgemeines gleichzeitig Aussagen über die vielen Instanzen des Allgemeinen zu treffen. Was der Adressat also vermittelt bekommen könnte, ist, dass vom Konkreten zu allgemeinen Überlegungen gewechselt wird. Dieser Wechsel findet im entsprechenden Ausschnitt des ÖGS-Videos statt, der Anteil von konstitutiver *verbal action* fällt jedoch gegenüber dem Drehbuch geringer aus. Außerdem wird am Ende wieder „zurückgewechselt": Der Wechsel von konstitutiver zurück zu ergänzender *verbal action* findet zwischen Zeile 5 und 6 im ÖGS-Video statt. In diesem Auszug ist es das konkrete Rechteck, das als singulärer Aspekt in den Mittelpunkt gestellt und worauf im Laufe der Erklärung immer wieder verwiesen wird. Die Erklärung beginnt mit „IX RECHTECK NICHT INHALT QUADRAT" (übersetzt: „Dieses Rechteck ist kein Quadrat.") und endet mit fast der gleichen Formulierung: „BEISPIEL IX RECHTECK INHALT KEIN QUADRAT" (übersetzt: „Zum Beispiel ist dieses Rechteck kein Quadrat."). So werden die Aussagen immer wieder auf „dieses Rechteck" bezogen.

Im Gegensatz dazu ist es über das gesamte ÖGS-Video das spezielle Quadrat (gebärdet als „IX QUADRAT"), das den Anfang und das Ende bezeichnet und auf das sich immer wieder im Sinne von ergänzender *verbal action* bezogen wird. So wird beispielsweise der im Drehbuch konstitutiv vorgesehene Text:

> Ist eine Raute ein Quadrat? – Nein! Sie besitzt nicht alle Eigenschaften des Quadrats.
> Ist ein Quadrat eine Raute? – Ja! Jedes Quadrat ist eine besondere Raute.
> Alle Eigenschaften der Raute sind erfüllt.

wie folgt im ÖGS-Video umgesetzt:

> IX RAUTE INHALT QUADRAT? NEIN
> ABER AUFPASSEN IX[1] QUADRAT INHALT RAUTE? JA
> WARUM? IX[2] ALLE EIGENSCHAFTEN RAUTE DA DA DA
> IX QUADRAT BESONDERS RAUTE

Übersetzung:

> „Ist diese Raute ein Quadrat? Nein!
> Aber pass auf! Ist dieses Quadrat eine Raute? Ja.
> Warum ist das so? Alle Eigenschaften der Raute sind erfüllt.
> Dieses Quadrat ist eine besondere Raute."

Zum einen fiel im ÖGS-Video ein Satz weg: „Sie besitzt nicht alle Eigenschaften des Quadrats." Zum anderen ist eine Veränderung zu erkennen von einer linearen Erklärweise zu einem Erklären, bei dem sich immer wieder auf ein Objekt bezogen wird: Der eher linear aufgebaute Text in Zeile 2 und 3 des Drehbuchausschnitts, bei dem erst allgemeine Aussagen über Quadrate gemacht werden und danach die Erklärung mit den Eigenschaften folgt, wird im ÖGS-Video verändert. In Letzterem ist es der Mittelpunkt „IX QUADRAT", worauf sich immer wieder (in Zeile 1, 2 und 4) bezogen wird.

Eine Besonderheit bezüglich ergänzender und konstitutiver *verbal action* kann bei diesem Abschnitt noch erwähnt werden: In Zeile 2 im Ausschnitt über die Raute oben findet sich die gebärdensprachliche Frage: „IX QUADRAT INHALT RAUTE?" Der letzte Satz in Zeile 4 lautet: „IX QUADRAT BESONDERS RAUTE". Die anfängliche Frage wie auch die spätere Aussage scheinen sich, wenn man die Glossen liest, auf das gleiche Quadrat zu beziehen. Tatsächlich wird jedoch beim ersten „IX QUADRAT" die Zeigegebärde „IX" nach hinten, also in Richtung der Pinnwand, gebärdet, das „IX" in der letzten Zeile jedoch nach vorne. Dies kann interpretiert werden wie ein Zwischenschritt zur Verallgemeinerung bzw. ein Zwischenschritt von ergänzender zu konstitutiver *verbal action,* so als sei das erste „IX" auf ein konkretes „QUADRAT" bezogen und das zweite „IX" beziehe sich auf das Quadrat als ein paradigmatisches Beispiel. Solch ein Zwischenschritt kann in genau der Weise lautsprachlich nicht ausgedrückt werden.

---

[1]Dieses „IX" wurde als Zeigegebärde nach hinten zur Pinnwand hin gebärdet.
[2]Dieses „IX" wurde als Zeigegebärde nach vorne gebärdet.

Bezüglich *verbal action, material action* und dem Wechsel von ergänzender zu konstitutiver *verbal action* beim ÖGS-Video kann also zusammengefasst werden:

- In Österreichischer Gebärdensprache ist wegen ihrer Ikonizität der Unterschied zwischen *material action* und *verbal action* nicht im gleichen Maße trennscharf wie in deutscher Lautsprache.
- Die Wechsel von ergänzender zu konstitutiver *verbal action* wurden im Vergleich mit dem lautsprachlichen Drehbuch im ÖGS-Video reduziert. Dafür gibt es einen Unterschied in der Gebärde „IX" (diese/dieser/dieses): einmal als Hinweis auf etwas Materielles und einmal auf ein möglicherweise paradigmatisches Beispiel.
- Im ÖGS-Video stand das konkrete Quadrat an der Pinnwand im Mittelpunkt. Auf dieses wurde immer wieder verwiesen und andere Formen wurden in Bezug zu ihm gesetzt.

8.3.3 *Verbal action* und *material action* im lautsprachlichen Video

Die mündlichen Erläuterungen im Realfilm sind der *verbal action* zuzuordnen, während die *material action* beim Zeigen auf konstituierende Eigenschaften der Formen, dem Einzeichnen von Eigenschaften oder beim Zeichnen von Pfeilen zur Verdeutlichung der Beziehungen zwischen den Vierecken stattfindet. Das zeigt sich im Drehbuch zum Beispiel im folgenden Ausschnitt aus Szene 2:

Der Sprecher zeigt auf das konkrete Quadrat und zeigt so eine Eigenschaft an diesem speziellen Beispiel (siehe Tab. 8.5), was der ergänzenden *verbal action* entspricht. Immer wieder wird aber auch auf allgemeine Fälle der benannten ebenen Figuren verwiesen, also konstitutive *verbal action* genutzt, um allgemeine Zusammenhänge zu beschreiben, wie hier im Ausschnitt aus der Szene 4 (siehe Tab. 8.6) in Beispiel b:

Zunächst wird noch genau diese Raute bezeichnet, die an der Tafel zu sehen ist. Sie wird aber schon mit „das Quadrat" verglichen, was nicht unbedingt nur das konkrete Quadrat zu sein scheint, das dort ebenfalls hängt, sondern das Quadrat als allgemeiner Fall. „Das Quadrat ist eine besondere Form der Raute" ist dabei allgemein formuliert,

Tab. 8.5 Ausschnitt aus Szene 2, im Folgenden „Beispiel a"

Sz.	Handlung	Gesprochener Text	Skizze
2.	Person zeigt auf die Winkel und auf die Seiten	Was sofort in die Augen sticht, sind die vier gleich langen Seiten Die Seiten haben zueinander eine besondere Stellung. Benachbarte Seiten bilden einen rechten Winkel und gegenüberliegende Seiten verlaufen parallel	

Tab. 8.6 Ausschnitt aus Szene 4 als „Beispiel b"

Sz.	Handlung	Gesprochener Text	Skizze
4.	Kamerazoom raus, sodass alle Figuren zu sehen sind Person zeichnet Pfeil zwischen Quadrat und Raute	Auch hier gilt, dass diese Raute ähnliche Eigenschaften wie das Quadrat hat. Beide haben vier gleich lange Seiten, aber unterschiedliche Winkel und deswegen auch unterschiedliche Symmetrien. Wir zeichnen einen Pfeil vom Quadrat zu dieser Raute. Das Quadrat ist eine besondere Form der Raute, nämlich eine Raute, die vier rechte Winkel besitzt	

was mit den Eigenschaften unterstrichen wird, nämlich als „Raute, die vier rechte Winkel besitzt". Solche Vergleiche von konkreten Figuren, auf die verwiesen wird, mit allgemeinen Fällen finden sich immer wieder bei der Beschreibung der einzelnen Vierecke und bei der Einordnung in das Haus der Vierecke über die Beschreibung der Beziehungen. Oft ist dabei die Richtung die, dass ein konkretes Viereck mit dem allgemeinen Fall des nächsthöheren Vierecks in der Hierarchie des Hauses der Vierecke verglichen wird, also wie in Beispiel b die konkrete Raute mit dem allgemeinen Fall des Quadrats. Die Übergänge sind dabei nicht immer ganz deutlich, weil trotz der Verwendung des bestimmten Artikels teilweise die Figur als allgemeiner Fall genutzt wird. Bei der Verwendung des unbestimmten Artikels wird der Hinweis auf den allgemeinen Fall deutlicher. Die Verwendung des Pronomens „diese" zeigt aber immer wieder deutlich auch den Hinweis auf die konkret vorhandene ebene Figur und ist als ergänzende *verbal action* einzuordnen.

Bezüglich *verbal action, material action* und Wechsel von ergänzender zu konstitutiver *verbal action* beim lautsprachlichen Video kann also zusammengefasst werden:

- Im lautsprachlichen Video kann der Unterschied zwischen *material action* und *verbal action* deutlicher ausgemacht werden.
- Wechsel zu konstitutiver *verbal action* werden im lautsprachlichen Video innerhalb von Aussagen immer wieder vollzogen, oft einhergehend mit der Verwendung von dafür geeigneten Pronomen bzw. von bestimmten und unbestimmten Artikeln.
- Der Wechsel zu konstitutiver *verbal action* im lautsprachlichen Video ist dabei besonders in Richtung der Vierecke der höheren Hierarchie im Haus der Vierecke, also Vierecke mit mehr Eigenschaften, zu beobachten.

8.3.4 *Verbal action* und *material action* im Audio

Im Audio sind es durchweg allgemeine Fälle, die beschrieben werden. Man kann wegen der fehlenden visuellen Darstellungsmodi hier nur über die ebenen Figuren im

Allgemeinen sprechen und nutzt so in diesem besonderen Setting durchweg konstitutive *verbal action*. Das zeigt sich schon an der anfangs von Sprecher 1 gestellten Frage und der Antwort von Sprecher 2:

S1   Sagt mal, was ist am Quadrat eigentlich so besonders? Eigentlich ist es doch ein ganz normales Viereck.

S2   Das Quadrat vereint die Eigenschaften aller anderen Vierecke

Es wird nicht auf ein bestimmtes Quadrat verwiesen, wenn auch das Quadrat benannt wird, und dieses kann ohne Weiteres mit allen anderen Vierecken verglichen werden. Dies ist auch später der Fall, wenn Sprecher 2 die Raute im Allgemeinen mit dem Quadrat im Allgemeinen vergleicht und von Sprecher 1 die Raute allgemein näher beschrieben wird:

S2:   Stimmt. Bei der Raute ist dann der Unterschied zum Quadrat, dass die vier Winkel keine rechten Winkel sein müssen, oder?

S1:   Ja, die Winkel müssen bei der Raute nicht unbedingt rechte Winkel sein

Hier werden die bestimmten Artikel durchweg für die allgemeinen Fälle genutzt. Pronomen wie „diese" finden keine Verwendung, weil nicht auf konkrete ebene Figuren verwiesen werden kann. Die Nutzung von *material action* entfällt und in dem hier besprochenen Beispiel ist auch die ergänzende *verbal action* nicht vorhanden.

Bezüglich *verbal action, material action* und dem Wechsel von ergänzender zu konstitutiver *verbal action* beim Audio kann also zusammengefasst werden:

- Im Audio wird durchweg *verbal action* genutzt und die *material action* entfällt.
- Wechsel von ergänzend zu konstitutiv entfallen ebenso.
- Die Verwendung von bestimmten und unbestimmten Artikeln weist durchweg auf allgemeine Fälle hin, während die Verwendung von Pronomen nicht stattfindet.
- Die *verbal action* ist durchweg konstitutiv.

8.4   Vergleich der medialen Produkte

Der Vergleich der drei medial unterschiedlichen Erklärungen zeigt, dass sich nicht nur der Wechsel von ergänzender zu konstitutiver *verbal action* unterscheidet, sondern auch, dass im gebärdensprachlichen Video immer wieder auf eine konkrete Form verwiesen und zu dieser zurückgekehrt wird. Dieser Verweis wird jedoch, wie oben besprochen, zum Teil mit einer IX-Gebärde nach vorne hin gebärdet, was als Hinweis auf ein paradigmatisches Beispiel interpretiert werden kann.

Hasan beschreibt, dass bei konstitutiver *verbal action* häufig auch *Gewohnheiten* vermittelt werden, was sie *invisible mediation* nennt. Eine typische mathematische „Gewohnheit" ist es, sich im Sinne einer Generalisierung konkrete mathematische Formen, Gleichungen, Strukturen usw. anzusehen und dann verallgemeinerte Aussagen zu treffen. Somit stellt sich die Frage, ob ein anderer Eindruck beim Adressaten entsteht, falls wie im gebärdensprachlichen Video die Teile mit konstitutiver *verbal action* und auch die Wechsel von ergänzender zu konstitutiver *verbal action* seltener vorkommen. Diese Frage ist mit der vorliegenden Studie nicht zu beantworten, zumal es dafür weiterer Vergleiche bedarf.

Jedoch zeigt sich, dass allein die Modalität einer visuell-gestischen Sprache eine Erklärung gegenüber der Lautsprache verändert. Wenn außerdem Gebärdensprechende gewohnt sind, immer wieder eine Sache in den Mittelpunkt zu stellen und alles andere mit dem in Beziehung zu setzen, dann wird deutlich, dass ein reines Dolmetschen, wie es häufig im inklusiven Unterricht Gehörloser stattfindet, den Gebärdensprechenden nicht gerecht wird. Auf der anderen Seite kann gerade diese Eigenart des gebärden-sprachlichen Erzählens in der Didaktik genutzt werden, um möglicherweise auch für hörende Schülerinnen und Schüler Eigenschaften von geometrischen Figuren und Ver-allgemeinerungsprozesse zu verdeutlichen.

Bezüglich der Verwendung von *verbal action, material action* und des Wechsels von ergänzender zu konstitutiver *verbal action* können Ähnlichkeiten wie auch Unterschiede zwischen den drei Produkten beschrieben werden:

- In Österreichischer Gebärdensprache ist wegen ihrer Ikonizität der Unterschied zwischen *material action* und *verbal action* nicht im gleichen Maße trennscharf wie in deutscher Lautsprache. Im Gegensatz dazu wird im Audio durchweg *verbal action* genutzt (vgl. Wille 2018, 2019a).
- Wechsel von der ergänzenden zur konstitutiven *verbal action* wurden im Vergleich mit dem lautsprachlichen Drehbuch im ÖGS-Video reduziert. Dafür gibt es einen Unterschied in der Gebärde IX (diese/dieser/dieses), einmal als Hinweis auf etwas Materielles und einmal auf ein möglicherweise paradigmatisches Beispiel. Im laut-sprachlichen Video werden diese Wechsel innerhalb von Aussagen immer wieder voll-zogen, oft einhergehend mit der Verwendung von dafür geeigneten Pronomen bzw. bestimmten und unbestimmten Artikeln. Im Audio entfallen diese Wechsel und die Verwendung von bestimmten und unbestimmten Artikeln weist durchweg auf all-gemeine Fälle hin, während die Verwendung von Pronomen nicht stattfindet. Die *verbal action* ist im Audio durchweg konstitutiv.
- Im ÖGS-Video stand das konkrete Quadrat an der Pinnwand im Mittelpunkt. Auf dieses wurde immer wieder verwiesen und andere Formen wurden in Bezug zu ihm gesetzt. Im lautsprachlichen Video lässt sich der Wechsel von ergänzender *verbal action* zur konstitutiven *verbal action* besonders in Richtung der Vierecke der höheren Hierarchie im Haus der Vierecke, also für Vierecke mit mehr Eigenschaften beobachten.

Literatur

Grote K (2010) Denken Gehörlose anders? – Auswirkungen der gestisch-visuellen Gebärden-sprache auf die Begriffsbildung. Das Zeichen 85:310–319

Grote K (2016) Der Einfluss von Sprachmodalität auf Konzeptualisierungsprozesse und draus abgeleitete Konsequenzen für die Hörgeschädigtenpädagogik. Hörgeschädigtenpädagogik 4:140–146

Hasan R (2000) The uses of talk. In: Sarangi S, Couldhard M (Hrsg) Discourse and social life. Longmans, London, S 28–47

Hasan R (2002) Semiotic mediation and mental development in pluralistic societies: some implications for tomorrow's schooling. In: Wells G, Claxton G (Hrsg) Learning for life in the 21st century: socio-cultural perspectives on the future of education. Blackwell, London, S 112–126

Hasan R (2005) Semiotic mediation, language and society: three exotripic theories – Vygotsky, Halliday and Bernstein. In: Webster JJ (Hrsg) Language, society and consciousness: Raqaiya Hasan. Equinox, London, S 130–156

Jaschke T (2010) Von der klassischen zur didaktischen Sachanalyse. Mathematik lehren 158:10–13

Kadunz G (Hrsg) (2010) Sprache und Zeichen – die Verwendung von Linguistik und Semiotik in der Mathematikdidaktik. Hildesheim, Franzbecker

Kiel E (1999) Erklären als didaktisches Handeln. Ergon, Würzburg

Kiel E, Meyer M, Müller-Hill E (2015) Erklären – Was? Wie? WARUM? Praxis der Mathematik in der Schule 64:2–9

Klein J (2009) ERKLÄREN-WAS, ERKLÄREN-WIE, ERKLÄREN-WARUM. Typologie und Komplexität zentraler Akte der Welterschließung. In: Vogt R (Hrsg) Erklären. Gesprächsana-lytische und fachdidaktische Perspektiven. Stauffenburg, Tübingen, S 25–36

Pimm D (1987) Speaking mathematically. Routledge, London

Schreiber C (2010) Semiotische Prozess-Karten – chatbasierte Inskriptionen in mathematischen Problemlöseprozessen. Waxmann, Münster

Schreiber C (2014) Sprechen über Mathematik – mit digitalen Medien mündlich darstellen. In: Kadunz G (Hrsg) Semiotische Perspektiven auf das Lernen von Mathematik. Springer, Berlin, S 227–247

Schreiber C (2016) Mathematik in Ton und Bild darstellen. In Beiträge zum Mathematikunterricht 2016. WTM, Münster, S 1365–1368

Schreiber C, Klose R (2016) Wi(e)derstände für den mathematischen Lernprozess nutzen. In: Knaus T, Engel O (Hrsg) framediale 2015. Kopaed, München, S 199–214

Schreiber C, Klose R (2017) Audio-Podcasts zum Darstellen und Kommunizieren. In: Schreiber C, Rink R, Ladel S (Hrsg) Digitale Medien im Mathematikunterricht der Primarstufe – Ein Hand-buch für die Lehrerausbildung. WTM, Münster, S 63–88

Schreiber C, Schulz K (2017) Stop-Motion-Filme zu Materialien aus dem Mathematikunterricht. In: Schreiber C, Rink R, Ladel S (Hrsg) Digitale Medien im Mathematikunterricht der Primar-stufe – Ein Handbuch für die Lehrerausbildung. WTM, Münster, S 89–110

Skant A, Dotter F, Bergmeister E, Hilzensauer M, Hobel M, Krammer K, Okorn I, Orasche C, Orter R, Unterberger N (2002) Grammatik der Österreichischen Gebärdensprache. Veröffent-lichungen des Forschungszentrums für Gebärdensprache und Hörbehindertenkommunikation, Bd 4. Klagenfurt

Wagner A, Wörn C (2011) Erklären lernen – Mathematik verstehen. Ein Praxisbuch mit Lernangeboten. Kallmeyer, Seelze

Weigand HG (2013) Didaktik der Geometrie für die Sekundarstufe I. Spektrum, Heidelberg

Wille AM (2018) Materialien für den Mathematikunterricht für gehörlose Schülerinnen und Schüler. In: Beiträge zum Mathematikunterricht 2018. WTM. Münster, S 1987–1990

Wille AM (2019a) Einsatz von Materialien zur Bruchrechnung für gehörlose Schülerinnen und Schüler im inklusiven Mathematikunterricht. In: Beiträge zum Mathematikunterricht. 2019. WTM, Münster, S 901–904

Wille AM (2019b) Gebärdensprachliche Videos für Textaufgaben im Mathematikunterricht – Barrieren abbauen und Stärken gehörloser Schülerinnen und Schüler. Mathematik differenziert 3:38–45

Wille AM (im Buch) Mathematische Gebärden der Österreichischen Gebärdensprache aus semiotischer Sicht

Wille AM, Schreiber C (2019) Explaining geometrical concepts in sign language and in spoken language – a comparison. In: Jankvist UT, Van den Heuvel-Panhuizen M, Veldhuis M. (Hrsg) Proceedings of the Eleventh Congress of the European Society for Research in Mathematics Education. Freudenthal Group. & Freudenthal Institute, Utrecht University and ERME, S 4609–4616

Mathematische Gebärden der Österreichischen Gebärdensprache aus semiotischer Sicht

9

Annika M. Wille

Inhaltsverzeichnis

A. M. Wille (✉)
Institut für Didaktik der Mathematik, Alpen-Adria-Universität Klagenfurt, Klagenfurt,
Österreich
E-Mail: annika.wille@aau.at

© Springer-Verlag GmbH Deutschland, ein Teil von Springer Nature 2020
G. Kadunz (Hrsg.), *Zeichen und Sprache im Mathematikunterricht*,
https://doi.org/10.1007/978-3-662-61194-4_9

9.1   Mathematische Gebärden im Mathematikunterricht

Die Österreichische Gebärdensprache (ÖGS) wird im Mathematikunterricht gehörloser Schülerinnen und Schüler unterschiedlich eingesetzt, teils durch gebärdensprachkompetente Lehrkräfte, teils durch eine Dolmetscherin oder einen Dolmetscher (vgl. Wille 2018, 2019a, b). Gebärdensprachen unterscheiden sich vor allem durch ihre Modalität von Lautsprachen, da sie im Gegensatz zu den artikulatorisch-auditiven Lautsprachen gestisch-visuell sind (vgl. Wille und Schreiber 2019). Lernen nun gehörlose Schülerinnen und Schüler mithilfe von Gebärdensprache Mathematik, so stellt sich die Frage, welchen Einfluss dies auf ihr Mathematiklernen hat. Um sich dieser Frage anzunähern, werden mathematische Fachgebärden aus einer semiotischen Sicht heraus untersucht. Die Ergebnisse dieser theoretischen Betrachtung ermöglichen es, Vermutungen zu einem möglichen Einfluss von Gebärdensprache auf mathematische Begriffsbildungsprozesse präzise zu formulieren.

Im Folgenden gehören alle Beispiele von Gebärden zur Österreichischen Gebärdensprache, wenn es nicht anders gekennzeichnet ist.[1]

9.1.1   Gebärdensprachen

Gebärdensprachen sind natürliche Sprachen. Ihre gestisch-visuelle Modalität ermöglicht linear aufeinanderfolgende Sprachzeichen wie in den Lautsprachen. Im Gegensatz zu einer Lautsprache können jedoch in einer Gebärdensprache verschiedene visuelle Ebenen simultan verarbeitet werden (Louis-Nouvertné 2001, S. 6). So wird beispielsweise bei der Gebärde GEBEN erkennbar, wer wem etwas gibt und welcher Art der Gegenstand ist, ob klein, ob groß, ob schwer, ob leicht.

Zu den manuellen Bausteinen einer Gebärde gehören eine Handform, eine Handstellung, eine Bewegung und eine Ausführungsstelle. Hinzu kommen nichtmanuelle Bausteine wie Mimik, Mundgestik, Mundbild sowie Kopf- und Körperhaltung (Skant et al. 2002, S. 17 f.). Durch einen Unterschied in nur einem dieser Parameter kann sich die Bedeutung des Sprachzeichens ändern. Beispielsweise sind bei den Gebärden ZEHN und ZEHNTEL sowohl Handform und Handstellung als auch Bewegung gleich. Die Ausführungsstelle bei ZEHNTEL liegt jedoch deutlich tiefer als bei der Gebärde ZEHN (Abb. 9.1). Gerade bei den mathematischen Fachgebärden ist zu beachten, dass sie weniger standardisiert sind als Fachwörter einer Lautsprache. Zum Teil werden verschiedene Gebärden für dasselbe Fachwort verwendet, zum Teil fehlt eine Fachgebärde und muss erst im Unterricht ausgehandelt werden (vgl. Healy 2012).

---

[1]Gebärden werden in diesem Artikel in der für Gebärdensprachen häufig üblichen Glossenschrift mit Großbuchstaben geschrieben. Dabei können zusätzliche Informationen an Glossen angefügt werden, was in diesem Artikel bis auf Indizes jedoch nicht nötig ist. Eine Übersicht über die Glossenverwendung in der ÖGS ist in Skant et al. (2002, S. 2 ff.) zu finden.

Abb. 9.1   Die Gebärden ZEHN (**a**) und ZEHNTEL (**b**)

Gebärden nutzen den Raum, in dem sie gebärdet werden, in besonderer Weise. Bei-spielsweise werden innerhalb einer Erzählung unterschiedlichen Gegenständen oder Personen verschiedene Orte im Gebärdenraum zugeordnet, auf die dann wiederholt ver-wiesen werden kann (Louis-Nouverté 2001, S. 11). Grote (2016) beschreibt, dass es dadurch zu einer unterschiedlichen Erzählweise kommen kann. In Lautsprachen wird häufig auf eine „lineare Struktur der Handlungsabfolge fokussiert", wohingegen in einer gebärdensprachlichen Erzählung „vorzugsweise singuläre Aspekte in den Mittelpunkt" gestellt und im Raum verortet werden (ebd., S. 144). Diese Orte dienen als Referenzen, auf die im Folgenden verwiesen werden kann. Auch bei der Beschreibung von Bildern gibt es beobachtbare Unterschiede. In Lautsprache werden die Objekte eher von einer Seite zur anderen beschrieben. Dagegen beginnen Gebärdensprechende häufig mit einem Objekt in der Mitte und beschreiben die anderen Objekte in Relation zu diesem (ebd., S.141 f.).

In Gebärdensprachen zeigt sich eine räumliche Anordnung beispielsweise darin, dass aufeinanderfolgende Zahlen vertikal (von oben nach unten) oder horizontal (von links nach rechts) dargestellt werden. Zeitliche Abfolgen werden häufig von hinten nach vorne gebärdet, wobei Vergangenes hinter der bzw. dem Gebärdenden liegt, Zukünftiges davor. Bei der Frage „Wie viel muss ich zur 4 addieren, um 10 zu erhalten?" sieht man die horizontale Anordnung deutlich. Dieser Satz kann durch „4 BIS 10 WIE-VIEL" gebärdet werden (Abb. 9.2): 4 wird links (aus der Perspektive des Gebärden-sprechenden) gebärdet (Bild a). BIS beschreibt mit dem Zeigefinger eine Linie von links nach rechts (Bilder b und c) und 10 wird rechts gebärdet (Bild d). Darauf folgt die Gebärde WIE-VIEL (Bild e).

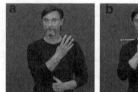

Abb. 9.2 Die Frage, wie viel man zur 4 addieren muss, um 10 zu erhalten, wird durch „4 BIS 10 WIE-VIEL" gebärdet

Eine weitere Folge des gestisch-visuellen Modus betrifft die Ikonizität und die Indexikalität gebärden-sprachlicher Sprachzeichen.[2] Deren Einfluss auf Konzeptualisierungsprozesse untersuchte Grote (2001, 2013) und zeigte unter anderem, dass Ikonizität „zu einer exponierten Stellung des Objektmerkmals" führt, „das durch das ikonische Moment der Gebärde reflektiert wird" (Grote 2001, S. 47). So brachten in einem Versuch Gebärdensprechende solche Bilder schneller in einen semantischen Zusammenhang mit einem Begriff, wenn dieses Bild eine Ähnlichkeit zu dem ikonischen Moment der Gebärde aufwies. Um auf lange Sicht den Einfluss der Ikonizität und Indexikalität von Gebärdensprache auf das Lernen mathematischer Begriffe untersuchen zu können, lohnt eine genauere Betrachtung der unterschiedlichen Möglichkeiten von Ikonizität und Indexikalität bei mathematischen Fachgebärden.[3]

9.2   Zeichenbegriff nach Peirce

In der Zeichentheorie von Charles S. Peirce (1839–1914) hat ein Zeichen eine Repräsentantenfunktion und eine Erkenntnisfunktion (Hoffmann 2001, S. 1): Einerseits ist ein Zeichen „etwas, das etwas, sein Objekt, für etwas, seinen Interpretanten, repräsentiert" (ebd., S. 1), andererseits sind Zeichen „Mittel der Erkenntnis und Voraussetzung für jede kognitive Tätigkeit" (ebd., S. 1). Die Relation Zeichen/Repräsentamen, Objekt und Interpretant eines Zeichens kann mithilfe einer Zeichentriade (Abb. 9.3) als

---

[2]Ikonizität und Indexikalität im Sinne von Peirce werden weiter unten ausgeführt.

[3]Quellen der für diesen Artikel untersuchten Gebärden sind das Internetportal „Spreadthesign" (www.spreadthesign.com), ein europäisches Projekt zur Erstellung einer mehrsprachigen Gebärden-Video-Datenbank, außerdem die Datenbank „LedaSila" (https://ledasila.aau.at) für ÖGS-Gebärden, die von der Alpen-Adria-Universität Klagenfurt erstellt wurde, und schließlich geht das Wissen der Autorin aus Gesprächen mit österreichischen Gehörlosen sowie aus ÖGS-Kursen mit ein. Die Abbildungen in diesem Artikel zeigen Momentaufnahmen von Gebärdenvideos, die von Christian Hausch, einem Mitarbeiter des Zentrums für Gebärdensprache und Hörbehindertenkommunikation der Alpen-Adria-Universität Klagenfurt, gebärdet wurden.

Abb. 9.3 Zeichentriade nach
Peirce

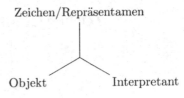

Dimensionen veranschaulicht werden. Peirce (CP 2228, 1897, vgl. auch Hoffmann 2001, S. 3) beschreibt diese Relationen wie folgt:

> Ein Zeichen, oder Repräsentamen, ist etwas, das für jemanden in einer gewissen Hinsicht oder Fähigkeit für etwas steht. Es richtet sich an jemanden, d. h., es erzeugt im Bewußtsein jener Person ein äquivalentes oder vielleicht ein weiter entwickeltes Zeichen. Das Zeichen, welches es erzeugt, nenne ich den Interpretanten des ersten Zeichens. Das Zeichen steht für etwas, sein Objekt. Es steht für das Objekt nicht in jeder Hinsicht, sondern in bezug auf eine Art von Idee, welche ich manchmal das Fundament (ground) des Repräsentamens genannt habe.

Dabei ist der Interpretant selbst ein Zeichen und kann in eine Zeichenkette eingebunden sein (Abb. 9.4). Durch eine im Prinzip unendliche Zeichenkette konstituiert sich dann die Bedeutung eines Zeichens.

In diesem Artikel steht die Objektdimension im Fokus und damit die Frage, wie ein Objekt in die Zeichenrelation eingebunden werden kann.[4] Peirce unterscheidet hier die Einbindung eines Objektes in die Zeichenrelation als Ikon, Index oder Symbol: Ein Index richtet die Aufmerksamkeit auf etwas. Ein Ikon bildet „die relationale Struktur innerhalb eines Objekts" ab und ruft dadurch „einen Eindruck der Ähnlichkeit zwischen Zeichen und Bezeichnetem" hervor (Hoffmann 2001, S. 12). Und ein Symbol kann „nur auf der Grundlage einer Gewohnheit oder einer Gesetzmäßigkeit interpretiert" werden (ebd., S. 12).

Schließlich gibt es auch komplexere Zeichen, bei denen Ikone, Indizes und Symbole miteinander verbunden sein können. Ein komplexes Zeichen ist beispielsweise das Diagramm. Ein Diagramm im Sinne von Peirce ist ein Zeichen, das vorwiegend wegen Konventionen als Ikon von Relationen verwendet wird. Diagramme werden mithilfe bestimmter Darstellungssysteme konstruiert (vgl. Hoffmann 2007, S. 3), wie beispielsweise durch das Darstellungssystem der alltäglichen Sprache oder in der Mathematik durch axiomatische Systeme. In der Form von Inskriptionen haben Diagramme eine „materielle, wahrnehmbare Basis" (Dörfler 2006, S. 210), beispielsweise auf Papier. Beispiele von Diagrammen sind alle Sätze, algebraische Gleichungen und auch Funktionsgraphen. Das jeweilige Darstellungssystem ist nicht nur zentral für die Konstruktion

---

[4]Da sich Lautsprachen und Gebärdensprachen bei der Ikonizität und Indexikalität unterscheiden, wird in diesem Beitrag auf die Objektrelation eingegangen.

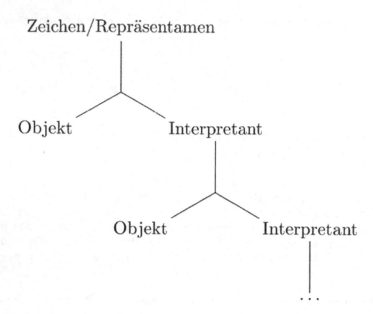

Abb. 9.4 Zeichenkette

von Diagrammen, sondern auch für Manipulationen, die mit Diagrammen durchgeführt werden können (vgl. ebd., S. 7).

Die Peircesche Zeichentheorie wurde in der Vergangenheit vielfältig in der Mathematikdidaktik verwendet, beispielsweise bei Überlegungen, in welcher Weise Diagramme in der Mathematik Mittel und Gegenstand des Denkens sein können (vgl. Dörfler 2006). Huth (2011) nutzt Peirces Theorie, um Gesten und Lautsprache zu analysieren, und fokussiert dabei sowohl auf sogenannte Mismatches, wenn Gestik und Lautsprache unterschiedliche Informationen vermitteln, als auch auf Aushandlungsprozesse von Gesten in der Interaktion.[5] Auch in Huth (2018) werden aus einer Peirceschen Perspektive Gesten betrachtet und es wird beschrieben, wie ein „gestisches Diagramm" in ein „materialisiertes Diagramm" überführt wird (ebd., S. 229). Mathematische Gebärden betrachtet Krause (2017) im Rahmen von Äußerungen über Bruchrechnung in Deutscher Gebärdensprache (DGS) und unterscheidet Kategorien, die den Peirceschen Ikonizitätsbegriff aufgreifen: Zum einen beschreibt Krause innerlinguistische Ikonizität im Falle einer Ähnlichkeit von Gebärden. Außerdem unterscheidet sie mit Verweis auf Edwards (2009) eine „iconic-symbolic reference" von

---

[5]Dabei sei erwähnt, dass Gesten und Gebärden nicht gleichzusetzen sind, jedoch in einem Kontinuum angeordnet werden können (vgl. „Kendons Kontinuum" nach McNeill (2005), ebenfalls abgedruckt in Huth (2011, S. 202).

„iconic-physical reference". Bei Ersterer besteht eine Ähnlichkeit zu symbolischen Verschriftlichungen, die sowohl mathematische Objekte als auch Verfahren sein können, bei Letzterer gibt es eine Ähnlichkeit zu realen Objekten oder physikalischen Handlungen (Krause 2017, S. 93).

Dieser Arbeit liegt die Ansicht zugrunde, dass es vom Gebrauch eines Zeichens abhängt, ob es als Ikon, Index oder Symbol verstanden werden kann. Wenn im Folgenden eine Gebärde als ikonisch oder indexikalisch bezeichnet wird, so ist dies nicht absolut zu verstehen, sondern in Abhängigkeit von dessen Gebrauch, der sich in diesem Fall auf die Konventionen der Österreichischen Gebärdensprache bezieht. So kann jede Gebärde als sprachliches Zeichen symbolhaft verwendet werden, jedoch nur von denen, die mit den entsprechenden Konventionen vertraut sind. Gebärden können zusätzlich als Ikon oder Index verstanden werden. Manche Gebärden können mehreren Kategorien zugeordnet werden, da Objekte unter unterschiedlichen Gesichtspunkten in die Zeichenrelation eingebunden sein können. Zudem können Gebärden als komplexe Zeichen aus symbolhaften, ikonischen und indexikalischen Gebärden zusammengesetzt sein.

9.3   Kategorien für Gebärden nach Kutscher

Die Kategorien nach Kutscher (2010) beziehen sich auf Gebärdensprachen an sich mit besonderem Fokus auf die Deutsche Gebärdensprache, ohne im Speziellen auf mathematische Gebärden einzugehen. Kutscher geht dabei sowohl auf die Ikonizität als auch die Indexikalität von Gebärden ein. Es zeigt sich, dass sich diese Kategorien gut eignen, um die Besonderheiten mathematischer Gebärden herauszuarbeiten. Nach der Erläuterung von Kutschers Kategoriensystem werde ich dieses an drei Stellen erweitern, um den Besonderheiten mathematischer Gebärden gerecht zu werden.

Kutscher (2010) unterscheidet ikonische und indexikalische Gebärden, die sich jeweils in unterschiedliche Unterkategorien aufteilen. In den Übersichtsgrafiken Abb. 9.5 und 9.6 ist Kutschers Klassifikation veranschaulicht, zusammen mit kursiv notierten Erweiterungen, die in diesem Artikel vorgenommen werden. In Kutschers Artikel findet man keine solche Grafiken. Sie wurden für den vorliegenden Artikel zur Übersicht erstellt. Schließlich sei bemerkt, dass Kutscher statt der Begrifflichkeiten Zeichen/Repräsentamen, Objekt, Interpretant die Termini Zeichenträger, Referenzobjekt und Bedeutung nach Nöth (2000) verwendet. In diesem Artikel wird hingegen die Begrifflichkeit nach Peirce gebraucht. Außerdem nennt Kutscher ausschließlich nichtmathematische Beispiele aus der Deutschen Gebärdensprache. Hier werden stattdessen mathematische ÖGS-Gebärden in Kutschers Kategorien verortet. Diese Verortungen sind nicht als tatsächliche Zuordnungen zu verstehen, sondern als Beschreibungen von Gebärden, um die jeweiligen Charakteristika von Gebärden und insbesondere von mathematischen Fachgebärden herauszuarbeiten. Insbesondere können manche Gebärden durch mehrere Unterkategorien beschrieben werden.

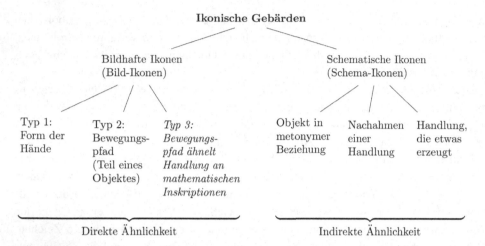

Abb. 9.5 Kutschers (2010) Klassifikation ikonischer Gebärden mit einer Erweiterung der Autorin (kursiv geschrieben)

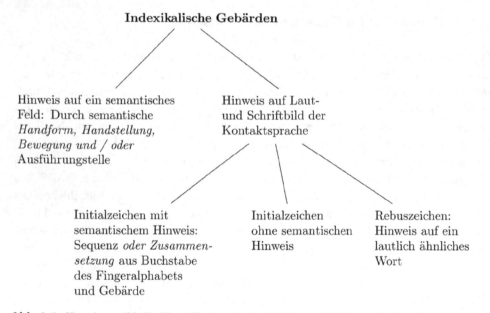

Abb. 9.6 Kutschers (2010) Klassifikation indexikalischer Gebärden mit Erweiterungen der Autorin (kursiv geschrieben)

9.3.1 Ikonische Gebärden

Die erste Kategorie der *ikonischen Gebärden* unterteilt Kutscher (2010, S. 93) in *bildhafte Ikonen* und *schematische Ikonen*. *Bildhafte Ikonen* (auch *Bild-Ikonen* genannt)

Abb. 9.7 Die Gebärden ECKE (**a**) und MAL (**b**)

Abb. 9.8 Die Gebärden BALKENDIAGRAMM (**a** und **b**), RECHTECK (**c**) und KREIS (**d**)

zeichnen sich durch eine direkte Ähnlichkeit von Repräsentamen und Objekt aus. Kutscher nennt dabei zwei Typen.[6] Bei *Typ 1* ähnelt die *Form der Hände* dem Formaspekt des Objektes oder einem Teil des Objektes. Ein Beispiel ist die Gebärde ECKE (Abb. 9.7a), bei der beide Hände die Form einer Ecke annehmen. Auch die Gebärde MAL (Abb. 9.7b) gehört zu diesem Typ. Hier ähnelt die Form beider Hände, vor allem der Zeigefinger der rechten Hand auf der linken, dem geschriebenen Mal-Punkt.

Bei *Typ 2* ähnelt die *Bewegung der Hände* dem Formaspekt des Objektes (ebd., S. 94). Ein Beispiel ist die Gebärde BALKENDIAGRAMM (Abb. 9.8a, b), bei der zunächst zwei Finger der rechten Hand die Balken eines Diagramms nachzeichnen,

---

[6]Für mathematische Gebärden ist an dieser Stelle noch ein weiterer Typ notwendig, der im nächsten Kapitel erläutert wird.

Abb. 9.9 Die Gebärden MATHEMATIK (**a**), ZAHL (**b**) und RADIUS (**c** und **d**)

während die linke Hand an einer Stelle bleibt, und danach die flache rechte Hand unterschiedliche Höhen anzeigt. Häufig sind geometrische Gebärden von diesem Typ, beispielsweise RECHTECK oder KREIS (Abb. 9.8c, d), die jeweils mit mehreren Fingern oder dem Zeigefinger die Form nachzeichnen.

Die zweite Unterkategorie von ikonischen Gebärden sind die schematischen Ikonen (auch *Schema-Ikone*n genannt). Sie zeichnen sich durch eine indirekte Ähnlichkeit von Repräsentamen und Objekt aus. Kutscher unterscheidet hier zwischen *Objekt in metonymer Beziehung*, *Nachahmen einer Handlung* und *Handlung, die etwas erzeugt.* In der Sprachwissenschaft spricht man von *Metonymie*[7], wenn ein Sprachzeichen im übertragenden Sinne gebraucht wird, etwa wenn eine Ursache für die Wirkung steht (vgl. Hagemann 2017, S. 233 f.). Eine Gebärde kann nun ein Objekt nachahmen, das in einer metonymen Beziehung zum eigentlichen Objekt steht. So besteht beispielsweise bei der Gebärde MATHEMATIK (Abb. 9.9a) eine Ähnlichkeit zur Gebärde ZAHL (Abb. 9.9b). Die Gebärden unterscheiden sich nur durch das Mundbild und die Anzahl der Auf-und-ab-Bewegungen. Die Begriffe „Mathematik" und „Zahl" stehen in dem Sinne in metonymer Beziehung, dass man in der Mathematik (unter anderem) mit Zahlen hantiert. Ein anderes Beispiel ist die Gebärde RADIUS (Abb. 9.9c, d), bei welcher der Zeigefinger der rechten Hand auf der linken Handfläche einen Kreisbogen beschreibt. Eine metonyme Beziehung besteht hier zwischen einem Teil und dem Ganzen: Das Ganze, die geometrische Figur mit einem Kreisbogen, steht für einen Teil, den Radius.

Die indirekte Ähnlichkeit bei einem *schematischen Ikon* kann auch darin bestehen, dass eine Handlung nachgeahmt wird, die mit dem Objekt in Beziehung steht (Unterkategorie *Nachahmung einer Handlung*). Ein Beispiel ist die Gebärde TASCHENRECHNER (Abb. 9.10), bei der die Handlung nachgeahmt wird, etwas in einen Taschenrechner einzutippen.

Eine *Handlung, die etwas erzeugt,* ist bei der Gebärde ZAHL (Abb. 9.9b) zu sehen. Wenn man eine Zahl als das Ergebnis eines Zählprozesses sieht, wird die indirekte Ähnlichkeit sichtbar: Die Gebärde ZAHL ahmt mit der Bewegung der Finger das gebärdensprachliche Zählen nach.

---

[7]Von altgriechisch μετωνυμία (metonymía) für Namensvertauschung/Umbenennung.

Abb. 9.10 Die Gebärde
TASCHENRECHNER

9.3.2 Indexikalische Gebärden

Bei *indexikalischen Gebärden* unterscheidet Kutscher die Unterkategorien *Hinweis auf ein semantisches Feld* und *Hinweis auf Laut- und Schriftbild der Kontaktsprache*, wobei sich letztere dreifach aufspaltet in: *Initialzeichen mit semantischem Inhalt, Initialzeichen ohne semantischen Inhalt* und *Rebuszeichen* (Abb. 9.6). Die Kontaktsprache von DGS und ÖGS ist jeweils das in Deutschland oder Österreich gesprochene und geschriebene Deutsch. Kutscher verweist darauf, dass sprachliche Zeichen, die „mithilfe dieses Hinweis-Verfahrens geprägt werden", in Lautsprachen nicht vorzufinden seien, wohl aber beispielsweise in piktografischen oder logografischen Schriften wie der chinesischen Schrift (Kutscher 2010, S. 98).

Alle drei Unterkategorien betreffen nicht solche Indizes, die „unmittelbar auf ein Objekt in der Welt verweisen", sondern sie verweisen indirekt „auf etwas, das im Geist des Interpreten existiert" (ebd., S. 98). Zusätzlich zu diesen indexikalischen Gebärden gibt es in Gebärdensprachen direkte Zeigegebärden, die auf reale Objekte oder auf gedachte Objekte im Gebärdenraum verweisen. In ÖGS und DGS wird dies mit dem Zeigefinger gebärdet und als Glosse IX geschrieben. Auf diese Gebärden wird jedoch nicht weiter bei Kutscher eingegangen. Da eine Zeigegebärde zwar in Sätzen über Mathematik vorkommen kann, jedoch keine eigene mathematische Fachgebärde darstellt, werden Zeigegebärden auch in diesem Artikel nicht weiter erwähnt.

Die Unterkategorie *Hinweis auf ein semantisches Feld* beschreibt Kutscher wie folgt: Es gibt Gebärden, deren Ausführungsstelle „eine semantische Verbindung zur Bedeutung der Gebärde" aufweist (ebd., S. 99). Insofern ist eine solche Gebärde als Hinweis auf das jeweilige semantische Feld zu verstehen. Als Beispiel nennt Kutscher Gebärden, die kognitive Prozesse wie Denken, Glauben oder Wissen betreffen und an der seitlichen Stirn ausgeführt werden. Sie verweisen dadurch auf das semantische Feld „Kognition". Beispiele bei mathematischen Gebärden sind solche für mathematische Operationen wie

Abb. 9.11 Die Gebärden MINUS$_1$ (**a**) und DURCH bzw. DIVISION (**b**)

MINUS$_1$, MAL[8] oder DURCH, die mit der rechten Hand auf der linken Handfläche ausgeführt werden (Abb. 9.7 und 9.11).[9] Im nächsten Kapitel wird diese Kategorie noch weiter ausgeführt und erweitert.

In der Unterkategorie *Hinweis auf Laut- und Schriftbild der Kontaktsprache* (ebd., S. 102) gibt es drei zusätzliche Unterkategorien. Zu der ersten Unterkategorie mit Namen *Initialzeichen mit semantischem Inhalt* gehören Gebärden, die aus einem mit dem Fingeralphabet gebärdeten Anfangsbuchstaben und einer weiteren Gebärde zusammengesetzt sind. Der gebärdete Anfangsbuchstabe entspricht dabei dem Anfangsbuchstaben des dazu gehörenden Wortes im Laut- oder Schriftbild der Kontaktsprache. Kutscher nennt als Beispiel die DGS-Gebärde WESPE, die aus dem gebärdeten „W" und der Gebärde STECHEN zusammengesetzt wird. Eine mathematische ÖGS-Gebärde dieser Art ist der Autorin nicht bekannt, eine Erweiterung dieser Unterkategorie wird jedoch weiter unten genannt, bei der eine mathematische ÖGS-Gebärde dann in diese Kategorie fällt.

Zu der zweiten Unterkategorie von *Hinweis auf Laut- und Schriftbild der Kontaktsprache* mit der Bezeichnung *Initialzeichen ohne semantischen Hinweis* gehören Gebärden, die eine Bewegung mit einem mit dem Fingeralphabet gebärdeten

---

[8]Das Beispiel MAL zeigt, dass eine Gebärde ebenso als Ikon wie auch als Index aufgefasst werden kann.

[9]Für „minus" ist auch eine zweite Gebärde üblich, bei welcher der Zeigefinger der rechten Hand ein Minus-Symbol „zeichnet". Daher werden die unterschiedlichen Gebärden in diesem Artikel mit MINUS$_1$ und MINUS$_2$ bezeichnet. Für „durch" bzw. „Division" gibt es ebenfalls eine zweite Gebärde: Bei dieser „zeichnet" der Zeigefinger der rechten Hand auf die linke Handfläche zwei Punkte.

Abb. 9.12 Die Gebärde
VARIABLE

Abb. 9.13 Die Gebärde
DRACHEN

Anfangsbuchstaben ausführen. Ein Beispiel ist die Gebärde VARIABLE (Abb. 9.12), bei der ein „V" aus dem Fingeralphabet schnell hin und her bewegt wird.

Die dritte Unterkategorie bezeichnet Kutscher als *Rebuszeichen*. Bei logografischen Schriften wie der chinesischen Schrift bedeutet das Rebus-Prinzip[10], dass beispielsweise für ein Fremdwort oder einen Eigennamen ein Schriftzeichen verwendet wird, dessen Aussprache ähnlich zu diesem Wort ist, jedoch eine völlig andere Bedeutung haben kann. In Gebärdensprachen sind analog manche Gebärden ähnlich oder gleich zu solchen Gebärden, deren Aussprache sich in der Lautsprache ähneln, jedoch Unterschiedliches bedeuten. Ein Beispiel ist die geometrische Figur des Drachens. Die entsprechende Gebärde DRACHEN (Abb. 9.13) wird wie der Drachen gebärdet, der im Wind an einer

---

[10]Die Bezeichnung Rebus wird auch für Bilderrätsel verwendet, bei denen nicht die Bilder selbst die Bedeutung ergeben, sondern ihre lautliche Aussprache. Sie stammt vom lateinischen *res* für „Sache" oder „Ding" bzw. *rebus,* übersetzt mit „durch Dinge".

Schnur zum Steigen gebracht werden kann. Im Gegensatz dazu werden viele andere geometrische Figuren wie der Kreis, das Rechteck, das Quadrat und die Raute mit Fingern „in die Luft gezeichnet" und können damit den *Bild-Ikonen* vom *Typ 2* zugeordnet werden.

9.4   Erweiterung der Kategorien

Bei der Einsortierung von insgesamt 42 mathematischen Gebärden aus den unterschiedlichen oben genannten Quellen wurde ersichtlich, dass die Klassifikation von Kutscher an drei Stellen erweitert werden muss, um alle diese Gebärden zu klassifizieren.

9.4.1   Erste Erweiterung

Die erste Erweiterung betrifft bei den *ikonischen Gebärden* die *bildhaften Ikonen*. Es gibt einige mathematische Gebärden, bei denen der Bewegungspfad einer Handlung mathematischen Inskriptionen ähnelt. Fasst man mathematische Inskriptionen, wie oben erläutert, als materielle wahrnehmbare Basis von Diagrammen nach Peirce auf, so ähnelt also der Bewegungspfad mancher mathematischen Gebärden einer Handlung an Peirceschen Diagrammen. Um diesen Gebärden gerecht zu werden, wird ein dritter Typ mit aufgenommen:

* *Typ 3: Bewegungspfad ähnelt Handlung an mathematischen Inskriptionen*

Ein Beispiel ist die Gebärde ABRUNDEN (Abb. 9.14a). Hier ähnelt die Handbewegung einer Verminderung einer Zahl an einem senkrechten Zahlenstrahl. Ein anderes Beispiel ist die Gebärde AUFTEILEN im Zusammenhang der Bruchrechnung, bei der ein gedachter Kreis auf der linken Handfläche mit der rechten Hand mehrfach zerteilt wird (Abb. 9.14b).

9.4.2   Zweite Erweiterung

Eine zweite Erweiterung nehme ich bei den *indexikalischen Gebärden* in der Unterkategorie *Hinweis auf ein semantisches Feld* vor. Hier bezieht sich Kutscher ausschließlich auf eine gemeinsame semantische Ausführungsstelle. Sinnvoll erscheint es, auch die anderen drei manuellen Parameter einer Gebärde hinzuzunehmen, also Handform, Handstellung und Bewegung. So heißt diese Unterkategorie nun:

* *Hinweis auf ein semantisches Feld (durch semantische Handform, Handstellung, Bewegung und/oder Ausführungsstelle)*

Abb. 9.14 Die Gebärden ABRUNDEN (**a**) und AUFTEILEN (**b**)

Abb. 9.15 Die Gebärden: MATHEMATIK (**a**), BERECHNEN (**b**), ZAHL (**c**), ZÄHLEN (**d**) und ZÄHLER (**e**)

Ein Beispiel ist ein semantisches Feld, das man „Mathematik" bzw. „etwas, das mit Zahlen zu tun hat" nennen kann. Dazu gehören die Gebärden MATHEMATIK, BERECHNEN, ZAHL, ZÄHLEN, ZÄHLER (Abb. 9.15). Bei all diesen Gebärden sind die Handform, Handstellung und Bewegung der Finger gleich, jedoch nicht bei allen die Ausführungsstelle: Man sieht jeweils, wie eine aufrecht stehende Hand (bzw. zwei Hände) die Finger hin und her bewegt (bzw. bewegen). Bei den ersten vier Gebärden werden außerdem beide Hände einmal oder mehrfach von oben nach unten bewegt. Die Gebärde ZÄHLER wird weiter unten noch einmal aufgegriffen.

Die Übersicht in Abb. 9.16 gibt einen Eindruck von semantischen Feldern, wie sie bei mathematischen Gebärden auftreten können.[11] Dabei bezeichnet MINUS$_1$ die in Abb. 9.11 gezeigte Gebärde. Die Gebärde MINUS$_2$, die ebenfalls üblich ist, „zeichnet" mit dem Zeigefinger das entsprechende Symbol in die Luft.

---

[11]Am Beispiel der Gebärde PROZENT wird ersichtlich, dass eine Gebärde mehrfach einsortiert werden kann, je nachdem, welche manuellen Bausteine sich gleichen.

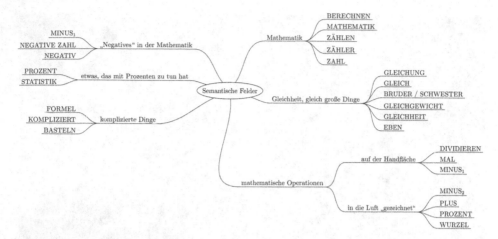

Abb. 9.16 Eine Auswahl von semantischen Feldern bei mathematischen Gebärden

9.4.3 Dritte Erweiterung

Die letzte Erweiterung nehme ich bei der Unterkategorie *Initialzeichen mit semantischem Inhalt* bei den *Hinweisen auf Laut- und Schriftbild der Kontaktsprache* vor. Für Kutscher gehören zu dieser Kategorie sequenziell aufeinanderfolgende Gebärden, bei denen auf einen Buchstaben, der mithilfe des Fingeralphabets gebärdet wird, eine weitere Gebärde folgt. Zusätzlich gehören nun auch solche Gebärden dazu, bei denen ein gebärdeter Anfangsbuchstabe des entsprechenden Laut- und Schriftbildes der Kontaktsprache Teil einer Gesamtgebärde ist. Die Kategorie wird wie folgt erweitert:

- *Initialzeichen mit semantischem Hinweis: Sequenz oder Zusammensetzung aus Buchstabe des Fingeralphabets und Gebärde*

Ein Beispiel ist die Gebärde NENNER (Abb. 9.17). Hier zeigt die rechte Hand den Buchstaben „N" des Fingeralphabets. Darauf liegt die linke Hand wie ein Bruchstrich und es wird eine Bewegung von oben nach unten vollführt.

9.4.4 Bemerkungen zu den erweiterten Kategorien

Um einen Eindruck von dem Aufkommen von Ikonizität und Indexikalität bei mathematischen Gebärden zu bekommen, sei noch eine Statistik erwähnt, die durch die geringe Anzahl der betrachteten Gebärden keinen Anspruch auf Repräsentativität erhebt: Von den 42 von der Autorin untersuchten mathematischen Gebärden (von denen zwölf Gebärden zur Geometrie gehören), weisen ca. 85 % eine Ikonizität und gut die Hälfte von ihnen eine Indexikalität auf (manche Gebärden können in beide Kategorien

Abb. 9.17 Die Gebärde
NENNER

eingeordnet werden). Bei den *ikonischen Gebärden* können deutlich mehr Gebärden bei den *Bild-Ikonen* (ca. 80 %) eingeordnet werden als bei den *Schema-Ikonen* (ca. 30 %). Bei den *indexikalischen Gebärden* weisen die meisten Gebärden einen *Hinweis auf ein semantisches Feld* auf (ca. 85 %). Die anderen Unterkategorien sind nur vereinzelt vertreten.

Vergleicht man nun die hier vorgestellten erweiterten Kutscherschen Kategorien mit den oben genannten Kategorien innerlinguistische Ikonizität, „iconic-symbolic reference" und „iconic-physical reference" von Krause, so zeigt sich, dass sich letztere nicht eins zu eins in ersteren verorten lassen. Je nachdem, durch welche Ähnlichkeit eine Ikonizität vorliegt, ist eine Einordnung in unterschiedliche Kategorien denkbar. Wenn beispielsweise eine innerlinguistische Ikonizität erkannt wird, so kann, je nach genauem Fall, eine Form eines *Schema-Ikons* vorliegen. Zwei ähnliche Gebärden können jedoch ebenfalls einen *Hinweis auf ein semantisches Feld* geben. Eine „iconic-symbolic reference" und eine „iconic-physical reference" werden wohl meistens bei den drei Typen der *bildhaften Ikonen* einzuordnen sein. Doch denkbar ist ebenfalls jeweils eine Einsortierung als *Schema-Ikon,* wie beispielsweise bei den Unterkategorien *Nachahmung einer Handlung* oder *Handlung, die etwas erzeugt.* Es handelt sich also um Kategorien, die jeweils eine eigene Sicht auf Gebärden mit sich bringen.

9.5 Diskussion und offene Fragen

Was können nun Konsequenzen für Begriffsbildungsprozesse sein? Wie zu Beginn erwähnt, wies Grote nach, dass ein Merkmal, das „im ikonischen Moment der Gebärde" reflektiert wird (Grote 2010, S. 316), auf die Sprachverarbeitungsprozesse wirkt. So werden beispielsweise Ähnlichkeiten von Bildern zu Gebärden dann schneller von Gebärdensprechenden erkannt, wenn das entsprechende Bild einem ikonischen Merkmal der Gebärde ähnelt. Auch Krause vermutet, dass eine Gebärde, die auf eine mathematische Verschriftlichung oder ein Verfahren verweist, eine Verbindung zwischen Gebärde und letzterem verstärken könne (Krause 2017, S. 95). Bei den in diesem Artikel vorgestellten Kategorien betrifft dies vor allem die drei Typen der *bildhaften Ikonen* und die Ähnlichkeit zu mathematischen Diagrammen nach Peirce und zu Manipulationen, die an Diagrammen ausgeführt werden können. Diese Vermutung kann nun analog für die *schematischen Ikonen* geäußert werden. Vorstellbar ist ebenfalls, dass Gebärden-sprechende auch dort eher eine Relation zwischen Gebärden erkennen, die Gebärden einen Hinweis auf das gleiche semantische Feld geben (Abb. 9.16). Dagegen wird mög-licherweise ein *Hinweis auf Laut- und Schriftbild der Kontaktsprache* nicht unbedingt zu der Verstärkung innermathematischer Relationen führen, wenn die Gebärde, wie bei-spielsweise die Gebärde VARIABLE, ausschließlich auf den Anfangsbuchstaben ver-weist. An den folgenden Beispielen soll nun veranschaulicht werden, welche Relationen durch das Mathematiklernen in Österreichischer Gebärdensprache verstärkt werden können. Offene Forschungsfragen schließen sich jeweils an.

9.5.1 Beispiel: FORMEL

Die Gebärde FORMEL (Abb. 9.18a) ähnelt in Handform, Handstellung, Bewegung und Ausführungsstelle den Gebärden KOMPLIZIERT und BASTELN (Abb. 9.18b, c). Man kann daher diese Gebärde als einen *Hinweis auf das semantische Feld* „komplizierte Dinge" verstehen. Ob dies einen Einfluss auf die Einstellungen Gebärdensprechender bezüglich ihrer Vorstellungen von Formeln hat, ist offen.

9.5.2 Beispiel: GLEICHUNG

Die Gebärde GLEICHUNG (Abb. 9.19a) kann sowohl als *ikonische* als auch als *indexikalische Gebärde* verstanden werden. Zunächst ist eine Einordnung als *Typ 1* bei

Abb. 9.18 Die Gebärden FORMEL (**a**), KOMPLIZIERT (**b**) und BASTELN (**c**)

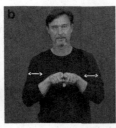

Abb. 9.19 Die Gebärden GLEICHUNG (**a**), GLEICH (**b**), GLEICHGEWICHT (**c**) und GLEICHHEIT (**d**). Die Gebärde EBEN unterscheidet sich von der Gebärde GLEICHUNG ausschließlich durch das Mundbild. Dies trifft ebenso für die Gebärden BRUDER, SCHWESTER und GLEICH zu

den *bildhaften Ikonen* möglich, da eine Ähnlichkeit zu zwei gleich großen Zahlen auf einem senkrechten Zahlenstrahl erkennbar sein kann. Ein *Hinweis auf das semantische Feld* „Gleichheit/gleich große Dinge" wird sichtbar, wenn man die Gebärden GLEICHUNG, GLEICH, GLEICHGEWICHT, GLEICHHEIT, EBEN, BRUDER und SCHWESTER betrachtet, welche die gleiche Handstellung und Ausführungsstelle aufweisen und – bis auf die Gebärde GLEICHGEWICHT – eine gleiche oder ähnliche Bewegung.

Interessant sind an dieser Stelle die Fragen, ob Gebärdensprechende gegenüber Nicht-Gebärdensprechenden das Waage-Modell bei Gleichungen möglicherweise leichter verinnerlichen und welchen Einfluss die Gebärde auf das Verständnis von Elementarumformungsregeln haben kann (vgl. Malle 1993, S. 219 ff.).[12]

9.5.3   Beispiel: RADIUS

Die Gebärde RADIUS, die bereits oben erwähnt wurde (Abb. 9.9c, d), kann als *Bild-Ikon* vom *Typ 1* verstanden werden, da die Form von Daumen und Zeigefinger durch ihren Abstand einen Radius beschreibt. Zusätzlich kann sie bei den *schematischen Ikonen* in der Unterkategorie *Objekt mit metonymer Bedeutung* eingeordnet werden, da ikonische Merkmale der Gebärde dem Ganzem, also einem Halbkreis, ähneln, dessen Teil der Radius ist.

---

[12]Als weitere Gebärde ist in Sätzen wie beispielsweise „1/2 ist gleich 2/4" anstelle der Gebärde GLEICH die Gebärde INHALT üblich, bei der eine Hand in der anderen liegt. Insbesondere sind bei der Gebärde INHALT im Gegensatz zur Gebärde GLEICH die beiden Hände nicht symmetrisch zueinander, weder bezogen auf die Handform, Handstellung noch die Bewegung. Wie und ob sich der Gebrauch der einen wie der anderen Gebärde auf das Verständnis von Gleichungen auswirkt, ist eine offene Frage.

Eine Vermutung ist in diesem Zusammenhang, dass gebärdensprachliche Mathematik-lernende in einer geometrischen Abbildung eher den Radius vom Durchmesser unter-scheiden können als nichtgebärdensprachliche.

9.5.4 Beispiel: ZÄHLER und NENNER

Die oben erwähnte Gebärde ZÄHLER (Abb. 9.15e) kann ebenfalls sowohl bei den *ikonischen* als auch bei den *indexikalischen Gebärden* einsortiert werden. Eine Ähnlichkeit des *Typs 1* bei den *Bild-Ikonen* ist erkennbar, da eine Zahl bzw. die ZAHL-Gebärde über einem Bruchstrich (der linken Hand) zu sehen ist. Dabei ist dies ein komplexes Zeichen, weil die Gebärde ZAHL als Schema-Ikon bei der Unterkategorie *Handlung, die etwas erzeugt* einsortiert werden kann. Zusätzlich liegt bei der Gebärde ZÄHLER Indexikalität vor, da sie als ein *Hinweis auf das semantische Feld „Mathematik"* verstanden werden kann.

Die bereits erwähnte Gebärde NENNER (Abb. 9.17) weist ebenfalls sowohl eine Ikonizität als auch eine Indexikalität auf. Die Form der Hände, bei der unter der linken Hand der Buchstabe „N" gebärdet wird, kann als *Bild-Ikon Typ 1* verstanden werden. Bezüglich der Indexikalität wurde bereits die Einordnung der Gebärde in die Unterkate-gorie *Initialzeichen mit semantischem Inhalt* bei den *Hinweisen auf Laut- und Schriftbild der Kontaktsprache* besprochen.

Da bei den beiden Gebärden ZÄHLER und NENNER die Form der Hände dem Formaspekt der mathematischen Verschriftlichung mit Bruchstrich ähnelt, wird also ein Merkmal der Verschriftlichung in besonderer Weise im ikonischen Moment der Gebärde reflektiert. Die Ergebnisse der Untersuchungen von Grote lassen daher ver-muten, dass bei Gebärdensprechenden die Begriffe „Zähler" und „Nenner" stärker als bei Nicht-Gebärdensprechenden mit dem symbolischen Schriftbild in Beziehung gesetzt werden. Offen ist, welchen Einfluss dies auf den Begriffsbildungsprozess von Zähler und Nenner tatsächlich haben kann. Werden dadurch beispielsweise andere Grundvorstellungen von Brüchen (vgl. z. B. Malle 2004) als bei Nicht-Gebärdensprechenden verstärkt?

9.5.5 Folgerung

Die genannten Beispiele zeigen, dass es lohnt, die Ikonizität und Indexikalität mathematischer Gebärden genauer zu untersuchen. Auf diese Weise können Ver-mutungen zu einem möglichen Einfluss vom Lernen in Gebärdensprache auf mathematische Begriffsbildungsprozesse präzise formuliert werden. Werden tatsäch-lich Relationen zwischen mathematischen Begriffen zu anderen Begriffen oder zu mathematischen Verschriftlichungen oder Handlungen an mathematischen Diagrammen im Sinne von Peirce verstärkt, so kann man dies möglicherweise als Stärke beim Lernen nutzen. Werden hingegen Relationen nicht verstärkt, so können diese im mathematischen Unterricht in besonderer Weise aufgegriffen werden.

Literatur

Dörfler W (2006) Diagramme und Mathematikunterricht. J Math Didakt 27(3–4):200–219

Edwards LD (2009) Gestures and conceptual integration in mathematical talk. Educ Stud Math 70(2):127–141

Grote K (2001) Modalitätsabhängige Semantik. Evidenzen aus der Gebärdensprachforschung. In: Jäger L, Louis-Nouverté U (Hrsg) Gebärdensprache. Themenheft der Zeitschrift ‚Sprache und Literatur' (SUL) 32(88):31–52

Grote K (2010) Denken Gehörlose anders? Auswirkungen der gestisch-visuellen Gebärdensprache auf die Begriffsbildung. Das Zeichen, Bd. 85. S 310–319

Grote K (2013) Modality relativity: the influence of sign language and spoken language on conceptual categorization. Dissertation an der RWTH aachen. https://publications.rwth-aachen. de/record/211239/files/4546.pdf

Grote K (2016) Der Einfluss von Sprachmodalität auf Konzeptualisierungsprozesse und daraus abgeleitete Konsequenzen für die Hörgeschädigtenpädagogik. Hörgeschädigtenpädagogik 4:140–146

Hagemann J (2017) Metapher und Metonymie. In: Staffeld S, Hagemann J (Hrsg) Semantik-theorien. Lexikalische Analysen im Vergleich. Staufenburg, Tübingen, S 231–262

Healy L (2012) Hands that see, hands that speak: investigating relationships between sensory activity, forms of communicating and mathematical cognition. In: Cho Sung Je (Hrsg) Selected regular lectures from ICME 12. Springer, New York, S 298–316

Hoffmann MHG (2001) Peirces Zeichenbegriff: seine Funktion, seine phänomenologische Grundlegung und seine Differenzierung. http://www.uni-bielefeld.de/idm/semiotik/Peirces_Zeichen. html. Zugegriffen: 10. Aug. 2011

Hoffmann MHG (2007) Cognitive conditions of diagrammatic reasoning. Georgia tech's school of public policy working paper series, 24. http://works.bepress.com/michael_hoffmann/1/. Zugegriffen: 12. Aug. 2011

Huth M (2011) Das Zusammenspiel von Gestik und Lautsprache in mathematischen Gesprächen von Kindern. In: Brandt B, Vogel R, Krummheuer G (Hrsg) Die Projekte erstMaL und MaKreKi. Mathematikdidaktische Forschung am "Center for Individual Development and Adaptive Education" (IDeA), Bd 1. Waxmann

Huth M (2018) Die Bedeutung von Gestik bei der Konstruktion von Fachlichkeit in mathematischen Gesprächen junger Lernender. In: Martens M, Rabenstein K, Bräu K, Fetzer M, Gresch H, Hardy I, Schelle C (Hrsg) Konstruktion von Fachlichkeit. Ansätze, Erträge und Diskussionen in der empirischen Unterrichtsforschung. Klinkhardt, Bad Heilbrunn, S 219–231

Krause CM (2017) Iconicity in signed fraction talk of hearing-impaired sixth graders. In: Knaur B, Ho WK, Toh TL, Choy BH (Hrsg) Proceedings of the 41th conference of the international group for the psychology of mathematics education, Bd 3. PME, Singapore, S 89–96

Kutscher S (2010) Ikonizität und Indexikalität im gebärdensprachlichen Lexikon – zur Typologie sprachlicher Zeichen. Z Sprachwissenschaften 29:79–109

Louis-Nouverté U (2001) Was sind Gebärdensprachen? – eine Einführung in die wichtigsten Ergebnisse der linguistischen Gebärdensprachforschung. In: Jäger L, Louis-Nouverté U (Hrsg) Gebärdensprache. Themenheft der Zeitschrift ‚Sprache und Literatur' 32(88):4–20

Malle G (1993) Didaktische Probleme der elementaren Algebra. Vieweg, Braunschweig

Malle G (2004) Grundvorstellungen zu Bruchzahlen. Math lehren 123:4–8

McNeill D (2005) Gesture & thought. University of Chicago Press, Chicago

Nöth W (2000) Handbuch der Semiotik (2. vollst. neu bearb. und erw. Auflage mit 89 Abbildungen). Metzler, Stuttgart

Peirce (CP) Collected papers of Charles Sanders Peirce (Volumes I-VI, ed. by Charles Hartshone and Paul Weiss, 1931–1935, Volumes VII–VIII, ed. by Arthur W. Burks, 1958, quotations according to volume and paragraph). Havard University Press, Cambridge

Skant A, Dotter F, Bergmeister E, Hilzensauer M, Hobel M, Krammer K, Okorn I, Orasche C, Orter R, Unterberger N (2002) Grammatik der Österreichischen Gebärdensprache Veröffentlichungen des Forschungszentrums für Gebärdensprache und Hörbehindertenkommunikation, Bd 4. Klagenfurt

Wille AM (2018) Materialien für den Mathematikunterricht gehörloser Schülerinnen und Schüler. Beiträge zum Mathematikunterricht 2018. WTM, Münster, S 1987–1990

Wille AM (2019a) Einsatz von Materialien zur Bruchrechnung für gehörlose Schülerinnen und Schüler im inklusiven Mathematikunterricht. In: Beiträge zum Mathematikunterricht. 2019. WTM, Münster, S 901–904

Wille AM (2019b) Gebärdensprachliche Videos für Textaufgaben im Mathematikunterricht – Barrieren abbauen und Stärken gehörloser Schülerinnen und Schüler. Mathematik differenziert 3:38–45

Wille AM, Schreiber C (2019) Explaining geometrical concepts in sign language and in spoken language – a comparison. In: Jankvist UT, Van den Heuvel-Panhuizen M, Veldhuis M. (Hrsg) Proceedings of the Eleventh Congress of the European Society for Research in Mathematics Education. Freudenthal Group. & Freudenthal Institute, Utrecht University and ERME, S 4609–4616

Internetdatenbanken zu Gebärdensprachen

Lexical database for Sign Languages (LedaSila). http://ledasila.aau.at

Spreadthesign. http://spreadthesign.com

Modusschnittstellen in mathematischen Lernprozessen

10

Handlungen am Material und Gesten als diagrammatische Tätigkeit

Rose F. Vogel und Melanie C. M. Huth

Inhaltsverzeichnis

R. F. Vogel (✉) · M. C. M. Huth
Institut für Didaktik der Mathematik und der Informatik, Goethe-Universität Frankfurt am Main, Frankfurt am Main, Deutschland
E-Mail: vogel@math.uni-frankfurt.de

M. C. M. Huth
E-Mail: huth@math.uni-frankfurt.de

© Springer-Verlag GmbH Deutschland, ein Teil von Springer Nature 2020
G. Kadunz (Hrsg.), *Zeichen und Sprache im Mathematikunterricht*,
https://doi.org/10.1007/978-3-662-61194-4_10

10.1 Einleitung

Frühes Mathematiklernen wird von den Beteiligten nicht nur im Ausdrucksmodus der Lautsprache oder der Schrift gestaltet, sondern zeigt vielmehr ein Zusammenspiel verschiedener Darstellungsweisen: Die Lernenden gebrauchen neben der Lautsprache und anderen Ausdrucksmöglichkeiten eine Vielzahl an Gesten sowie verfügbare oder situativ umgedeutete Materialien und deren Anordnungen, um auszudrücken, was für sie von besonderer mathematischer Bedeutung ist. Während Gestik in den letzten Jahren langsam in den Fokus der mathematikdidaktischen Forschung zum Lernprozess rückt, werden Handlungen am Material eher in ihrer vermeintlichen Unterstützungsfunktion betont. Eine potenziell diagrammatische wie auch interaktionale Bedeutung wird in der Diskussion eher vernachlässigt.

In multimodalen Ansätzen zum Mathematiklernen wird das Zusammenspiel verschiedener Modi in den Blick genommen (vgl. Arzarello 2006; Radford 2008; Farsani 2014; Krause 2016), wobei eine modusspezifische Betrachtung und insbesondere die Erforschung möglicher Schnittstellen der Modi bspw. in Bezug auf ihre jeweilige Funktion für den mathematischen Auseinandersetzungsprozess bislang wenig Beachtung finden. Diese Schnittstellen können aber zu einem besseren Verständnis des mathematischen Lernprozesses beitragen und zudem die Entwicklung einer theoretisch fundierten Perspektive der Multimodalität im Mathematiklernen anbahnen. Der Fokus des vorliegenden Beitrags richtet sich deshalb auf das Zusammenspiel der verschiedenen Ausdrucksmodi und hier im Besonderen auf Gesten und Handlungen der Lernenden. In diesem Zusammenhang kann eine Modusschnittstelle als ein Äußerungsereignis in einer Interaktionssequenz beschrieben werden, an dem eine oder mehrere interagierende Personen verschiedene Modi unmittelbar hintereinander, gleichzeitig, in vergleichbarer Funktion oder zur Beschreibung des gleichen Gemeinten verwenden. Diese Stellen weisen damit eine hohe Dichte des Modusgebrauchs durch die Interagierenden auf. Gleichzeitig erlauben sie Rückschlüsse darauf, wie die agierenden Personen ihre für die Situation aktivierten mathematischen Konzepte zum Ausdruck bringen und diese weiterentwickeln. Es werden vor allem die spezifischen Schnittstellen der beiden Modi Handlungen am Material und Gestik im mathematischen Lernprozess in den Blick genommen und deren Charakter in Bezug auf Chronologie, Semantik und Funktion herausgearbeitet.

10.2   Multimodales Mathematiklernen

Die fundamentale Bedeutung von Sprache für das Lernen von Mathematik ist hinlänglich erforscht (vgl. Meyer und Prediger 2012; Prediger 2013; Morgan et al. 2014). Zahlreiche Studien zeigen, dass Lernende besonders von der Art des Sprachgebrauchs und einem spezifischen linguistischen Angebot in ihrer mathematischen Sozialisation profitieren (vgl. Morgan et al. 2014). Hauptsächlich werden dabei lautsprachliche und schriftliche Darstellungen in den Blick genommen und als die zentralen Konstituenten des Mathematiktreibens verstanden (vgl. Schreiber 2010; Ott 2016). Bezüglich der Lautsprache werden vor allem verschiedene Varietäten der Sprache beschrieben (vgl. Meyer und Prediger 2012): *mathematische Fachsprache* (vgl. Vogel und Huth 2010), *mathematische Unterrichtssprache,* die häufig in Verbindung mit dem Konzept der sogenannten Cognitive Academic Language Proficiency (CALP) (vgl. Cummins 2000) definiert wird, und *Alltagssprache.* Handlungen am Material werden im Hinblick auf den Mathematikunterricht häufig als Möglichkeit beschrieben, mathematische Strukturen mental zu verinnerlichen (vgl. Lorenz 2011). Dazu müssen diese Strukturen im Material von den Lernenden erkannt werden. Transformationen und Umorganisationen am Material sind dabei Ausgangspunkt für das Erkennen relationaler Strukturen (vgl. Lorenz 2011; Karmiloff-Smith 1996). In der unterrichtlichen Praxis wird auf das Material im Sinne einer Lernhilfe fokussiert. Die Handlungen am Material rücken eher in den Hintergrund und werden häufig zu wenig in der konkreten Unterrichtsplanung berücksichtigt.

10.2.1 Bedeutung von Gesten für das Mathematiklernen

Die Mathematikdidaktik beginnt seit Kurzem in ausgewählten Forschungsprojekten ihr Augenmerk auch auf die Bedeutung von Gesten und Gebärden im Mathematiklernprozess, z. B. in mathematischen Interaktionen oder bei mathematischen Erklärungen, zu verschieben (vgl. Arzarello 2006; Radford 2008; Huth 2013, 2014, 2017; Krause 2016; Wille in diesem Band; Schreiber und Wille in diesem Band). Dabei werden die verschiedenen Ausdrucksweisen in der Regel als Zeichenmodi verstanden und die Gestik als einer dieser Modi betrachtet (vgl. Radford 2008; Huth 2014; Johansson et al. 2014). Arzarello (2006) betont bspw. die Bedeutung von Zeichen für das Mathematiklernen und erweitert die Perspektive auf nichtkonventionalisierte Zeichensysteme wie die Gestik (vgl. ebd., S. 281). Häufig wird in diesen Ansätzen der Zeichenbegriff nach Peirce verwendet (vgl. Peirce, CP 2:228), der auch im vorliegenden Beitrag die Perspektive auf Zeichen begründet und im Rahmen der semiotischen Analyse Anwendung findet (vgl. Abschn. 10.4.2). Das Zeichen nach Peirce umfasst stets eine triadische Relation aus Repräsentamen, Objekt und Interpretant. Das Repräsentamen kann als äußerlich wahrnehmbares Zeichen beschrieben werden, bspw. eine Geste oder eine Handlung. Im Objekt zeigt sich das, was die zeichenlesende der zeichenerzeugenden Person unterstellt, mit dem Zeichen gemeint zu haben (vgl. Schreiber 2010, S. 32). Der Interpretant, der zentral ist für die Peircesche Idee des unendlichen Zeichenprozesses, wird verstanden als die im Geiste der zeichenlesenden Person durch die Wahrnehmung des Zeichens hervorgerufene Wirkung des Zeichens. Diese Wirkung kann als neues Zeichen schließlich im fortlaufenden Zeichenprozess als Repräsentamen geäußert werden, zu dem erneut ein Interpretant erzeugt werden kann usw. Die Zentralität der Zeicheninterpretation bei Peirce schafft eine Verbindung zur theoretischen Perspektive der interaktionstheoretischen Sicht auf das Mathematiklernen (vgl. Krummheuer 1992; Huth und Schreiber 2017). Schreiber (2010) verbindet die Peircesche Semiotik und die Interaktionstheorie auch über den Begriff der Rahmung von Zeichen. Dies kann als Aktivierung vertrauter Deutungsmuster beschrieben werden, wenn ein Subjekt ein ihm bekanntes Zeichen als solches erkennt und interpretiert (vgl. ebd., S. 59).

Die multimodale Perspektive (vgl. Arzarello 2006; Radford 2008; Farsani 2014) erweitert den Blick der Mathematikdidaktik bezüglich der Bedeutung von Sprache im Lernprozess und überwindet die traditionelle Sichtweise rein auf Lautsprache und schriftliche Fixierungen (vgl. Meyer und Prediger 2012; Schreiber 2010; Ott 2016). Dabei wird weniger exklusiv die Bedeutung einzelner Modi, sondern vielmehr das dynamische Zeichenrepertoire von Lernenden zwischen mathematisch adäquaten Ausdrucksweisen und stärker individuell und aus der Lebenswelt geprägten Bedeutungszuschreibungen erforscht (vgl. u. a. Arzarello 2006; Krause 2016). Gesten oder Handlungen sind in dieser Sichtweise Teile der multimodalen Ausdrucksweise bzw. des verfügbaren Zeichenrepertoires.

> [...] thinking does not occur solely *in* the head but also *in* and *through* a sophisticated semiotic coordination of speech, body, gestures, symbols and tools. (Radford 2008, S. 111, Hervorhebungen im Original)

Eine sprachwissenschaftliche Fundierung des Multimodalitätsbegriffs nimmt Fricke (2012) durch die Integration von redebegleitenden Gesten in die bestehende Lautsprachengrammatik vor. Sie zeigt u. a., dass Gesten sprachliche Eigenschaften aufweisen und funktional Teile der Lautsprache ersetzen können. Sie spricht daher von der „Unhintergehbarkeit der Multimodalität der Sprache" (ebd., S. 57). In der Gestikforschung, die oft psychologisch geprägt ist, werden Gestik und Lautsprache als gemeinsames Sprachsystem betrachtet (vgl. u. a. McNeill 1992, 2005). Redebegleitende Gesten werden häufig zeitgleich zur Lautsprache erzeugt und es ist oft nicht möglich, längere Zeit ohne Gesten zu sprechen. Beide Modi sind semantisch und sprachrhythmisch aufeinander abgestimmt (vgl. McNeill 1992, S. 11). Lautsprache und Gestik sind von einer besonderen Beziehung geprägt und weisen spezifische Ausdrucksmöglichkeiten auf (vgl. Huth 2017, S. 221). Während die Lautsprache ein grammatikalisch definiertes System bildet, hierarchisch strukturiert ist und bspw. Begriffsdefinitionen etablieren kann, ist die Gestik stärker von Bildhaftigkeit und räumlich komplexen Bewegungsabläufen geprägt. Spontan und zumeist während des Sprechens geäußert, muss sie zunächst keiner grammatikalisch festgelegten Form folgen (vgl. McNeill 1992, S. 182). Deiktisch kann Gestik äußerst präzise sein und birgt das Potenzial, innerhalb einer Sprachgemeinschaft Festlegungen im Sinne von sozial etablierten Bedeutungszuschreibungen zu entwickeln, die dann auch ohne Lautsprache auskommen können (vgl. Fricke 2012, S. 196). Gestik kann lautsprachliche Ausdrücke ersetzen und lässt zudem häufig, mit ihr gemeinsam geäußert, weitere, durch die Lautsprache weniger oder nicht evozierte Deutungen zu. Daraus ergibt sich u. a. ihr zentraler sprachsystematischer Stellenwert (vgl. ebd., S. 74).

Die definitorische Trennung von Gesten und Handlungen ist kein einfaches Unterfangen (vgl. Huth und Schreiber 2017, S. 83). Sie weisen eine besondere Nähe auf. Beide Modi werden in der Regel mit Armen und Händen erzeugt, wobei Gesten auch von anderen Körperpartien ausgeführt werden können, was sicherlich zum Teil auch auf Handlungen zutrifft. Zudem können konkrete Gegenstände bspw. in gestische Äußerungen integriert werden (vgl. Huth 2014, S. 152). Zeigegesten können darüber hinaus mit etwa einem Zeigestock oder Stift ausgeführt werden und die Gestik kann Handlungen pantomimisch ohne konkret verfügbare Gebrauchsgegenstände nachstellen, wie etwa das Schneiden. Unter interaktionstheoretischer Perspektive gehören die Bezeichnung von Äußerungen als Sprach*handlungen,* die Beschreibung eines Aus*handlungs*prozesses und die Rekonstruktion aufeinander bezogener *Handlungs*züge zum theoretischen Begriffskorpus (vgl. Krummheuer und Brandt 2001, S. 14) und schließen dabei vornehmlich Lautsprache, aber auch gestische Ausdrucksweisen mit ein. Goldin-Meadow (2003) bietet eine Gestendefinition, die als eines von zwei Kriterien den funktionalen Akt an einem Objekt als Geste ausschließt, diesen dabei aber nicht näher beschreibt (vgl. ebd., S. 8). Diese Definition erscheint daher für den vorliegenden Beitrag eher einen ersten orientierenden Charakter zu bieten, wobei die Beziehungen von Handlungen und Gesten einer darüberhinausgehenden Beschreibung bedürfen. Kendon (2004) stellt eine interaktionstheoretisch geprägte Definition dessen dar, was als Geste vom Gegenüber gedeutet wird. Er weist darauf hin, dass Personen, die eine andere Person beim Sprechen und Gestikulieren beobachten, Gesten mit einer kommunikativen Intention und daher auch mit einer damit verbundenen Verantwortung der gestenerzeugenden Person in Zusammenhang bringen würden. Auf diese Weise könnten Gesten aus der Menge von Körperbewegungen identifiziert werden (vgl. ebd., S. 12 ff.).

In Forschungen zum Mathematiklernen wird Gesten eine zentrale Bedeutung im Mathematiklernprozess zugeschrieben (vgl. Huth 2018, S. 229 f.). Lernende nutzen ihre Gestik, um interaktional ausgehandelte und für sie mathematisch bedeutsame Aspekte darzustellen. Huth (2013, 2018) zeigt, dass Gesten relationale Strukturen an z. B. durch Handlungen erzeugten Materialanordnungen anzeigen könnten. Diese Materialanordnungen würden von den Lernenden im Sinne von Peirce als Diagramme gedeutet. Die Gestik der Lernenden kann aber auch selbst zum Diagramm werden und als solches im Lernprozess genutzt und weiterentwickelt werden (vgl. Huth 2013, S. 492 ff.; Huth 2018, S. 227 ff.).

Die Lernenden erzeugen ein Zeichenrepertoire aus Lautsprache, inskriptional gebrauchter Gestik und Materialanordnungen, das seine Dynamik u. a. in der modusübergreifenden Zeichentransformation zeigt. Die Gestik erlangt die Funktion mathematischer Zeichen, die nicht länger rein schriftbasiert in tatsächlichen Aufschrieben gedacht werden können. Sie erlangt in ihrer konzeptionellen Struktur inskriptionalen Charakter. (Huth 2018, S. 230)

Arzarellos (2006) Ansatz beschreibt eine von Dynamik geprägte, interaktiv gewachsene Zeichensammlung von Lernenden und Lehrenden, die insbesondere für die Lernenden Unterstützung zum Aufbau eines fachlich adäquaten Zeichenrepertoires bietet (vgl. ebd., S. 281). Im Ansatz von De Freitas und Sinclair (2012) werden Gestik und das Arbeiten mit Diagrammen als schöpferisch-kreative Tätigkeit herausgestellt. Sie betonen die Materialität der Mathematik und bezeichnen u. a. Gesten als Quelle mathematischer Bedeutung (vgl. ebd., 137 f.). Ein sogenanntes multimodales Zeichen aus Lautsprache, Gestik und Inskriptionen wird bei Krause (2016, S. 50) beschrieben, wobei der Gestik besondere Bedeutung bei der Darstellung mathematischer Aspekte zugeschrieben wird: Sie spezifiziere, visualisiere und konkretisiere und könne u. a. auf Inskriptionen hinweisen (vgl. ebd., S. 245).

10.2.2 Bedeutung von Handlungen und Materialanordnungen für das Mathematiklernen

Mathematikunterricht, speziell der Mathematikunterricht in der Grundschule, ist ohne Material z. B. in Form von Arbeitsmitteln und dem Handeln am Material nicht zu denken. Dabei wird häufig mehr auf das Material und die Materialanordnung fokussiert als auf das Handeln am Material selbst. Dies hat zur Folge, dass eher auf die Vielfalt von Materialien für mathematisches Lernen gesetzt wird, ungeachtet dessen, dass die Struktur der verschiedenen Materialien unterschiedlich ist und damit Handlungsroutinen und Regeln nicht ohne Weiteres von einem Arbeitsmaterial auf das andere übertragen werden können. So führt die Vielfalt an Materialien nicht zu einer Unterstützung und Differenzierung, sondern versetzt die Lernenden häufig in Ratlosigkeit. Das vermeintlich unterstützende Material kann zum Lernhindernis werden (vgl. Lorenz 2011).

Handeln im mathematischen Lernprozess ist Ausdruck der aktiven Auseinandersetzung mit Fragen der Mathematik. Dabei eröffnet das Handeln am Material einen ersten Zugang zur mathematischen Kultur (van Oers 2004). Materialien des Alltags werden mathematisch gedeutet und für das mathematische Arbeiten nutzbar gemacht. Mathematikdidaktisch aufbereitete Materialien haben die Aufgabe, mathematische Strukturen zu verdeutlichen und durch Handlungen an diesen Materialien das mathematische Verstehen zu unterstützen (Lorenz 2011). Was bedeutet es nun, das mathematische Verstehen zu unterstützen?

Aus kognitionspsychologischer Sicht unterstützen Handlungen am Material den Aufbau mentaler Vorstellungsbilder (Lorenz 1992):

Sie stellen Handlungsmöglichkeiten bereit, indem Situationsgegebenheiten in einem mentalen Modell simuliert werden und auf dieser Grundlage Entscheidungen für mögliche Handlungen getroffen werden können. (Vogel 2001, S. 35).

In diesem Sinne kann umgekehrt formuliert werden, dass sich in den Handlungen am Material intuitives Wissen (Seel 1997) im Sinne eines Wissensaufbaus bzw. individuelle mathematische Konzepte (Vogel 2017a) zeigen, die sich in der Auseinandersetzung mit einer anregenden mathematischen Aufgabenkultur und in der Beschäftigung mit Material weiterentwickeln. In diesem Zusammenhang ist das Modell der „Repräsentations-umorganisation" (RR-Modell, Karmiloff-Smith 1996) zu nennen. Dieses mehrphasige Modell beschreibt die unterschiedlichen Grade an Bedeutung des Handelns am Material für verschiedene Phasen der Wissensaneignung. Aus forschungsmethodischer Sicht bieten Materialhandlungen gleichzeitig die Möglichkeit, genau diese individuellen mathematischen Konzepte zu rekonstruieren und für mathematikdidaktische Theorieent-wicklung zu nutzen. Das Handeln am Material wird in diesem Ansatz dazu genutzt, sich mit den „abstrakten Objekten" der Mathematik (Dörfler 2006b, S. 214) auseinanderzu-setzen – im Gegensatz zum diagrammatischen Ansatz.

Bei diesem Ansatz zeigt das Handeln an dreidimensionalen Objekten und Material-anordnungen im Sinne von Peirce nach Dörfler (2006b) diagrammatischen Charakter (siehe Abschn. 10.2.3). So weist z. B. ein Rechenrahmen „[...] aufgrund der Anordnung der Kugeln auf Stangen durchaus bildhaft-figuralen Charakter auf" (Vogel 2017b, S. 994). Dieser Darstellungscharakter kann eine inskriptionale Funktion einnehmen und hat damit eine gewisse Form von Wahrnehmbarkeit und Permanenz (vgl. Dörfler 2006b, S. 209 f.). Durch Transformationsprozesse, die für speziell für mathematische Lernprozesse konzipierte Materialien einem vorgedachten Regelsystem unterliegen, können mathematische Erkenntnisprozesse der Lernenden unterstützt werden (vgl. Vogel 2017b). Materialien, die eine nicht so klare didaktische Konzeption aufweisen, ermög-lichen den Lernenden eigene Diagramme zu konstruieren, mit diesen zu arbeiten und ein eigenes Regelwerk zu entwickeln. Ein Beispiel hierfür ist das Materialarrangement in der im Artikel vorgestellten und analysierten Szene aus einer mathematischen Lern-umgebung zum Thema Flächeninhaltsbestimmung. Das Material der unterschiedlich großen Rahmen und die Legeplättchen können unterschiedlich für die Entwicklung eines Verfahrens zur Flächeninhaltsbestimmung genutzt werden. Die von den Lernenden ent-wickelten Diagramme können unterschiedlichen Charakter zeigen und auch die in der Folge vorgenommenen Transformationsprozesse zum Teil unterschiedlichen Regel-systemen folgen.

Die Ausführungen zeigen, dass Handeln am Material aus unterschiedlichen Perspektiven für das mathematische Lernen theoretisch fundiert werden kann. Aus kognitionspsychologischer Perspektive dominiert die Grundidee, dass abstrakte Objekte der Mathematik u. a. durch Materialkonfigurationen veranschaulicht seien, um dadurch mentale Vorstellungsbilder bei den Lernenden zu unterstützen, die sich in mathematischen Konzepten manifestieren und sich in der Folge multimodal in mathematischen Situationen zeigen können. Die semiotische Perspektive betont den potenziell diagrammatischen Charakter der Materialhandlungen und baut auf der Idee auf, durch diagrammatisches Handeln an unterschiedlichen Formen der Materialisierung (vgl. Dörfler 2006b) mathematische Erkenntnisse zu generieren. Mathematische Objekte sind hier weniger abstrakt als vielmehr konkret materialisiert und in den Darstellungen gegeben zu verstehen.

10.2.3 Bedeutung von Diagrammen im Mathematiklernen

Charles Sanders Peirce bezeichnet mathematisches Argumentieren als diagrammatisch (vgl. Peirce, EP 2:206). Damit wird die Beschäftigung mit Mathematik als die Erzeugung und der Umgang mit Diagrammen charakterisiert, wie auch Dörfler (2006a) hervorhebt. Er beschreibt dabei Mathematik als soziale Praxis:

> The very objects of interest, of learning and communication are now perceivable and communicable if math is understood (primarily and initially) as a social practice with, on, about, and through diagrams. (ebd., S. 105)

Nach Peirce sind in Diagrammen Relationen repräsentiert. An Diagrammen können Beobachtungen z. B. durch Lernende gemacht werden, die zu allgemeinen Behauptungen führen können. Dazu bedarf es der Kenntnis der entsprechenden Lesart oder der Legende des Diagramms. Ist diese (noch) nicht erworben, können diagrammatische Zusammenhänge nicht erkannt, das Diagramm nicht gelesen werden. Diagramme und das Erkennen diagrammatischer Zusammenhänge sind jedoch elementar, gewissermaßen wegbereitend für mathematisches Lernen und erlauben es, Gewohnheiten im Umgang mit mathematischen Zeichen und Diagrammen auszubilden (vgl. Dörfler 2002, S. 1).

> A diagram is an icon or schematic image embodying the meaning of a general predicate; and from the observation of this icon we are supposed to construct a new general predicate. (Peirce, EP 2:303, Hervorhebungen im Original)

Mit diesem Verständnis der Mathematik als den Umgang mit Diagrammen wird die Materialität mathematischer Objekte im wörtlichen Sinne greifbar. Ausgehend von der Peirceschen Diagrammatik bezeichnet daher Dörfler (2006b, S. 202) Diagramme als „Gegenstände mathematischer Tätigkeit".

> Ein Diagramm im Sinne von Peirce kann […] beschrieben werden als eine Inskription mit einer wohl definierten Struktur, meistens festgelegt durch Beziehungen zwischen Teilen oder Elementen, zusammen mit Regeln für Umformungen, Transformationen, Kompositionen, Kombinationen, Zerlegungen, etc. Diagramme sind dabei stets in Systemen organisiert und ein Diagrammsystem ergibt eine Art von Kalkül […], zu dem eine Praxis des Operierens mit den Diagrammen gehört. (Dörfler 2014, S. 5)

Diagramme werden dabei nicht auf rein schriftliche Darstellungen begrenzt. Gleichzeitig wird ihr Gebrauch auch und vor allem im Lernprozess ebenso wie die Möglichkeit der Erzeugung von Diagrammen durch Lernende im Rahmen ihrer mathematischen Entwicklung betont.

> Generally speaking, diagrams are kind of inscriptions of some permanence in any kind of medium (paper, sand, screen, etc). Those inscriptions mostly are planar but some are 3-dimensional like the models of geometric solids or the manipulatives in school mathematics. (Dörfler 2002, S. 1 f.)

Schreiber (2010) hebt zunächst die Bedeutung schriftlicher Darstellungen in mathematischen Interaktionen hervor (vgl. ebd., S. 14 f.), stellt aber für Inskriptionen und Diagramme u. a. auch die Möglichkeit der Erzeugung dieser mit „taktilem Material" (ebd., S. 27) und ihre Existenz bspw. als Modelle oder Bilder heraus. Damit nehmen Diagramme als mathematische Darstellungen aus Inskriptionen in beliebigen Medien eine zentrale Rolle im mathematischen Lernen ein, und zwar als Möglichkeit der Beobachtung und Entdeckung mathematischer Zusammenhänge. Es geht in diesem Prozess vor allem um das Erzeugen von und Manipulieren an Diagrammen, die im Rahmen der mathematischen Möglichkeiten der Lernenden erstellt werden und diese gewissermaßen widerspiegeln.

Beobachtet man kindliches Spiel, lässt sich feststellen, dass Kinder situativ den Gebrauch von Material festlegen. Dabei handeln sie interaktiv den Gebrauch von bestimmten Objekten aus und entwickeln gemeinsame und vorübergehend geltende Regeln, wie diese manipuliert werden können. Es werden über einen gewissen Zeitraum z. B. Holzstäbchen zum Legen unterschiedlicher Figuren des Alltags genutzt (Vogel 2014, 2017b). Dabei wird der Gebrauch der Holzstäbchen festgelegt, z. B. dass die Holzstäbchen als Striche verwendet werden. Dieser Gebrauch wird für die Dauer des Spiels konstant gehalten. Die Transformationsregeln bestehen darin, weitere Holzstäbchen für die Nachbildung weiterer Objekte hinzuzunehmen oder Holzstäbchen so umzulegen, dass andere Alltagsobjekte entstehen. Das so entstandene Diagramm und die vorgenommenen Veränderungen zeigen damit durchaus inskriptionalen und damit diagrammatischen Charakter. In schulischen Kontexten kann Handeln an didaktisch ausgewähltem Material ebenfalls als diagrammatisches Arbeiten von Kindern aufgefasst und für mathematisches Lernen genutzt werden (siehe Abschn. 10.2.2). Ein weiteres Potenzial einer diagrammatischen Deutung des Handelns am Material sind die möglichen Bedeutungsaushandlungen „durch das Operieren mit dem Diagramm" im sozialen Prozess (Schreiber 2010, S. 42; Dörfler 2006b).

Auch Gesten können in mathematischen Auseinandersetzungen junger Lernender vorübergehend wie Inskriptionen genutzt werden und diagrammatischen Charakter aufweisen (Huth 2013, 2017). Sie werden interaktiv erzeugt und können bspw. durch den wiederholten Gebrauch gleicher Gesten für das gleiche Gemeinte ebenso wie bestimmte Begriffe konventionalisierte, interaktiv festgelegte Zuschreibungen über den Prozess der kollektiven Bedeutungsaushandlung erhalten (vgl. Huth 2014, S. 153). In Bezug auf Diagramme kann die Gestik zum einen genutzt werden, um das Diagramm zu beschreiben, und zum anderen, um am Diagramm gestische Manipulationen vorzunehmen. Die Gestik kann aber auch selbst vorübergehend zum Diagramm werden, an dem dann weitere Transformationen vorgenommen werden (vgl. Huth 2018, S. 228 ff.). Dieses weist durch den bildhaft-flüchtigen Charakter eine besondere Form auf und kann z. B. zukünftig zu schriftlichen Fixierungen des Diagramms führen. Die Manipulationen am Diagramm basieren auf den durch die Interagierenden im Aushandlungsprozess etablierten relationale Strukturen des Diagramms und folgen bestimmten Regeln (vgl. Huth 2017, S. 479).

10.3 Multimodales Mathematiklernen an einem Beispiel

In der ausgewählten Interaktionssequenz beschäftigen sich Ayse (7 Jahre) und Jana (8 Jahre) mit dem mathematischen Problem der Bestimmung der Größe einer vorgegebenen Fläche mithilfe von Einheitsquadraten (im Folgenden auch als Legeplättchen bezeichnet) mit der Kantenlänge 5 cm. Beide Schülerinnen besuchen gemeinsam die zweite Klasse einer Grundschule. Das Einzugsgebiet der Schule ist städtisch und durch eine kulturelle Vielfalt geprägt. Eine die Schülerinnen begleitende Person (im Folgenden B) erläutert das mathematische Problem und bringt das Material in die Situation ein. In der ausgewählten Sequenz soll von den Schülerinnen eine Fläche der Größe 45 cm × 20 cm bestimmt werden (Rahmen 3, siehe Abb. 10.1). Diese Fläche wird als Papprahmen dargeboten, der keine weiteren Markierungen wie z. B. ein Raster o. Ä. enthält. Es passen 36 quadratische Legeplättchen in den Rahmen, wobei absichtlich nur 24 dieser Einheitsquadrate zur Verfügung stehen. Somit ist es nicht möglich, die gesamte Fläche auszulegen. Die Frage, die an die Schülerinnen gestellt wird, lautet: Wie viele quadratische Legeplättchen passen in den Rahmen?

Die Sequenz (vgl. Abschn. 10.6) beginnt, nachdem Jana (J) bemerkt hat, dass nicht genügend Plättchen vorhanden sind, um den aktuell bearbeiteten Rahmen vollständig zu füllen. Die Schülerinnen haben alle verfügbaren Legeplättchen in den Rahmen gelegt, sodass das rechte und linke Drittel vollständig bedeckt sind. Jana und Ayse deuten einen lautsprachlich geäußerten Impuls der begleitenden Person (B) so, dass sie nun herausfinden sollen, wie sie mit den besonderen Voraussetzungen des reduzierten Materials die Größe der gesamten Fläche in Legeplättchen bestimmen können. Zuvor haben sie sich bereits mit der Bestimmung der Fläche eines anderen Rahmens (15 cm × 25 cm) beschäftigt, diesen vollständig, lückenlos und ohne Überlappung mit den Quadraten ausgelegt und die Anzahl der Quadrate ermittelt, indem sie für jede ausgelegte Reihe im Rahmen von jeweils fünf Legeplättchen ausgegangen sind und diese dann zu 15 addierten. Dabei stand ihnen die erforderliche Menge an Legeplättchen zur Verfügung, um den Rahmen vollständig auszulegen. Die folgende Situationsskizze zeigt das räumlich-materielle Arrangement auf dem Tisch zu Beginn der hier analysierten

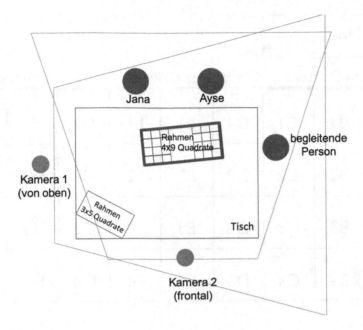

Abb. 10.1 Situationsskizze

Sequenz. Es sind die Positionen der Personen und die in den Rahmen eingelegten Einheitsquadrate erkennbar.

Die Bezeichnungen der Positionen im Rahmen (vgl. Abb. 10.2) unterstützen die folgenden Analysen. Sie geben die Möglichkeit, Gesten über dem Rahmen und Handlungen an den Legeplättchen im zeitlichen Verlauf zu verfolgen.

10.4 Qualitative Analysen

Im vorliegenden Beitrag werden verschiedene qualitative Analyseformate angewendet. Dabei handelt es sich zum einen um die Kontext- oder Explikationsanalyse (Mayring 2015) in einer für die mathematikdidaktische Forschung nutzbaren spezifischen Anpassung (Vogel 2017a). Zum anderen werden eine textbasierte Interaktionsanalyse (Krummheuer 1992) und die grafische Darstellung einer speziell für multimodale Analysen angepassten Variante der semiotischen Analyse in Form einer Semiotischen Prozess-Karte erstellt (Schreiber 2010; vgl. Huth 2014).

Bei den hier genutzten Analyseverfahren steht vornehmlich die Beschreibung und weniger die Bewertung des analysierten Ausschnittes, etwa im Hinblick auf mathematische Adäquatheit, im Vordergrund. Das Verständnis dessen, was hier insbesondere mit Blick auf Schnittstellen von Handlungen und Gesten der Lernenden geschieht, und wie diese im gemeinsamen Ringen um eine Problemlösung genutzt werden, steht im Fokus des Interesses dieses Beitrags.

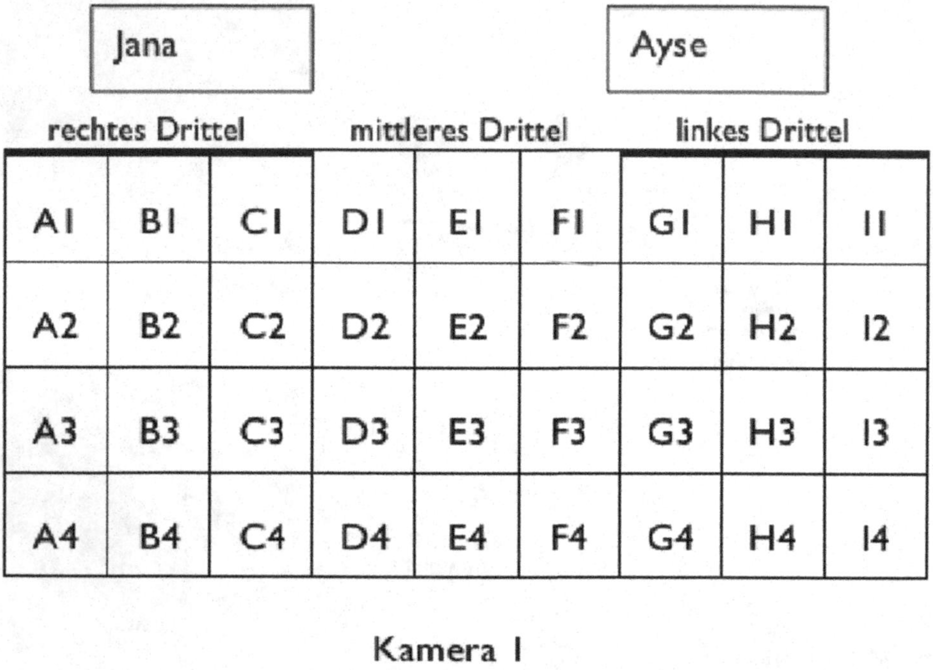

| Jana | | | | | | Ayse | | |

rechtes Drittel			mittleres Drittel			linkes Drittel		
A I	B I	C I	D I	E I	F I	G I	H I	I I
A2	B2	C2	D2	E2	F2	G2	H2	I2
A3	B3	C3	D3	E3	F3	G3	H3	I3
A4	B4	C4	D4	E4	F4	G4	H4	I4

Kamera I

Abb. 10.2 Bezeichnung der möglichen Positionen für quadratische Legeplättchen im Rahmen 3

Mithilfe der hier vorgestellten Verfahrensweisen – adaptierte Kontextanalyse und Interaktions- mit semiotischer Analyse – sollen diese Schnittstellen von Gesten und Handlungen im gewählten Transkriptausschnitt herausgearbeitet werden. Durch die Kontrastierung der Analyseergebnisse soll es möglich werden, die verschiedenen Modusschnittstellen genauer zu charakterisieren und ihre Bedeutung im Lernprozess zu rekonstruieren. Es ergeben sich die folgenden Forschungsperspektiven:

1. Welche verschiedenen Schnittstellen von Gesten und Handlungen können in multimodalen mathematischen Interaktionen junger Lernender rekonstruiert werden?
2. Wie zeigt sich der diagrammatische Charakter von Gesten und Handlungen am Material in den untersuchten mathematischen Situationen?
3. Welche Funktion übernimmt die Diagrammatizität der Handlungen am Material und der Gesten im mathematischen Lernprozess?

10.4.1 Adaptierte Form der Kontextanalyse für die mathematikdidaktische Forschung

10.4.1.1 Verfahren

Ausgangspunkt dieser für die mathematikdidaktische Forschung angepassten Kontextanalyse (Vogel 2017a) ist die von Mayring (2015, S. 90 ff.) beschriebene qualitative

Technik der Explikation (Kontextanalyse). Dieser Typus von Inhaltsanalyse hat die Funktion, Textstellen, Begriffe oder sprachliche Wendungen, die auf der Grundlage von „lexikalisch-grammatikalischen Definitionen" nicht gedeutet werden können, durch die Hinzunahme des Kontextes, d. h. durch Hinzunahme zusätzlichen Materials zu interpretieren (Mayring 2015, S. 90). Die Adaption des Verfahrens (Vogel 2017a) besteht darin, dass sich das zu Interpretierende als für die mathematikdidaktische Forschung bedeutsam darstellt. Ausgehend von den „Interpretationsregeln der explizierenden Inhaltsanalyse" (Mayring 2015, S. 94) bietet sich diese Art der Inhaltsanalyse für die Rekonstruktion mathematischer Konzepte, die sich in der Bearbeitung mathematischer Aufgaben multimodal zeigen, in besonderer Weise an.

> Mathematische Konzepte von Lernenden sind individuelle Vorstellungen, die in einer konkreten mathematischen Anforderungssituation aktiviert und entweder situativ oder in der Zeit beständig weiterentwickelt werden. (Brandt und Vogel 2017, S. 211)

Für die Herausarbeitung der sich in der Situation zeigenden individuellen mathematischen Konzepte werden diese mit den „intendierten mathematischen Konzepten" (Prediger 2008, S. 7) kontrastiert. In dieser Gegenüberstellung werden Gemeinsamkeiten bzw. Unterschiede von „individuellen und intendierten Konzepten" (ebd.) sowie Besonderheiten und Abweichungen herausgearbeitet, die wiederum Aufschlüsse über die mathematische Ideenwelt der Lernenden geben. Gleichzeitig eröffnet die Rekonstruktion mathematischer Konzepte den Blick auf die Nutzung unterschiedlicher Modi, durch welche die Vorstellungen, Ideen und Irritationen der Lernenden zum Ausdruck gebracht werden.

In der Kontextanalyse wird zwischen einer engen und weiten Analyse unterschieden. Diese unterscheiden sich im Umfang des Materials, das für die Explikation verwendet wird (vgl. Mayring 2015, S. 91). In der mathematikdidaktischen Forschungspraxis hat sich folgende Vorgehensweise bewährt: Aus der videografierten mathematischen Lehr-Lern-Situation wird durch spezielle Videoanalyseverfahren wie z. B. die Segmentierungsanalyse nach Dinkelaker und Herrle (2009) eine für die Forschungsfrage passende Sequenz aus dem Video identifiziert, die dann transkribiert wird. Diese bildet das Material für die enge Kontextanalyse. Das restliche Video kann für die weite Kontextanalyse genutzt werden.

Die im Folgenden beschriebenen Analyseschritte fokussieren auf die enge Kontextanalyse in der adaptierten Version (Vogel 2017a; Mayring 2015):

- **Schritt 1:** Identifikation der Analyseeinheit bzw. der Transkriptstelle, die als besonders aufschlussreich für das zu identifizierende mathematische Konzept erscheint. Diese stellt den Startpunkt der Analyse dar. Da im weiteren Verlauf der engen Kontextanalyse (siehe Schritt 3) weitere Transkriptstellen hinzugenommen werden, muss die Auswahl der Initial-Transkriptstelle zwar passend zum zu untersuchenden mathematischen Konzept (Vergleich intendiertes mathematisches Konzept) sein, aber kann bezogen auf das Transkript beliebig sein.

- **Schritt 2:** Explikation 1:
  - E1.1 Bestimmung des relevanten, intendierten mathematischen Gehalts
  - E1.2 Analyse der zu Beginn identifizierten Transkriptstelle
  - E1.3 Erste Zusammenfassung
- **Schritt 3:** Explikation 2 (enge Kontextanalyse): Es werden im Transkript weitere Stellen identifiziert, die der weiteren Explikation des mathematischen Konzepts dienen.
- **Schritt 4:** Explikation 3 (weite Kontextanalyse): Die weiteren ausgewählten Materialien werden für eine vertiefte Fortführung der Rekonstruktion mathematischer Konzepte genutzt.
- **Schritt 5:** Zusammenfassung

10.4.1.2 Analyseausschnitt/-beispiel

Für die Beantwortung der hier formulierten Fragen wird die Kontextanalyse für die beiden beteiligten Schülerinnen und das verwendete Material durchgeführt. Schritt 4 bleibt in dieser Analyse unberücksichtigt. Die Durchführung einer Kontextanalyse für das Material wirkt zunächst befremdlich, da Material im engsten Sinne kein mathematisches Konzept aufweist. Gleichzeitig wird Material in mathematischen Lernsituationen eine für mathematisches Lernen bedeutsame Rahmung zugesprochen, in der Handlungen möglich sind, die wiederum in der konkreten Situation eine mathematische Ausdeutung erfahren. Handlungen am Material erlangen so diagrammatischen Charakter und dienen als Grundlage mathematischer Erkenntnisgewinnung. Dieses didaktische Potenzial (Billion und Vogel 2018, 2019) entfaltet sich somit in der Interaktion mit den handelnden Personen. Durch die Analyse des Materials wird dessen mathematisches Potenzial im Sinne einer Grundlage für mathematische Handlungsmöglichkeiten deutlich.

10.4.1.2.1 Kontextanalyse „Material"

Schritt 1: Abb. 10.3 stellt die Ausgangseinheit dar.
Schritt 2:

- **E1.1:** Im Zentrum der Aufgabe steht das Bestimmen des Flächeninhalts einer ebenen rechteckigen Figur. Anschaulich kann formuliert werden: „Flächeninhalt ist das, was

Abb. 10.3 Material der mathematischen Lernsituation

man mit Flächenmessgeräten (Einheitsquadraten mit 1 mm² [...]) misst" (Krauter und Bescherer 2013, S. 105). Messen kann als Aufteilen in gleich große Einheiten aufgefasst werden, deren Anzahl abschließend bestimmt wird. Damit kann der Flächeninhalt von rechteckigen ebenen Figuren mit ganzzahligen Seitenlängen durch das Auslegen mit Messquadraten und anschließendem Auszählen ermittelt werden (vgl. ebd., S. 107). Die Handlung des Auslegens lässt sich durch die Anwendung der Axiome der reellen Maßfunktion mathematisch fundieren. Die reelle Maßfunktion ordnet jedem Polygon als Teilmenge der Ebene ganz allgemein einen reellen Zahlenwert als „Flächenmaßzahl" (ebd., S. 105) zu. Im Auslegen der zu messenden Fläche kommen die Axiome der Additivität und der Normierung zum Tragen. Die Additivität regelt, dass einzelne Flächeninhalte addiert werden können, und damit wird garantiert, dass die Aufsummierung der Flächeninhalte der Messquadrate den Flächeninhalt der gesamten Fläche ergibt. Das Axiom der Normierung eröffnet zumindest im ganzzahligen Bereich die Möglichkeit, den Messvorgang auf ein „einfaches Abzählproblem" (ebd., S. 107) zu reduzieren. Für das Abzählen können unterschiedliche Strategien genutzt werden. Es kann vollständig ausgezählt oder es können multiplikative Verfahren genutzt werden. Hierfür sind die Quadrate in einer Reihe zu zählen. Die so ermittelte Anzahl wird mit der Anzahl der Reihen multipliziert, um die Gesamtzahl der Einheitsquadrate und damit den Flächeninhalt zu ermitteln. Diese Art des strategischen Zählens kann als Formel „Länge des Rechtsecks mal Breite des Rechtecks" zur Flächeninhaltsbestimmung verallgemeinert werden.

- **E1.2:** Das Material ist so gewählt, dass durch den Rahmen ein bestimmtes Polygon, im Fall der ausgewählten Interaktionssequenz ein Rechteck, als Teilmenge von der restlichen Ebene abgegrenzt wird. Durch die Gestaltung als Rahmen wird ein Auslegen mit Legeplättchen provoziert. Zur Verfügung steht eine gewisse Anzahl von kongruenten Legeplättchen. Durch die Wahl gleicher Legeplättchen wird die Idee der Einheitsquadrate aufgegriffen, deren Größe zwar nicht standardisiert ist, aber trotzdem erlaubt, die Fläche mit den vorgegebenen Quadraten (Legeplättchen) auszumessen. Die Fläche wird hierzu in kleinere Quadrate aufgeteilt und durch das Bestimmen der Anzahl kann der Flächeninhalt des umrahmten Rechtecks in Legeplättchen als Maßeinheit angegeben werden. Die Irritation in der Aufgabe besteht darin, dass die Anzahl der Legeplättchen nicht ausreicht, um den Rahmen vollständig mit Legeplättchen auszulegen. Es kann damit die Anzahl der Legeplättchen nicht einfach ausgezählt werden. Abb. 10.3 zeigt ein erstes Legeergebnis der beiden Mädchen, die links und rechts im Rahmen mit den Legeplättchen zwei gleich große rechteckige Teilflächen gelegt haben. In der Mitte bleibt eine dritte rechteckige Teilfläche gleicher Größe frei. Dieses erstellte Auslegemuster zeigt das Streben der Mädchen, die Form des Rechtecks dicht und kompakt auszulegen. Das Entstehen einer rechteckigen Teilfläche links und einer ebensolchen rechts ist sicher auch bedingt durch die räumliche Sitzpositionen der beiden Schülerinnen, die nebeneinandersitzen und damit einmal von rechts und einmal von links einen direkten Handlungszugriff auf das Rechteck haben.

- **E1.3:** Bereits an dieser Stelle wird deutlich, dass das Material das intendierte mathematische Konzept aufgreift und Handlungen provoziert, die die zentralen mathematischen Aspekte, wie das große Rechteck in kleinere Einheitsquadrate aufzuteilen und damit auszumessen, deutlich werden lassen. Das reine Auszählen der Plättchen, um deren Anzahl zu bestimmen, wird aber durch die zu geringe Anzahl an Legeplättchen verhindert. Es ist anzunehmen, dass weitere Transformationsprozesse am Material unterschiedliche Zählstrategien der Mädchen deutlich machen.

Schritt 3: Für die weitere Analyse werden die Situationsaufnahmen, die in den Abb. 10.6, 10.7 und 10.8 zu sehen sind, verwendet. Durch die Beweglichkeit der Legeplättchen (Einheitsquadrate) wird den Schülerinnen die Möglichkeit gegeben, handelnd ihre mathematischen Vorstellungen für die Bestimmung der Anzahl der benötigten Legeplättchen zum Ausdruck zu bringen. Die verhinderte Möglichkeit, die Fläche vollständig auszulegen, führt zu Irritationen, die in der Theorie der mathematischen Konzeptentwicklung (Conceptual Change Ansatz, vgl. Brandt und Vogel 2017; Vogel 2017a; Prediger 2007) Lerngelegenheiten bieten. Die multimodal von Jana und Ayse zum Ausdruck gebrachten Ideen, den Mangel an Material zu kompensieren, zeigen ihre unterschiedlichen Herangehensweisen. Gewählte Vorgehensweisen wie die von Jana, die auf im Unterricht erprobte Strategien zurückgreift, etwa die des Umlegens, der Reihung und anschließenden Zählens, zeigen im Bereich des Modus eine deutliche lautsprachliche Ergänzung der gestisch angedeuteten und dann im Anschluss durchgeführten Handlungen am Material (siehe Abb. 10.6). Hingegen werden die auf andere Muster als die der Reihung zurückgreifenden Strategien von Ayse lautsprachlich erst sehr spät zum Ausdruck gebracht. Die nicht vorhandenen Legeplättchen werden zum Teil gestisch nachgestellt, um an der so erzeugten Raum-„Material"-Konstellation Manipulationen vorzunehmen (siehe Abb. 10.8).

Schritt 5: Die Analyse des Materials zeigt, dass der Rahmen und die zur Verfügung stehenden Legeplättchen für das intendierte mathematische Gesamtkonzept der Flächeninhaltsberechnung Handlungs- und Lernräume eröffnet. Durch den Rahmen wird aus der Ebene eine Teilebene abgegrenzt, deren Flächeninhalt bestimmt werden soll. Als Maßeinheit dienen die Legeplättchen, die für ein vollständiges Auslegen nicht in ausreichender Zahl vorhanden sind. Die durch die Materialbegrenzung geschaffenen Irritationspunkte, die es den Kindern im Sinne des Conceptual Change Ansatzes ermöglichen, ihre mathematischen Konzepte weiterzuentwickeln, provozieren oftmals auch einen Moduswechsel. So werden z. B. die nicht vorhandenen, aber benötigten Legeplättchen gestisch dargestellt, um mit diesen nachgestellten Legeplättchen die nicht mögliche konkrete Handlung an den Legeplättchen gestisch anzudeuten mit dem Ziel, die notwendige Anzahlbestimmung der mittleren Fläche zu realisieren. Außerdem wird in der Analyse der diagrammatische Charakter des Materials deutlich. Die verschiedenen Rahmengrößen, die über die ausgewählte Videosequenz hinaus in dieser Lernumgebung verwendet werden, und die Legeplättchen bilden zusammen ein Diagrammsystem, das die Schülerinnen nutzen, um sich mit der Größenbestimmung unterschiedlicher Flächen zu beschäftigen. Die Flexibilität der Legeplättchen eröffnet den Lernenden die Möglichkeit, unterschiedliche Regeln für das Auslegen und so für die Ermittlung des Flächeninhalts zu entwickeln. Diese Entwicklung von unterschiedlichen Transformationsregeln wird durch die Materialbegrenzung provoziert. Auch werden die unterschiedlichen Strategien dadurch deutlicher.

10.4.1.2.2 Kontextanalyse „Jana"

Schritt 1: Die Äußerung 6a (siehe Transkript, Abb. 10.11) wird als Ausgangseinheit ausgewählt. Der lautsprachliche Ausdruck „Eins zwei drei v **vier** fünf (.) sechs sieben acht neun- (.) hey\ des sin Zehner" wird durch das Zeigen auf einzelne Legeplättchen an das Material gebunden. Es wird von Jana auch auf Positionen innerhalb des Rahmens gezeigt, an denen keine Legeplättchen liegen. Dabei werden die leeren Positionen in besonderer Weise fixiert, was sich an den umgebogenen Fingergliedern zeigt. Die Äußerung wird zum Ende hin durch die Handformen Spreizhand und Faustform gestaltet.

Schritt 2:

- **E1.1:** siehe Abb. 10.3.
- **E1.2:** Als Ausgangspunkt für die Bestimmung der Gesamtzahl der Plättchen, nimmt Jana die aus ihrer Sicht obere Reihe in den Blick und startet auf Position A4 ihren Zählprozess. Diesen bindet sie durch das Zeigen auf die vorhandenen Legeplättchen auf den Positionen A4, B4 und C4 an das Material. Die nicht besetzten Positionen in der oberen Reihe werden von Jana in besonderer Weise fixiert. Eine gewisse Irritation kann davon abgeleitet werden. Die Präzision des Zählens nimmt zum Ende der Äußerung ab und wird auch gestisch durch eine bogenförmige Bewegung, in der nicht mehr auf alle Plättchenpositionen verwiesen wird, zum Ausdruck gebracht. Erst die letzten beiden Positionen H4 und I4 werden wieder durch Antippen fixiert. Jana schließt ihre Äußerung mit der Aussage „hey\ des sin Zehner" (Äußerung 6a, siehe Transkript, Abb. 10.11) ab. Diese Angabe entspricht nicht der tatsächlich möglichen Anzahl von Legeplättchen in dieser Reihe. Weitere gestische Ausdrücke (Spreizhand und Faustform) sowie das geringfügige Verrücken des Plättchens auf Position C4 können als Ausdruck von Irritation und Missfallen der Aufgabe oder der materiellen Möglichkeiten für die Lösung der Aufgabe gedeutet werden.
- **E1.3:** Bereits an dieser Stelle wird deutlich, dass Jana dem Messauftrag der Aufgabe folgt. Die vorgegebene Rechteckfläche muss hierfür vollständig in Einheitsquadrate aufgeteilt und diese gezählt werden. Die nicht ausreichende Anzahl der Legeplättchen für ein vollständiges Auslegen und damit als Voraussetzung für ein einfaches Abzählen wird dabei eher als störend empfunden. Es werden Strategien notwendig, die es ermöglichen, dieses Plättchendefizit zu überwinden. Für Jana scheint es wichtig zu sein, die Anzahl der Plättchen in der oberen Reihe zu bestimmen.

Schritt 3 (E2): Für die weitere Analyse werden hier die Äußerungen 8a und 8b hinzu-genommen. Weitere passende Transkriptstellen wären die Äußerungen 4 und 1a. In der Äußerung 8a wird im lautsprachlichen Ausdruck die Beweisführung für die zehn Lege-plättchen von Jana angekündigt. Dies bestätigt erneut, dass die Bestimmung der Anzahl der Einheitsquadrate in dieser Reihe für Jana von großer Bedeutung ist. Sie versucht zunächst gestisch und durch geringfügiges Verrücken der Plättchen eine Lösung für ihr Problem herbeizuführen. Dabei lässt sie unberücksichtigt, dass auch Ayse gestisch nach einer Lösung sucht. Indem Jana ein Einheitsquadrat von Position A3 auf Position D4 verschiebt, eröffnet sie ihren Transformationsprozess. In Äußerung 8b setzt sie diesen fort und versucht die obere Reihe bis Position F4 und weiter bis I4 zu vervollständigen, um durch das konkrete Zählen der nun in der oberen Reihe liegenden Plättchen ihre Anzahlbestimmung zu verifizieren. Die lautsprachliche Äußerung 4 deutet darauf hin, dass Jana neben den von ihr identifizierten zehn Einheitsquadraten in der oberen Reihe noch andere „Zehner" in den Blick nimmt. Äußerung 1a gibt hierzu Aufklärung. Ganz zu Beginn der ausgewählten Interaktionssequenz ist es für Jana klar, dass in einer Reihe zehn Einheitsquadrate liegen, die für die Gesamtzahl aufaddiert werden müssen. Sie zählt in Zehnerschritten vorwärts und bestimmt so die Gesamtzahl der in das Rechteck passenden Einheitsquadrate.

Schritt 5: Insgesamt zeigt sich in der hier verkürzten Analyse bereits die von Jana verfolgte Strategie für die Bestimmung der Gesamtzahl der Einheitsquadrate, in die sich das vorgegebene Rechteck aufteilen lässt. Sie bestimmt die Anzahl der Einheitsquadrate in einer Reihe und kann dies als Ausgangspunkt nutzen, die Gesamtzahl zu bestimmen, indem sie diese Anzahl so oft addiert, wie Reihen vorhanden sind. Es zeigt sich auch, dass für Jana die Gesten als Begründung, warum zehn Einheitsquadrate in einer Reihe liegen, nicht ausreichen. Dieses Misstrauen gegenüber dem eigenen Zählergebnis wird eventuell durch die Rückfrage der begleitenden Person in Äußerung 5 befördert. Durch Umlegen und damit durch eine Handlung am Material verändert Jana das Materialdia-gramm so, dass sie in ihrer Strategie fortfahren kann und potenziell abzählend gestisch die Anzahl der Einheitsquadrate in einer Reihe bestimmen kann. Ein weiterer Wechsel des Modusgebrauchs zeigt sich an der Stelle, wo die sprachliche Äußerung, dass zehn Legeplättchen in einer Reihe liegen, durch die konkrete Handlung des vollständigen Auslegens der oberen Reihe abgelöst wird. Das diagrammatische Handeln wird in ver-schiedenen Modi deutlich. Im Fall von Jana lassen sich Transformationen beschreiben, die das Ziel haben, Reihen zu bilden und deren Länge festzulegen, um so effektiv die benötigte Anzahl von Legeplättchen für die durch den Rahmen ausgewählte Fläche zu bestimmen.

10.4.1.2.3 Kontextanalyse „Ayse"

Schritt 1: Die Äußerung 3c (siehe Transkript, Abb. 10.12) wird als Ausgangseinheit gewählt. Diese Äußerung wird dominiert durch Gesten, die Ayse im mittleren Drittel der Rechteckfläche zeigt. Mit den Fingern der rechten Hand markiert Ayse im mittleren freien Drittel der Rechteckfläche dynamisch, d. h. mit wechselnden Fingerpositionen unbelegte Plättchenpositionen. Diese Bewegungen auf der mittleren Teilfläche münden in eine Spreizhand, die im mittleren Feld positioniert wird.

Schritt 2:

- **E1.1:** siehe Abb. 10.3.
- **E1.2:** In dieser Äußerung zeigt sich die von Ayse gewählte Strategie zur Bestimmung der Gesamtanzahl der Plättchen. Sie beschäftigt sich zunächst mit dem nicht ausgelegten mittleren Feld des Rechtecks, d. h., sie wendet sich zunächst der Herausforderung zu. Dabei versucht sie gestisch das Diagramm aus Plättchen zu ergänzen, um so den Zählprozess in diesem Bereich zu unterstützen. Dabei markieren die Finger die Ränder der Plättchen. Mit dem rechten Zeigefinger kann so das Zählen der Räume zwischen den Fingern unterstützt werden.
- **E1.3:** Ayse greift den Messauftrag der Aufgabe auf, indem sie sich dem Teil des Rechtecks zuwendet, der nicht mit Plättchen ausgelegt ist. Die beobachtbare Gestik verweist auf eine Strukturierung dieser Fläche, indem die Fläche aufgeteilt wird. Diese Aufteilgesten verweisen auf die Vorstellung von Ayse, dass Teilflächen, sofern sie durch die Plättchen nicht bereits aufgeteilt sind, aufgeteilt werden müssen, um die Anzahl der Einheitsquadrate zu bestimmen. Es lässt sich vermuten, dass Ayse die drei Teilflächen des Rechtecks nicht als gleich groß wahrnimmt. Sie zählt die Einheitsquadrate der linken oder rechten Teilfläche nicht und argumentiert dann, dass in der Mitte ebenfalls die gleiche Anzahl von Plättchen liegen muss wie links und rechts. Für sie scheinen die drei Teilflächen unabhängige Teilflächen darzustellen, deren Größe unabhängig voneinander durch das Auszählen der Einheitsquadrate bestimmt werden muss.

Schritt 3 (E2): Für die weitere Analyse werden die Äußerungen 10, 13 und 7a (siehe Transkript, Abb. 10.12, 10.13 und 10.14) hinzugenommen. In ihrer lautsprachlichen Äußerung in 10 teilt Ayse mit, dass in der Mitte fünfzehn Legeplättchen Platz finden. Die Aussage wird gestisch durch das Tippen auf die Positionen D4, E4 und F4 vorbereitet. Gestik und Handlungen am Material geben in dieser Äußerung keine weiteren Aufschlüsse, wie Ayse zu diesem Ergebnis kommt. Die Äußerung 7a gibt Interpretationshinweise auf mögliche Zählstrategien. Hier tippt Ayse auf die Positionen G1 bis G4 und bewegt die Lippen dazu. Dies kann auf einen Zählprozess der Reihen verweisen. In Äußerung 10 werden nun für eine Reihe gestisch drei Plättchen identifiziert, die man sich jeweils in vier Reihen vorstellen kann. Gestisch wurde in Äußerung 10 exemplarisch nur die vierte Reihe markiert. Es ist zu vermuten, dass Ayse eine Mehrfachaddition oder eine Multiplikation durchführt und sich dabei verrechnet oder die Anzahl der Reihen mit der Zahl Fünf belegt. Auch ein lautloses vollständiges Abzählen der mittleren Teilfläche wäre denkbar. Äußerung 13 verweist auf den Konflikt zwischen Ayse und Jana. Dies bringt Ayse lautsprachlich und gestisch zum Ausdruck.

Schritt 5: Bereits in der verkürzten Analyse zeigt sich, dass Ayse die durch das erste Auslegen der Gesamtfläche entstandene Aufteilung aufgreift. Das mathematische

Teilkonzept der Additivität für Messvorgänge zeigt sich auch hier, ebenso wie bei Jana. Der Unterschied besteht in der Nutzung unterschiedlicher Maßeinheiten. So arbeitet Jana ausschließlich mit den vorgegebenen Einheitsquadraten. Ayse hat ein zweischrittiges Konzept, das zunächst die Rechteckfläche in Teilflächen zerlegt und deren Größe dann mithilfe der vorgegebenen Einheitsquadrate bestimmt. Durch das Aufsummieren dieser Teilsummen kann dann die Gesamtzahl der Einheitsquadrate ermittelt werden. Ayse nutzt für ihre Lösung intensiv die Gestik. Es lassen sich gestische Diagramme vermuten, an denen gestische Manipulationen durchgeführt werden. Gründe hierfür können u. a. in der handelnden Dominanz von Jana liegen, die für Ayse den Handlungsraum sehr einschränkt, was in Äußerung 13 deutlich wird. Teilweise wird auf der Rechteckfläche gleichzeitig gestisch und handelnd mit unterschiedlichen Strategien gearbeitet, was zeitweise zu semiotischen Überlappungen führt.

Es zeigt sich bei Ayse während der Bestimmung der Größe der mittleren Teilfläche eine Modusschnittstelle, da sie mangels Legeplättchen die mittlere Teilfläche nicht auslegen kann, um deren Größe zu bestimmen. Gesten ersetzen das Material und das Handeln am Material. Im diagrammatischen Arbeiten von Ayse zeigen sich ebenfalls Transformationen, vor allem im Modus der Gestik, die auf das Ziel der Bestimmung der Plättchenanzahl in einer Reihe abzielen, um aus deren Aufsummierung die Anzahl der benötigten Legeplättchen für die zu betrachtende Fläche zu bestimmen. Ayses und Janas Vorgehen unterscheiden sich dadurch, dass sie sich in ihren Strategien auf unterschiedliche Flächen beziehen.

10.4.2 Interaktionsanalyse und die Semiotische Prozess-Karte

10.4.2.1 Verfahren

Bei der Interaktionsanalyse handelt es sich um ein textbasiertes qualitatives Verfahren, das es erlaubt, die inhaltlich-thematische Entwicklung im Verlauf des Interaktionsprozesses zu verfolgen. Sie wird in der Mathematikdidaktik vornehmlich im Rahmen der Interpretativen Forschung zur Analyse von Transkripten aus mathematischen Lehr-Lern-Situationen verwendet (vgl. Krummheuer und Naujok 1999). Dazu werden die wechselseitig aufeinander bezogenen Gesprächszüge und kollektiv erzeugten Deutungen der Interagierenden im Prozess verfolgt und rekonstruiert. Die thematische Entwicklung der Interaktionssequenz wird als eine aus dem Aushandlungsprozess emergierende und der Dynamik der Interaktion unterliegende Hervorbringung aller Beteiligten verstanden. Turn für Turn wird im Analyseprozess durch das Erzeugen verschiedener Deutungen eine sich als wahrscheinlich erweisende Interpretation der Interaktion herausgearbeitet, die hinreichend in den Daten repräsentiert und durch diese gestützt ist. Das Verfahren der Interaktionsanalyse umfasst in der Regel folgende Schritte:

1. Die Interaktionseinheit wird gegliedert.
2. Es erfolgt eine allgemeine Beschreibung des Interaktionsverlaufes.

3. Zu den Einzeläußerungen werden verschiedene mögliche Interpretationen aufgestellt.
4. Es wird eine Turn-by-Turn-Analyse durchgeführt.
5. Es erfolgt eine Zusammenfassung der sich als am wahrscheinlichsten erweisenden Interpretation.

Diese Schritte sind nicht streng sequenziell zu verstehen und häufig werden Schritt 3 und 4 kombiniert. Die Interaktionsanalyse fußt theoretisch u. a. auf der Interaktionstheorie mathematischen Lernens und zeichnet sich durch eine besondere Nähe zum Datenmaterial aus (vgl. Krummheuer 1992, S. 52; Krummheuer und Brandt 2001). Eine umfassende Beschreibung und theoretische Einbettung des Verfahrens beschreiben bspw. Krummheuer (1992), Krummheuer und Naujok (1999) sowie Krummheuer und Brandt (2001).

Die hier angepasst verwendete semiotische Analyse wurde ursprünglich von Schreiber (2010) entwickelt und umfasst die grafische Darstellung der Interaktion als fortlaufenden Zeichenprozess in Form von Semiotischen Prozess-Karten (vgl. ebd., S. 60 ff.). Dazu wird jede Äußerung in einer Peirceschen Zeichentriade mit Repräsentamen, Objekt und Interpretant dargestellt (vgl. Abschn. 10.2.1). Die Verknüpfung der Triaden über den Interpretanten und die Darstellung des „komplexen semiotischen Prozesses" (ebd., S. 40) ergeben die Darstellung des gesamten Zeichenprozesses. Das Verfahren erfährt u. a. in Huth (2014) eine perspektivische Anpassung bezüglich der Integration gestischer Triaden im Prozessverlauf (vgl. ebd., S. 159 ff.). Die Darstellung der semiotischen Analyse im vorliegenden Beitrag (vgl. Abschn. 10.4.2.2) zeigt für jede Äußerung eine lautsprachliche (links) und eine gestische Triade (rechts) mit Repräsentamen, Objekt und Interpretant. Gleichzeitige Äußerungen werden durch nebeneinander angeordnete Triaden dargestellt. Gestische und lautsprachliche Triaden sind durch einen gemeinsamen Interpretanten in Relation zueinander gesetzt, an den sich wiederum die neue Äußerung mit einem neuen Repräsentamen anknüpft. Der Zeichenprozess ist im vorliegenden Beitrag nur ausschnittweise dargestellt. Eine Semiotische Prozess-Karte wird in der Regel von oben nach unten und von links nach rechts gelesen und umfasst die Darstellung des Zeichenprozesses der jeweils ausgewählten Sequenz.

Interaktionsanalyse und semiotische Analyse ergänzen sich in besonderer Weise: In einem ersten Analysedurchlauf bauen sie aufeinander auf, sodass die Semiotische Prozess-Karte analytisch gestützt aus der zuvor durchgeführten Interaktionsanalyse hervorgeht. Bei der Erstellung der Semiotischen Prozess-Karte werden Bilder aus den Daten verwendet, die durch die Interaktionsanalyse analytisch fundiert ausgewählt sind. Es sind Rückbezüge zur Interaktionsanalyse aus der semiotischen Analyse heraus möglich, die dynamisch den ersten Analyseschritt verfeinern. Das einerseits textbasierte, andererseits grafische Verfahren aus beiden Analysearten kann im Besonderen die Relation von Gestik, Lautsprache und weiteren Ausdrucksmodi herausstellen und im Prozess der mathematischen Interaktion von Lernenden die Entwicklung dieser Modi in Verwendung und Deutung durch die Interagierenden rekonstruieren.

10.4.2.2 Analyseausschnitt/-beispiel

10.4.2.2.1 Zusammenfassung der zentralen Ergebnisse der Interaktionsanalyse

Die Schülerinnen Jana und Ayse zeigen je eigene Herangehensweisen an das gegebene mathematische Problem. Sie agieren zeitgleich am Rahmen, was durchaus zu Reibungspunkten führt (siehe Transkript, Abb. 10.12 und 10.14, Äußerungen 8a und 13). Ayse unterteilt offenbar den Rahmen in Teilflächen – in Drittel zu je zwölf Legeplättchen, wobei sie im Mittelteil die Maßzahl 15 ermittelt (siehe Transkript, Abb. 10.13 und 10.14, Äußerungen 10.3 ff. und 13.4–13.8). Diese Herangehensweise könnte durch die von den Schülerinnen erzeugte Materialanordnung des ausgelegten Rahmens mit evoziert sein (siehe Abb. 10.1, Situationsskizze). Vornehmlich beschäftigt sich Ayse mit dem mittleren, nichtparkettierten Teil des Rahmens. Die wiederholt ausgeführte Geste der Spreizhand über den jeweiligen Teilflächen verortet Ayses lautsprachliche Strategieerläuterungen in den Äußerungen 10 und 13 am Diagramm des Rahmens. Ayse kann unterstellt werden, dass sie den Flächeninhalt des Rahmens durch die Summe der Teilflächeninhalte zu bestimmen versucht, wobei sie nach Bestimmung der Maßzahl für den Mittelteil und den linken Teil des Rahmens offenbar alle restlichen im Rahmen verlegten Legeplättchen abzuzählen versucht. Die drei Teilflächen des Rahmens erkennt sie offenbar nicht als gleich groß oder ist sich diesbezüglich unsicher und zählt daher jede Teilfläche ab. Die Materialanordnung ist an dieser Stelle des Interaktionsverlaufs bereits durch Jana verändert (siehe Transkript, Abb. 10.12, z. B. Äußerung 7a). Ayse agiert zunächst vornehmlich gestisch am Rahmen und arbeitet leise für sich, stellt ihre Strategie erst später für alle zugänglich auch lautsprachlich dar. An ihrer Gestik lassen sich die durch Ayse am Diagramm des Rahmens erkannten relationalen Strukturen rekonstruieren, die sie offenbar durch die gleiche Handform über den Teilflächen des Rahmens hervorhebt (Spreizhand über dem jeweiligen Drittel in Äußerungen 10 und 13). In der Äußerung 3a–c (siehe Transkript, Abb. 10.10, 10.11, 10.12) entwickelt Ayse diese Strategie am Diagramm: Sie erweitert das Diagramm im Mittelteil gestisch, wobei ihre Finger der rechten Hand für nicht vorhandene Legeplättchen oder Positionen dieser stehen oder deren Ränder, während die andere Hand zählend an diesem gestisch erweiterten Diagramm manipuliert. Die Gestik scheint kognitiv zu entlasten und ersetzt hier das Material, wird also selbst zum taktilen Material, an dem Handlungen – hier das Abzählen – ausgeführt werden. Gleichzeitig weist die Gestik inskriptionalen bzw. diagrammatischen Charakter auf, weil sie selbst zum Teil des Diagramms wird (vgl. Huth 2017, 2018). In Äußerung 10 (siehe Transkript, Abb. 10.13) erläutert Ayse lautsprachlich: „Isch hab hier rausgefunden dass **hier** in der **Mitte** wo **gar nix** war **fünfzehn** sind".

Jana verweist bereits in Äußerung 1a–b (siehe Transkript, Abb. 10.10) lautsprachlich und gestisch auf ihre Zehner-Zählstrategie. Sie orientiert sich an den Reihen im Rahmen, die sie jeweils als Zehnerreihen bezeichnet, und könnte bei der Deutung der Materialanordnung mutmaßlich die Rahmung „Ausschnitt aus dem Hunderterfeld" aktiviert haben. Ihre Vorgehensweise ist an der zuvor an einer anderen Fläche erprobten Strategie angelehnt. Damit überträgt Jana hier erkannte relationale Strukturen eines als Beispiel bearbeiteten Rahmens auf das aktuelle Diagramm und erkennt sie nun in den von ihr angenommenen Zehnerreihen wieder. Nachdem sie wiederholt auf Zehner verweist und diese gestisch an der ersten Reihe verortet, löst das Zählergebnis 9 eine Irritation aus (siehe Transkript, Abb. 10.11 und 10.12, Äußerungen 6a und 8a). Jana entscheidet sich, die Zehnerreihen zu „suchen" (siehe Transkript Abb. 10.12 und 10.13, Äußerungen 8a und 8b), indem sie die Materialanordnung verändert und die oberste Reihe mit Legeplättchen vollständig auslegt. Hier wechselt sie also vom gestischen Modus in den Handlungsmodus und verändert die Materialanordnung. Sie erzeugt erneut das Zählergebnis 9 an der nun ausgelegten Reihe (siehe Transkript, Abb. 10.12, Äußerung 8b), was offensichtlich in der Folge zum Rückzug vom Arbeiten am Rahmen führt. Gestik und Handlung von Jana zeigen die möglichen Manipulationen am Diagramm des Rahmens in ihrer Deutungsweise an und weisen damit diagrammatischen Charakter auf (vgl. Huth 2017). Die handelnde Anpassung der Materialanordnung an ihre zuvor lautsprachlich und gestisch dargestellte Strategie scheint Janas Erwartungen dabei nicht zu erfüllen. Die Irritation durch das offenbar nicht erwartete Zählergebnis 9 im ersten Versuch evoziert bei Jana einen Moduswechsel. Der zunächst gestisch und lautsprachlich umgesetzte Abzählversuch, um die Strategie der additiven bzw. multiplikativen Aufsummierung entlang der Reihen darzustellen, wird nun im Handlungsmodus überprüft. Dies wiederum führt erneut zu einem nicht erwarteten Zählergebnis, bestätigt aber gleichzeitig ihr vorheriges Vorgehen. Daran knüpft Jana aber offenbar nicht an bzw. kann diese mögliche und multimodal überprüfte Einsicht am Diagramm (noch) nicht für ihr weiteres Vorgehen nutzen. Jana zeigt vielmehr Verlegenheit und sammelt bzw. stapelt die Legeplättchen aus dem rechten Teil des Rahmens (siehe Transkript, Abb. 10.14, Äußerung 11b), nimmt diese damit gewissermaßen vorübergehend aus dem Arbeitsbereich oder, um in Janas Duktus zu bleiben: Sie nimmt die Legeplättchen aus dem *Spiel* (siehe Transkript, Abb. 10.10 und 10.11, Äußerungen 1b und 4).

10.4.2.2.2 Ausgewählte Ausschnitte aus der Semiotischen Prozess-Karte (SPK)

In Ausschnitt 1 der SPK (siehe Abb. 10.4) fragt die begleitende Person B in Triade 4a Jana, wo sie Zehner sehen könne. Ayse ist unterdessen bereits damit beschäftigt, das mittlere Drittel des Rahmens zu bestimmen bzw. zu messen (siehe Triade 4b in Abb. 10.4). Dazu erweitert sie das durch den Rahmen gegebene Diagramm einer bestimmten Materialanordnung gestisch, indem sie fehlende Legeplättchen mit den Fingern der rechten Hand repräsentiert bzw. festhält oder deren Positionen markiert. Gleichzeitig erzeugt sie gestisch mit der linken Hand einen Zählvorgang dieser gestisch vorübergehend materialisierten Legeplättchen. Die Beziehung von Handlungen, die Materialanordnungen erzeugen und verändern können, und Gesten wird hier in besonderer Weise deutlich: Es fehlt an konkreten Legeplättchen, die in das mittlere Feld des Rahmens eingebracht werden könnten, daher nutzt Ayse ihre Finger als Ersatzmaterial, erzeugt damit in einer Art Zwittermodus gestisch-handelnd eine erweiterte

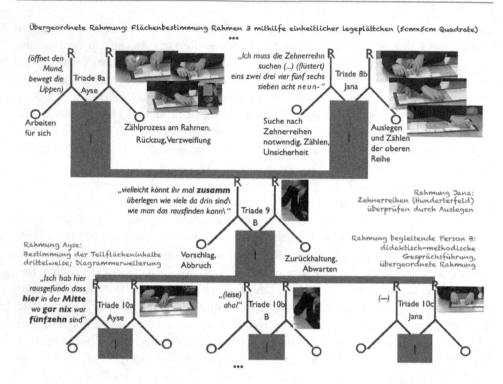

Abb. 10.4 Ausschnitt 1 der Semiotischen Prozess-Karte

Materialanordnung. Mit der Spreizhand in Triade 5b (siehe Abb. 10.4) über dem mittleren Teil des Rahmens scheint Ayse noch einmal die hier zuvor von ihr gestisch ver-legten Plättchen zu umfassen. Jana zählt in Triade 5a die obere Reihe ab. Dabei geht sie im mittleren, nicht belegten Teil offenbar langsamer, mutmaßlich bedachter vor, was sich durch wiederholte Laute und Pausen beim Sprechen und Fixierungen in der Gestik zeigt. Das Zählergebnis 9, das gewissermaßen als Tatsache Janas Erwartung entgegen-zustehen scheint, wird durch den lautsprachlichen Hinweis „des sin Zehner" (siehe Triade 5a in Abbildung Abb. 10.4) und „des sieht man" (siehe Triade 6) relativiert. Auch Jana arbeitet am Diagramm des Rahmens und entlastet sich kognitiv durch fixierende Gesten im mittleren Teil ohne Legeplättchen. Auch sie scheint die Plättchen hier durch die Form der Gestik (fixieren/drücken auf die Positionen fiktiv vorhandener Plättchen) kurzfristig festzuhalten und abzuzählen. Ayse aktiviert als Rahmung das Bestimmen des Teilflächeninhaltes drittelweise, während bei Janas Rahmungsaktivierung die Zehner-reihen als vertraute Zeichen, als Gewohnheit erkannt werden, möglicherweise durch die Orientierung an der Vorstellung eines Hunderterfelds. Zudem wendet sie die sich bereits zuvor als geeignet erwiesene Strategie des reihenweisen Addierens an. Sie überträgt damit eine Strategie von einem Rahmen auf den aktuell bearbeiteten Rahmen, von einem

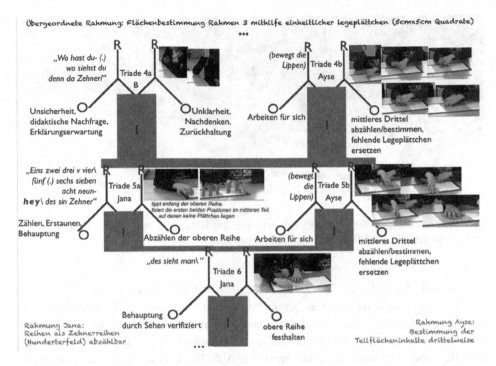

Abb. 10.5   Ausschnitt 2 der Semiotischen Prozess-Karte

Abb. 10.6   Chronologisch-interaktive Schnittstellen: Jana handelt, Ayse gestikuliert

Abb. 10.7   Semantische Schnittstelle: die obere Reihe gestisch, handelnd und gestisch an der handelnd veränderten Materialanordnung

Diagramm auf ein anderes. Ihr Vorgehen suggeriert, dass sie – möglicherweise eher noch intuitiv – erste Versuche einer allgemeinen mathematischen Aussage unternimmt, indem sie prüft, ob die Strategie der Anzahlbestimmung der Plättchen durch Addieren ihrer Anzahl in je einer Reihe auch für andere – möglicherweise auch alle Rahmen – gelten kann.

Abb. 10.8 Funktionale Schnittstelle: Ayse erweitert das Diagramm gestisch, die Finger ersetzen das Material und sie zählt daran fiktive Legeplättchen ab

Ausschnitt 2 der SPK umfasst Janas Suche nach den Zehnerreihen (siehe Triade 8b in Abb. 10.5), die sie durch das hier bereits begonnene Verändern der Materialanordnung durch das vollständige Auslegen der oberen Reihe mit Legeplättchen umzusetzen versucht. Jana führt also Handlungen am Rahmen aus, während Ayse gestisch ihre Strategie darstellt. Ayse zieht sich in Triade 8a (siehe Abb. 10.5) nach einem offenbar erfolglosen Versuch, die Anzahl der Legeplättchen im rechten Drittel zu bestimmen, zurück und führt mit dem Aufstützen des gesamten Stirnbereichs eine Geste aus. Diese kann auf Verzweiflung und eine gewisse Gereiztheit hindeuten, mutmaßlich wegen ihres gescheiterten Versuchs und der durch Janas Handlungen am Rahmen ausgedrückten Dominanz Janas im rechten Teil des Rahmens. In Triade 10a (siehe Abb. 10.5) erläutert Ayse dann lautsprachlich ihre Entdeckung zum mittleren Drittel. Dabei wählt sie zur Beschreibung der von ihr vorgenommenen gestischen Erweiterung des Diagramms zunächst die Formulierung „wo **gar nix** war" (Präteritum) und dann die Beschreibung ihres Zählergebnisses „**fünfzehn** sind ₩" (Präsens) und verortet die Lautsprache erneut am Diagramm mit einer bekannten Gestenform der gespreizten Hand auf dem mittleren Drittel. Zur gleichen Zeit nimmt Jana in Triade 10c (siehe Abb. 10.5) handelnd eine erneute Veränderung an der Materialanordnung vor, indem sie die Legeplättchen aus ihrem Teil des Rahmens entnimmt und damit, möglicherweise beabsichtigt, auch aus Ayses Gestenraum entfernt.

10.5   Modusschnittstellen in der analysierten mathematischen Situation

Die beiden hier verwendeten qualitativen Analyseverfahren arbeiten mit einem ausführlichen Transkript, in dem versucht wird, die unterschiedlichen Modi in detaillierten Beschreibungen zu berücksichtigen. Die hier beschriebene Kontextanalyse fokussiert auf die multimodal zum Ausdruck gebrachten mathematischen Konzepte der beteiligten Akteurinnen. Die Interaktionsanalyse hat die Rekonstruktion der inhaltlich-thematischen Entwicklung zum Ziel. Durch die Koppelung mit der semiotischen Analyse kann die Relation zwischen den verschiedenen Modi und ihre Bedeutung für den mathematischen Aushandlungsprozess im Analyseprozess herausgearbeitet werden. Die Fokussierung der beiden Analyseverfahren ist zwar unterschiedlich – mathematische Konzepte vs. mathematische Themenentwicklung –, im Hinblick auf die Herausarbeitung der Beschreibungen ergeben sich in einer verkürzten Darstellung aus der Kontrastierung der oben ausgeführten Analyseverfahren aber vergleichbare Ergebnisse bezüglich der Modusschnittstellen.

So werden in den Analysen Wechsel zwischen den verschiedenen Modi im Sinne von Modusschnittstellen (siehe Abschn. 10.1) deutlich, die als chronologisch, semantisch oder funktional bezeichnet werden können. Dabei handelt es sich um keine disjunkten Begrifflichkeiten, sondern es lassen sich auch mehrfache Zuordnungen zu den verschiedenen und im Folgenden erläuterten Schnittstellenarten vornehmen. Die verschiedenen Schnittstellen werden mit je einem Beispiel aus den Daten beschrieben.

10.5.1 Chronologische Schnittstelle

In der Chronologie der Interaktion lassen sich Stellen rekonstruieren, die zuerst die Nutzung von Gesten zeigen und unmittelbar anschließend die Erzeugung einer Handlung von einer oder mehreren interagierenden Personen und umgekehrt. Sie lassen sich als Moduswechsel von Gestik zu Handlungen oder von Handlungen zu Gesten im Fortlauf des gemeinsamen Aushandlungsprozesses beschreiben. In der ausgewählten und oben analysierten Sequenz zeigen sich mehrere solcher chronologischen Modusschnittstellen. Hier ein Beispiel: Ayse arbeitet am aktuellen Handlungsergebnis der Materialanordnung des Diagramms gestisch, während Jana zunächst gestisch ihre Strategie zeigt und dann das Diagramm handelnd an diese anpasst, indem sie mit den Legeplättchen die obere Reihe des Rahmens auslegt. Gestik und Handlungen werden hier durch die Interagierenden zum einen zeitgleich ausgeführt und zum anderen wird auch eine zeitliche Abfolge deutlich. Jana passt das Diagramm handelnd an ihre zuvor gezeigte Gestik an: Sie setzt handelnd um, was sie als relationale Strukturen im Diagramm deutet und gestisch daran verortet hat. Ayse nutzt die durch Handlung erzeugte erste Materialanordnung als Deutungsgrundlage ihrer Sicht auf das Diagramm und zeigt gestisch, wie sich ihre Lesart des Diagramms darstellt. Dabei erstellt sie gestisch auf der nicht ausgelegten mittleren Fläche eine Erweiterung des Diagramms (letztes Bild der Bilderfolge in Abb. 10.6), an der sie gestisch ihre Strategie der Flächenbestimmung entwickelt (siehe Abb. 10.8).

10.5.2 Semantische Schnittstelle

Bei semantischen Schnittstellen der Modi handelt es sich um Überschneidungen in der semantischen Ausdeutung der jeweiligen Äußerung oder von Äußerungsteilen. Diese Überschneidung muss sich nicht notwendigerweise chronologisch zeigen, sondern es können bspw. eine Handlung und eine Geste vergleichbar von den Interagierenden auch zu verschiedenen Zeitpunkten in der Interaktionssequenz gedeutet werden. In der ausgewählten Sequenz zeigt sich eine solche Schnittstelle bspw. an der Anzeige der oberen Reihe durch Jana: Zu Beginn der Sequenz tippt sie reihenweise von oben nach unten über das Diagramm, sodass sie insgesamt viermal Tippgesten am Diagramm erzeugt. Dabei steht jedes Tippen für eine Reihe, die Bewegungen zwischen den Reihen verlinken diese und erzeugen eine Tippabfolge von oben nach unten aus ihrer Sicht. Auf Nachfrage der begleitenden Person hin zeigt Jana in einer konstanten Zeigebewegung entlang eines Ausschnitts der oberen Reihe von links nach rechts und meint damit die gesamte obere Reihe. Sie verweist hier auf ihre reihenweise vorgenommene Addition. Anschließend zählt sie die obere Reihe ab, indem sie lautsprachlich Zählworte äußert und gestisch von rechts nach links jedes Legeplättchen einmal antippt. Im mittleren Drittel des Rahmens, das nicht ausgelegt ist, verwendet sie dabei auffallend fixierende Gesten auf den jeweiligen Positionen potenzieller Legeplättchen. Aus der Irritation heraus (Zählergebnis 9 anstatt erwarteter zehn Legeplättchen) legt Jana dann handelnd die obere Reihe mit Legeplättchen aus, wobei sie damit Ayses Ausdeutung des Diagramms drittelweise durch die veränderte Materialanordnung gewissermaßen (zer-)stört. Anschließend erzeugt Jana erneut tippende Zählgesten an der nun ausgelegten oberen Reihe. Alle diese Äußerungsereignisse werden von Jana erzeugt, um die obere Reihe als zentral im Aushandlungsprozess und für den Lösungsprozess zu markieren. Dabei betont sie verschiedene Aspekte durch die Art der Darstellung: Sie verweist gestisch durch ein einzelnes Tippen auf die ganze Reihe, sie zeigt in einer konstanten Zeigebewegung entlang der oberen Reihe, sie tippt die einzelnen Legeplättchen in der oberen Reihe ab – zunächst mit gedanklich ergänzten Legeplättchen im mittleren Teil. Schließlich erzeugt sie handelnd ihre Vorstellung der oberen Reihe durch vollständiges Auslegen und tippt diese dann erneut zählend ab. Die von Jana ermittelten Zählergebnisse führt sie wiederholt zu ihrer Vorstellung von zehn Legeplättchen zurück, obgleich nur neun Plättchen in eine Reihe passen. Zehn Felder in einer Reihe sind in der mathematischen Unterrichtskultur der Grundschule häufig vertreten, da z. B. das Material des Hunderterfelds die Struktur „zehn in einer Reihe" für die Veranschaulichung unseres dezimalen Stellenwertsystems nutzt. Im Fall von Janas Ergebnis könnte hier die Ähnlichkeit zu arithmetischen

Arbeitsmitteln ihre Zählgenauigkeit überlagern und zu dem Ergebnis „zehn Legeplättchen in einer Reihe" führen.

10.5.3 Funktionale Schnittstelle

Diese Schnittstellen verweisen auf ähnliche Funktionen in der Interaktion, oder spezieller, in der aktuellen Darstellung und Aushandlung der Interagierenden, die zeitweise durch die verschiedenen Modi Handlungen und Gesten erfüllt werden. In der hier ausgewählten Sequenz zeigen sich solche funktionalen Schnittstellen vor allem im diagrammatischen Gebrauch von Handlungen und Gesten. Ayse erweitert gestisch die zuvor durch eine gemeinsame Handlung erzeugte Materialanordnung und deutet diese diagrammatisch, indem sie relationale Strukturen erkennt und zunächst gestisch, zum Ende der Sequenz auch lautsprachlich darstellt. Ihre Gestik nimmt dabei eine Art Zwitterstellung ein: Zum einen dient sie durch die Fixierung der Finger auf einzelnen Positionen von fiktiven Legeplättchen im mittleren Teil als vorübergehende Erweiterung des Diagramms, zum anderen wird mit der anderen Hand eine Gestik erzeugt, die diese Diagrammerweiterung nutzt, um die Strategie des drittelweisen Abzählens umsetzen zu können. Die Gesten der rechten Hand werden zum Teil des Diagramms und links agiert bzw. manipuliert Ayse gestisch am Diagramm. Ayses Gestik wird hier also als Materialerweiterung genutzt und die Finger werden, als seien sie Legeplättchen oder Positionen dieser, gewissermaßen handelnd in das bestehende Diagramm eingebracht, um sie dann gestisch abzählen zu können. Die lautsprachliche Darstellung Ayses am Ende der Sequenz verweist auf diese Weiterentwicklung des Diagramms, wenn Ayse beschreibt, was *war* und was nun *ist:* „Isch hab hier rausgefundn dass **hier** in der **Mitte** wo **gar nix** war **fünfzehn** sind ᴡ" (siehe Transkript, Abb. 10.11, Äußerung 10 bzw. Triade 10a in Abb. 10.5).

10.6 Zusammenfassung

Die unterschiedlichen Analysen zeigen die verschiedenen Herangehensweisen der Schülerinnen an das gegebene Problem der Flächeninhaltsbestimmung. Ayse bestimmt Teilflächeninhalte drittelweise, während Jana reihenweise additiv vorgehen möchte. Beide Schülerinnen verwenden zur Entwicklung und Darstellung ihrer Strategien sowohl Handlungen als auch Gesten. Die Materialauswahl und – anordnung ruft Irritationen hervor, die von den beiden Schülerinnen strategisch unterschiedlich gelöst werden. Das gleichzeitige Arbeiten am gleichen Material führt im Fall der Mädchen nicht zu einer kooperativen Lösung des Problems, sondern sie verfolgen gleichzeitig oder in versetzter Reihenfolge unterschiedliche Strategien. Eine solche Dissonanz ist in schulischer Partnerarbeit sicher nicht selten, findet aber kaum didaktische Beachtung in der Konzeption von kooperativen Lernsituationen durch die Lehrperson. Für die formulierten Forschungsperspektiven lassen sich zusammenfassend folgende Erkenntnisse formulieren.

1. Welche verschiedenen Schnittstellen von Gesten und Handlungen können in multimodalen mathematischen Interaktionen junger Lernender rekonstruiert werden?
   In den Analysen zeigen sich Modusschnittstellen unterschiedlicher Art. So können chronologische Schnittstellen in den Analysen identifiziert werden, in denen über die Zeit eine Modusübergabe stattfindet. Außerdem lassen sich semantische Schnittstellen identifizieren. So wird z. B. von Jana bei einer inhaltlichen Irritation der Modus mit der Absicht gewechselt, die inhaltliche Annahme im veränderten Modus bestätigen zu können. Funktionale Schnittstellen lassen sich beschreiben, wenn beide Modi in der mathematischen Auseinandersetzung ähnlich gebraucht werden, sie die gleiche Funktion übernehmen. So übernehmen bei Ayse die im Diagramm fixierten und gestisch darin eingebrachten Finger die Funktion des Materials, an dem dann gestisch ein Abzählen erfolgt. Das heißt, die Gestik übernimmt die Funktion des Diagramms und zeigt sich darüber hinaus als eine Art Zwittermodus von Gestik und Handlung.

2. Wie zeigt sich der diagrammatische Charakter von Gesten und Handlungen am Material in den untersuchten mathematischen Situationen?
   Insgesamt wird deutlich, dass Gesten und Handlungen konstitutive Teile des diagrammatischen Arbeitens der Schülerinnen sind. Sowohl Handlungen als auch Gesten werden genutzt, um das gegebene Diagramm der teilweise ausgelegten Fläche zu verändern bzw. zu erweitern, um daran relationale Strukturen aufzuzeigen und Manipulationen vorzunehmen. Jana erzeugt zunächst Gesten am Diagramm und passt dieses dann handelnd an ihre Strategie der vermeintlichen Zehnerreihen an. Ayse erweitert das Diagramm um das nicht vorhandene Material gestisch und zählt gestisch diese Materialerweiterung ab, um den Teilflächeninhalt des mittleren Drittels zu bestimmen.

3. Welche Funktion übernimmt die Diagrammatizität der Handlungen am Material und der Gesten im mathematischen Lernprozess?
   Die Analyse zeigt, dass die Kinder sowohl materialisierte als auch gestische Diagramme generieren bzw. diese durch Manipulationen ineinander überführen und sie für die Entwicklung von Lösungsstrategien nutzen können. Jana nutzt das gestische und dann handelnde Vervollständigen der oberen Reihe, um daraus Zählstrategien für die unvollständigen Reihen zu entwickeln und um von der Anzahl der Reihen auf die Gesamtzahl der Legeplättchen zu schließen. Ayse arbeitet mit einer gestischen Erweiterung des bestehenden Diagramms aus konkretem Material, um die Anzahl der Plättchen für das mittlere Drittel in Abwesenheit konkreter Legeplättchen zu bestimmen. Ihr Ziel ist es, die Anzahl der Legeplättchen für die mittlere Teilfläche zu bestimmen, um so über die Hinzunahme der Anzahl der Legeplättchen der linken und rechten Teilfläche die Gesamtzahl der Legeplättchen zu ermitteln.

10.7 Transkript

Transkriptionslegende

Spalte 1	Äußerungsnummerierung, Angabe der möglicherweise wegen sich überschneidender Äußerungen auf mehrere Zeilen aufgeteilte Äußerungsteile a, b, ... durch bspw. (a-c), Zeitangabe
Spalte 2	Namenskürzel: A = Ayse, J = Jana, B = begleitende Person, Partiturschreibweise: [gs] und [ls] für gestische und lautsprachliche Äußerung, die zeitgleich zu lesen sind, weil sie zeitgleich von einer Sprecherin geäußert werden, Zeilennummerierung für die Beschreibungen der Körperbewegungen. Bei Äußerungen, die über mehrere Zeilen notiert sind, werden die Zeilen der Beschreibungen der Körperbewegungen fortlaufend nummeriert, Angabe sich überschneidender Äußerungen mit > oder <.
Spalte 3	Äußerungen: gestische Zeichen-Ziffernfolge und Lautsprache als Partitur sowie textliche Beschreibung der Körperbewegungen und Positionsangaben, der Text ist zeilenweise nummeriert zum Zwecke des Verweisens in der Analyse. Verweise in der Analyse benennen zuerst die Äußerungsnummer der Äußerung und anschließend die entsprechende Zeilennummer der Beschreibungen der Körperbewegungen, z.B. 1a.9 steht für Äußerung 1, Äußerungsteil a und Zeile 9 der körpersprachlichen Beschreibungen
° 1, 2, ..., n	Anfangs bzw. Endpunkt einer Geste und Nummerierung der Gestensignifikanzpunkte in der Bewegung; notiert in der gestischen Äußerungszeile, der mit der Beschreibung der Körperbewegungen durch z.B. (°) oder auch (1) im Text verknüpft ist.
z.B. 1.	Ein Punkt nach ° oder einer Ziffer zeigt die Fixierung der entsprechenden Gestenposition an
--------	Bewegungen zwischen den Signifikanzpunkten der Gesten
re bzw. li	Rechts bzw. links, z.B. re Hand = rechte Hand
bdL	Bewegt die Lippen

Relevante Handformen im vorliegenden Transkript:

Staffelhand Entspannte Handhaltung ohne Anstrengung der Handmuskeln, z.B.	*G-Hand* Zeigende Handformen, prototypisch mit dem Zeigefinger und angewinkelten restl. Fingern z.B.	*C-Hand* Aus dem Fingeralphabet der Deutschen Gebärdensprache entlehnt, bildet ein C nach, weniger Muskelanspannung als bei Greifhand z.B.
Faust Jegliche Art von Fäusten, unabhängig davon, welche Position der Daumen oder die Hand einnehmen z.B.	*Greifhand* Fortführung der Staffelhand durch Anspannung der Fingermuskulatur z.B.	*Spreizhand* Alle Finger sind gestreckt und abgespreizt, Anspannung der Fingermuskulatur z.B.

Abb. 10.9 Transkript-Legende und relevante Handformen im vorliegenden Transkript

Äußerung Zeit	Namenskürzel Zeilennummerierung	Äußerung: gestische und lautsprachliche Partitur und Beschreibung der Arm- und Handbewegungen sowie weiterer Körperbewegungen und Positionsangaben
1a (a-b) 05:26	>J[gs] >J[ls]	°--1---------------------------2------3----------4--------5------------ **Zehn\ zwanzig** dreißig\ **vierzig**
	1 2 3 4 5 6 7 8 9 10 11 12 13	Jana startet (°) und formt mit der re Hand eine G-Handform, bewegt diese in Richtung Rahmen 3 und tippt mit dem Zeigefinger der re Hand auf Position A4 (1), bewegt in G- Handform die re Hand in ca. 1cm Höhe über den Legeplättchen in Richtung mittleres Drittel des Rahmens, ihr Blick folgt der Hand, sie tippt mit dem Zeigefinger auf Position E4 und bewegt während des Tippens ihren Oberkörper nach unten, das erste Fingerglied wird umgebogen (2). Jana richtet den Oberkörper auf, bewegt ihre re Hand in G-Handform zu Position D3 und tippt mit dem Zeigefinger darauf, das erste Fingerglied wird umgebogen, sie bewegt während des Tippens ihren Oberkörper nach unten (3). Jana richtet den Oberkörper auf, bewegt ihre re Hand in G-Handform zu Position D2 und tippt mit dem Zeigefinger darauf, das erste Fingerglied wird umgebogen, sie bewegt während des Tippens ihren Oberkörper nach unten (4). Jana richtet den Oberkörper auf, bewegt ihre re Hand in G-Handform zu Position D1 und tippt mit dem Zeigefinger darauf, das erste Fingerglied wird umgebogen, sie bewegt während des Tippens ihren Oberkörper nach unten (5).
1b (a-b) 05:31	J[gs] J[ls]	----6---7---------------° ich hab **gewonnen**- (lacht)
	14 15 16 17 18 19 20 21	Jana löst die G-Hand ruckartig auf, führt ihre re Hand zurück in Richtung ihres Oberkörpers, legt den re Unterarm rechts hinter ihrem Rücken auf der Tischplatte entlang der Tischkante auf, lehnt sich mit dem Oberkörper zurück und dreht sich zu Ayse und der begleitenden Person, streckt ihren li Arm ausgestreckt mit einer Faustform der Hand in die Luft (6), knickt im Ellenbogen ein, streckt erneut den Arm (7) und führt ihre li Hand nach unten hinter die Tischplatte, so dass sie für Kamera 1 nicht mehr zu sehen ist, richtet ihren Oberkörper auf, der re Unterarm wird angewinkelt und auf der Tischplatte zentral vor ihrem Oberkörper verschoben und dort entlang der Tischkante abgelegt. Jana blickt in Richtung Rahmen 3 (°)
2 05:33	B[gs] B[ls]	 Was hast du jetzt gemacht/
	1	B blickt zum Arbeitsbereich, sitzt mit verschränkten Armen am Tisch.
3a (a-c) 05:34	<A[gs] <A[ls]	°----1---2----3.---------4----------------5------6----------------7---------8----9--------- (bdL)
	1 2 3 4 5 6 7 8 9 10 11 12 13 14	Ayse startet mit den Händen li und re flach an den Wangen anliegend, den Kopf aufgestützt, Ellenbogen auf der Tischplatte (°), bewegt beide Hände gleichzeitig in Staffelhandform in ca. 20cm Höhe in Richtung Rahmen 3, die re Hand wird mit dem Ellenbogen aufgestützt nach oben neben das Gesicht geführt in Staffelhandform, die Handfläche weist zur Kamera 1, die li Hand wird in G-Handform und abgespreizten restlichen Fingern zum Rahmen 3 geführt, der Blick ist nach unten auf den Rahmen gerichtet, Ayse tippt mit dem li Zeigefinger auf Position I4 (1), führt die li Hand nach re und tippt auf H4 (2), anschließend auf G4, diese Position wird fixiert (3.). Ayse bewegt die li G-Hand weiter nach re und tippt mit dem Zeigefinger auf Position F4, die re Hand wird faustähnlich an die re Wange gelegt, der Kopf darauf abgestützt (4), die li Hand in G-Handform ca. 10cm angehoben und wieder abgesenkt auf Position F4, auf die mit dem Finger gedrückt wird (5), Ayse bewegt die li Hand weiter nach re und tippt auf Position E4 (6), Ayse bewegt die li Hand weiter nach re und tippt auf Position D4 (7), Ayse bewegt die li Hand in Richtung ihres Oberkörpers und tippt auf Position D3 (8), Ayse bewegt die li Hand weiter nach li und tippt auf Position E3 (9)

Abb. 10.10 Transkript (Teil 1)

4 05:35	<][gs] <][ls]	°------I--------2-------° ° °---------I--2--3--4--5-----6---------° Ich hab so die Zehner gezählt\ ich hab wieder gewonn- **juhu**\
	1 2 3 4 5 6 7 8 9 10 11 12 13	Jana blickt auf den Rahmen 3, startet mit der re Hand (°), bewegt sie in G-Handform in Richtung Rahmen 3, zeigt auf Position F4 (I), fährt mit gestrecktem Zeigefinger und angewinkeltem Daumen in C-Handform nach re bis zu C4 (2). Dann zieht sie die re Hand in Richtung ihres Oberkörpers, legt ihren re Unterarm vor ihrem Oberkörper auf der Tischplatte ab, die Hand in Greifhandform, Handfläche zur Tischplatte gewandt (°). Jana blickt zu B, startet (°) und streckt ihren re Arm nach oben, die Hand in Faustform. Jana stoppt auf Stirnhöhe (I), streckt dann den Arm weiter aus, stoppt ca. 10cm über dem Kopf (2), streckt ihn dann ganz aus (3), beugt ihn erneut (4) und streckt ihn dann (5). Jana führt den Arm nahezu ausgestreckt über vorne rechts nach unten auf die Tischkante, legt dort die re Hand in Greifhandform mit der Außenhandkante auf der Tischplatte ab, Handfläche zu B weisend, den Blick weiter auf B gerichtet (6), zieht den Arm an ihren Oberkörper heran und legt den Unterarm angewinkelt und die Hand flach mit der Innenfläche auf der Tischplatte entlang der Tischkante ab, Blick auf den Arbeitsbereich gerichtet (°).
3b (a-c) 05:40	>A[gs] >A[ls]	-----10.-----11.------12.----------------------------13.----------------14.------------------- (bdL) (bdL) (bdL)
	15 16 17 18 19 20 21 22 23 24	Ayse bewegt die li Hand nach li und tippt auf Position F3, diese Position wird fixiert gehalten (10.). Ayse löst ihre re Hand von der Wange und formt eine G-Hand, tippt mit dem re Zeigefinger auf Position F2, li Zeigefinger weiterhin auf F3. Sie hebt den li Zeigefinger an und bewegt ihn in der Luft weiter nach re, dort bleibt er stehen, der re Zeigefinger bleibt auf F2, der re Mittelfinger wird ausgestreckt und auf Position E2 geführt. Der re Zeigfinger und der re Mittelfinger werden in ihren Positionen fixiert und zwar so, dass der li Zeigefinger über der re Hand in der Luft zwischen dem re Mittel- und Zeigefinger gehalten wird (12.). Ayse streckt den re Ringfinger aus und legt ihn auf den Übergang der Positionen E2/D2 (13), sie führt ihren li Zeigefinger in Richtung Position D2 und legt ihn dort ab, gleichzeitig wird der re Ringfinger angehoben, alle anderen Finger verbleiben auf ihren jeweiligen Positionen fixiert (14.).
5 05:43	>B[gs] >B[ls]	°---------I------° Wo hast du- (.) wo siehst du denn da Zehner/
	1 2 3 4 5 6 7 8 9	B bewegt ihren Kopf nach oben, legt die Stirn in Falten, Arme sind verschränkt vor dem Körper, Beine übereinandergeschlagen. B startet (°) und bewegt ihren Kopf nach vorne, löst die verschränkten Arme auf, führt die rechte Hand an ihren Mund, streicht mit dem Zeigefinger der re Hand von re nach li und von li nach re über ihren Mund (I), zieht anschließend die linke Hand ebenfalls in Richtung ihres Gesichtes, stützt beide Ellenbogen auf die Tischplatte auf, legt ihre re Wange an die re Hand an, die re Hand liegt mit der Handinnenfläche an der Wange an, während der Handballen das Kinn von unten stützt, die li Hand wird in Faustform an die li untere Seite des Kinns und schließlich in den Nacken geführt, auf den li Unterarm, der am Kinn anliegt wird das Kinn gestützt, der Kopf ist nach li geneigt (°).
6a (a-b) 05:45	<][gs] <][ls]	°-I---2----3---4---5.--6.---------7------8------9----10.-----11----------------12---------------- Eins zwei drei v **vier**\ fünf (.) sechs sieben acht neun- (.) **hey**\ des sin Zehner
	1 2 3 4 5 6 7 8 9 10 11 12 13 14 15 16 17 18 19 20 21 22	Jana blickt in Richtung B, blickt anschließend zum Arbeitsbereich und startet (°) mit der re Hand in G-Handform, führt sie zu Rahmen 3, neigt ihren Kopf nach re, tippt mit re Zeigefinger auf Position A4 (I), B4 (2), C4 (3), berührt mit der Fingerspitze des re Zeigefingers Position D4 (4), neigt den Kopf weiter nach re, zieht den re Zeigefinger ca. 1cm nach oben, tippt auf D4, fixiert diese Position und drückt dabei den Finger so auf die Position, dass das erste Fingerglied umgebogen wird (5.). Jana hebt den re Zeigefinger an bewegt ihn nach li, drückt ihn auf Position E4, der re Mittelfinger und der re Ringfinger werden am Rand des Rahmens auf der Tischplatte aufgestützt, Jana fixiert diese Position (6.), bewegt die Hand nach li, tippt mit dem re Zeigefinger auf den Übergang von Position F4 und G4, wobei der re Mittelfinger erneut auf der Tischplatte aufgesetzt wird (7). Jana bewegt die re Hand weiter nach links, dabei werden alle Finger der re Hand nach unten gehalten, so dass die G-Handform aufgelöst ist, Jana berührt mit dem re Zeigefinger die Positionen G4, wobei die restlichen Fingerspitzen auf dem Untergrund aufliegen (8), Jana tippt auf die gleiche Weise auf H4 (9) und I4, wobei das Fingerglied des re Zeigefingers auf die Position gedrückt wird, so dass das erste Fingerglied umgebogen ist, diese Position wird fixiert (10.). Nun hebt Jana die re Hand auf ca. 30 cm an und führt sie in einer bogenförmigen Bewegung nach re über das li und mittlere Drittel zum re Drittel des Rahmens, die Hand ist in Spreizhand geöffnet, zeitgleich wird ihre li Hand hinter der Tischplatte hervorgeholt und auf den Tisch in Faustform vor ihrem Oberkörper aufgelegt, Handfläche zu ihrem Oberkörper weisend, mit der Handkante auf der Tischplatte, den Ellenbogen angewinkelt und den li Unterarm auf der Tischplatte aufgelegt (11). Jana bewegt ihre re Hand nach li zu Position C4, schiebt mit allen Fingerspitzen der re Hand und angehobener Handfläche das dort liegende Legeplättchen näher an Position B4 (12).

Abb. 10.11 Transkript (Teil 2)

3c (a-c)	<A[gs]	----------------15.---16.------17.-18-19-20-21---22----------23----------------°.
	<A[ls]	(bdL) (bdL) (bdL)
05:46	25	Ayse belässt ihren li Zeigefinger auf Position D2, löst die re Hand aus ihrer fixierten Position,
	26	führt den re Zeigefinger auf D1 und fixiert diese Position (15.). Sie bewegt ihren li Zeigefinger
	27	auf Position E1 und fixiert diese Position (16.), bewegt den re Zeigefinger auf Position F1 (17.).
	28	Ayse belässt den re Zeigefinger weiterhin auf Position F1. Sie bewegt die li Hand in einer
	29	bogenförmigen Bewegung in ca. 30cm Höhe nach li in G-Handform und tippt mit dem li
	30	Zeigefinger auf Position G1 (18), anschließend auf Position H1 (19) und I1 (20). Ayse behält
	31	weiterhin den re Zeigefinger auf Position F1, führt die li Hand nach li außen und in Richtung
	32	ihres Oberkörpers, löst die G- Handform auf und legt den li Unterarm vor sich auf Brusthöhe
	33	auf der Tischplatte entlang der Tischkante ab, die Hand flach mit der Handfläche auf der
	34	Tischplatte aufliegend (21). Sie fährt mit dem re Zeigefinger ohne die Hand anzuheben diagonal
	35	in Richtung Position E2, blickt diesem Finger nach (22), öffnet die re Hand zu einer Spreizhand,
	36	so dass die Handfläche mittig auf dem mittleren Drittel des Rahmens 3 aufliegt (23), die re
	37	Handfläche wird auf ca. 2cm angehoben und zurückgezogen in Richtung Ayses Oberkörper
	38	über das mittlere Drittel, die Fingerspitzen von re Zeigefinger, Mittel- und Ringfinger kommen
	39	ungefähr zwischen den Positionen D3/D4, E3/E4 und F3/F4 zum Liegen, der re Daumen liegt
	40	auf Position F1, der kleine Finger auf Position D1, die re Handfläche ist angehoben, diese
	41	Position wird fixiert (°.).
6b (a-b)	J[gs]	--°
	J[ls]	des sieht man\
05:55	23	Jana löst die Faustform li auf, bewegt die li Hand in Staffelhandform, Handrücken nach oben
	24	weisend zum Rahmen und zwar an Position C1, berührt das dort liegende Legeplättchen mit
	25	den Fingerspitzen, bewegt zeitgleich die re Hand nach außen an den Rahmen ungefähr
	26	neben den Positionen A3 und A2 und legt sie dort in Staffelhandform, Handrücken nach oben
	27	weisend, ab (°).
7a (a-b)	>A[gs]	°--1--2--3--4----5--6----7----------8----------------------9-------10-11-12----------13----------------14--
	>A[ls]	(bdL) bei jedem Signifikanzpunkt der Geste
05:57	1	Ayse startet (°) und bewegt ihre re Hand in G-Handform Richtung linkes Drittel, tippt mit dem
	2	re Zeigefinger auf Position G4 (1), tippt auf Position G3 (2), tippt auf Position G2 (3), tippt auf
	3	Position G1 (4), tippt auf Position H4 (5), tippt auf Position H3 (6), tippt auf Position H2 (7),
	4	tippt auf Position H1 (8), löst die G-Hand auf und tippt mit dem re Mittelfinger auf Position I4,
	5	(9), tippt in gleicher Weise auf Position I3 (10), tippt so auf Position I2 (11) und ebenso auf
	6	Position I1 (12), blickt nach re, bewegt ihre re Hand in G-Handform in Richtung rechtes
	7	Drittel, tippt mit dem re Zeigefinger auf das Legeplättchen auf Position D4 (12), tippt auf das
	8	Legeplättchen auf Position C4 (13).
8a (a-b)	>J[gs]	°---1--2----------3--------4----------5----------6------------7-8--9------------10------11---
	>J[ls]	hä/ (..) warte ich gucke jetzt ob s Zehner sind\ (...) **hey warte nein- nein**\
05:58	1	Jana startet (°) und hebt beide Hände gleichzeitig an, formt beidhändig Spreizhände, die sie von
	2	li und re über dem re Drittel des Rahmens 3 in ca. 5cm Höhe spiegelsymmetrisch hält (1). Jana
	3	senkt beide Hände ab und zwar so, dass alle Finger abgespreizt und angespannt sind und der
	4	Daumen der li Hand das Legeplättchen auf Position C1 berührt, der Mittelfinger der li Hand
	5	berührt das Legeplättchen auf Position C4, der Daumen der re Hand das
	6	Legeplättchen auf Position A1 und der re Mittelfinger das Legeplättchen auf Position A4 (2).
	7	Jana verändert anschließend die Handform beider Hände in Staffelhandform, legt sie jeweils mit
	8	den Mittel- und Zeigefingern auf dem re Drittel ab, die re Hand auf den Positionen A2/A1 und
	9	die li Hand auf den Positionen C2/C1 (3), hebt unmittelbar die Hände wieder an, li verbleibt in
	10	Staffelhandform ca. 1cm über den Positionen C2/C1, die re Hand führt Jana zu dem
	11	Legeplättchen, das auf Position A3 liegt und hebt dieses mit Zeige-, Mittel und Ringfinger sowie
	12	dem Daumen an (4). Anschließend wird die li Hand in Staffelhandform nach vorne re bewegt
	13	und verschiebt mit den Fingerspitzen das Legeplättchen, das auf Position B4 liegt wenige
	14	Millimeter in Richtung Legeplättchen auf B3 (5), Jana wendet sich mit dem Oberkörper etwas
	15	nach li, legt mit re das angehobene Legeplättchen auf Position D4, die li Hand wird in
	16	Staffelhandform über das mittlere Drittel in ca. 15cm Höhe geführt und dort gehalten,
	17	Handrücken nach oben weisend (6), die re Hand wird nach re außen in Staffelhandform
	18	ungefähr auf Höhe der Position A2 neben dem Rahmen in geführt (6), die li Hand verschiebt das
	19	eben abgelegte Legeplättchen auf Position D4 wenige Millimeter an den Rand des Rahmens, so
	20	dass hier keine Lücke zu sehen ist (7). Jana führt die li Hand an den unteren Rand des
	21	Rahmens, legt sie in Staffelhandform unterhalb von den Positionen A1/B1 ab, so dass die
	22	Fingerspitzen den Rahmen berühren, der Handrücken weist nach oben, zeitgleich nimmt Jana
	23	mit de re Hand das Legeplättchen von Position A2 (8) und führt es nach li über Ayses Hand
	24	hinweg zu Position E4 (9). Jana führt die re Hand mit dem Legeplättchen ruckartig nach re, legt
	25	die re Handkante auf den Übergang von Position C4/D4 ab während sie das Legeplättchen
	26	weiter damit festhält (10), hebt die re Hand erneut an und bewegt sie weitern nach re über die
	27	Position B4, immer noch das Legeplättchen damit festhaltend, senkt die Hand ca. 2cm ab (11)

Abb. 10.12 Transkript (Teil 3)

7b (a-b) 06:05	<A[gs]	--------------14----15----------------16-17.-18------------------------°
	<A[ls]	(öffnet Mund) (bdL) (bdL) (bdL)
	9	Ayse tippt mit dem re Zeigefinger auf das Legeplättchen auf Position C3 (14), tippt auf Position
	10	B4 (15), tippt auf Position A4 (16), tippt auf Position B3 und fixiert die Position (17.), hebt die
	11	re Hand ca. 5cm an, sie verbleibt in G-Handform, bewegt sie von Position B3 aus über die
	12	Positionen B4, C4 und D4 (18), löst dann die G-Handform auf und zieht zeitgleich die re Hand
	13	zu ihrem Oberkörper zurück, knickt den Unterarm im Ellenbogen ein, legt
	14	die Hand in Staffelhandform entlang der Tischkante mit der Handinnenfläche zur Tischplatte
	15	gewandt vor sich auf dem Tisch ab, gleichzeitig führt sie die li Hand nach oben, stützt sie im
	16	Ellenbogen auf, öffnet sie zu einer Spreizhand, schaut zu B, neigt ihren Kopf und führt die
	17	gespreizte li Hand an ihre Stirn, umfasst den oberen Teil vom Kopf, stützt sich auf diese Weise
	18	auf die Hand auf, blickt nach unten li, reibt sich mit dem li Handballen das li Auge (°)
8b (a-b) 06:05	<J[gs]	--------------12----13----------------14-15-16-----17--18----19---20---21-22---23------24---°.
	<J[ls]	ich muss die Zehnerreihn suchen (...) (flüstert) eins zwei drei vier fünf sechs sieben acht neun-
	28	Jana führt die re Hand weiter nach re außen, hält das Legeplättchen zwischen Mittel-, Ring-
	29	sowie kleinem Finger und der Handinnenfläche, so dass es aus Sicht der Kamera 1 nicht mehr
	30	zu sehen ist, formt eine G-Handform, legt den re Zeigefinger auf dem Plättchen, das auf
	31	Position A4 liegt, ab (12) und fährt mit dem Finger ca. 2cm nach re über das Plättchen (13),
	32	bewegt anschließend die re Hand mit dem Legeplättchen in Richtung der Position E4,
	33	verändert die G-Handform und umfasst nun das Legeplättchen von oben mit einer Greifhand
	34	und legt es auf Position E4 ab, richtet es mit den Fingerspitzen aus (14), führt die re Hand in
	35	Richtung ihres Oberkörpers zurück und legt sie mit auf der Tischplatte abgelegtem Unterarm
	36	re neben dem Rahmen auf der Tischplatte ab, die Handinnenfläche zum Arbeitsbereich
	37	weisend, ungefähr auf Höhe von Position A1, zeitgleich umfasst sie mit der li Handform eine
	38	hinzuschauen das Legeplättchen, das auf Position A1 liegt und hebt es mit Zeige- und
	39	Mittelfinger an den gegenüberliegenden Seiten an (15), führt es in einer bogenförmigen
	40	Bewegung über Ayses re Arm hinweg zu Position F4 und legt es dort ab (16). Unmittelbar
	41	anschließend führt Jana die re Hand in G-Handform zu Position A4 und tippt darauf (17), tippt
	42	mit dem re Zeigefinger auf Position B4, zieht zeitgleich die li Hand in Richtung ihres
	43	Oberkörpers in einer bogenförmigen Bewegung bis auf Gesichtshöhe zurück (18), tippt mit
	44	dem re Zeigefinger auf Position C4, legt zeitgleich die li Hand mit dem Unterarm angewinkelt
	45	in Staffelhandform vor sich auf der Tischplatte entlang der Tischkante ab, die Handfläche zur
	46	Tischplatte gewandt (19), tippt mit dem re Zeigefinger auf Position D4 (20), tippt auf Position
	47	E4 (21), tippt mit dem re Zeigefinger auf Position F4 (22), tippt mit dem re Zeigefinger auf
	48	Position G4 (23), tippt mit dem re Zeigefinger auf Position H4 (24), tippt mit dem re
	49	Zeigefinger auf Position I4, diese Position wird fixiert (°.)
9a (a-b) 06:10	<B[gs]	
	<B[ls]	Vielleicht könnt ihr mal **zusamm** überlegen wie viele da
	1	B bleibt in ihrer Körperposition unverändert, blickt zu den Schülerinnen.
9b (a-b) 06:11	B[gs]	
	B[ls]	drin sin\ wie man das rausfinden kann\
	2	B blickt zu Rahmen 3.
10 06:13	>A[gs]	°------------1---------------2---------------3---4---------------5------------------------°
	>A[ls]	Isch hab hier rausgefundn dass **hier** in der **Mitte** wo **gar nix** war **fünfzehn** sind\
	1	Ayse startet aus der Endposition wie oben beschrieben (°), blickt nach re, die li Hand verbleibt
	2	am Kopf. Sie führt die re Hand über das mittlere Drittel des Rahmens (1), öffnet die re Hand
	3	und setzt diese mit gebeugtem Handgelenk und gespreizten Fingern mit den Fingerspitzen
	4	ungefähr mittig im mittleren Drittel auf, unterhalb der Reihe der Legeplättchen auf den
	5	Positionen D4, E4 und F4, die li Hand verbleibt am Kopf, wandert seitlich an die Schläfe, der
	6	Kopf ist weiterhin darauf aufgestützt, Blick ist Richtung Rahmen 3 gerichtet, diese Position
	7	wird fixiert (2.). Ayse verschiebt den Zeige- und Mittelfinger der re Hand um ca. 1 cm nach li
	8	(3) verschiebt die Finger um ca. 1cm nach re in die vorherige Position (4). Sie schaut B an,
	9	bewegt ihren Kopf nach oben, die linke Hand löst sich mit angewinkelten Fingern etwa 5cm
	10	von der Schläfe, und zwar so, dass der Handballen weiter am Kopf anliegt, die re Hand
	11	verbleibt auf dem mittleren Drittel des Rahmens aufgestützt (5). Ayse senkt ihren Blick und
	12	ihren Kopf, schaut in Richtung Rahmen 3, die li Hand wird am Kopf ca. 3cm weiter nach oben
	13	verschoben, die re Hand wird nach oben neben das Gesicht geführt, die re Hand ist geöffnet,
	14	Handinnenfläche zur Kamera 1 weisend, der Ellenbogen ist aufgestützt (°)

Abb. 10.13 Transkript (Teil 4)

11a (a-b)	>][gs]		°---------------I---------2---------3---------4---------5---6-7--
	>][ls]		
06:14		1	Jana startet (°) und zieht ihren re Zeigefinger von Position I4 aus nach re über die
		2	Legeplättchen, die auf den Positionen H4, G4, F4, E4 und D4 liegen, öffnet während dieser
		3	Bewegung die Hand zu einer Staffelhandform und verschiebt mit der Bewegung die
		4	Legeplättchen teilweise übereinander, so dass auf den Positionen I4 und G4 kein Legeplättchen
		5	mehr liegt, während auf den Positionen F4 und D4 jeweils zwei Legeplättchen übereinander
		6	liegen (I). Nun hebt Jana die re Hand in gleicher Handform ca. 2cm an, führt sie weiter nach re
		7	in Richtung Position A4 (2), hebt das Legeplättchen auf A4 mit der re Hand an, indem sie es
		8	zwischen Daumen und die anderen Finger nimmt, dabei verschiebt sie das Legeplättchen auf
		9	B4, so dass es auf dem Rand des Rahmens liegt. Jana führt gleichzeitig die li Hand in einer
		10	bogenförmigen Bewegung in Staffelhandform auf die Plättchen auf C3, C4 und D4: Der
		11	Daumen berührt C3, der Zeigefinger C4, der Mittelfinger D4 (3). Jana umfasst von oben das
		12	Legeplättchen, dass auf dem Legeplättchen auf Position D4 liegt mit der li Hand und zwar so,
		13	dass Daumen und Mittelfinger an zwei gegenüberliegenden Kanten das Legeplättchen umfassen,
		14	re hält sie immer noch das Legeplättchen von Position A4 (4), sie legt unmittelbar
		15	nacheinander das Legeplättchen in der re Hand auf das Legeplättchen auf Position B4 (5) und
		16	das Legeplättchen in der li Hand auf das Legeplättchen auf Position C4; auf B4 und C4 liegen
		17	jetzt je zwei Legeplättchen übereinander, von oben durch Janas Hände überdeckt (6). Jana
		18	nimmt mit der re Hand von oben mit dem Daumen und Mittelfinger an gegenüberliegenden
		19	Kanten anliegend die beiden Legeplättchen von Position B4 und hebt gleichzeitig mit der li
		20	Hand in ähnlicher Weise die beiden Legeplättchen von Position C4 auf (7).
12	>B[gs]		---
	>B[ls]		(leise) aha/
06:18		1	B bleibt in ihrer Körperposition unverändert, hebt und senkt den Kopf wenige Millimeter,
		2	blickt in Richtung Ayse bzw. des Arbeitsbereiches
13	<A[gs]		°----------I---------2---------3---------4---------5---------6---------7-----8-----9----10----°
	<A[ls]		Un dann wollt isch noch **die reschte** zähl wie viels (aber) Jana hat (ihres) kaputt gemacht\
06:20		1	Ayse startet unmittelbar erneut (°), die li Hand verbleibt am Kopf. Sie senkt ihre re Hand, die
		2	sich auf Gesichtshöhe befindet nach vorne mit ausgestrecktem Mittelfinger ab, das Handgelenk
		3	ist eingeknickt, der Ellenbogen aufgestützt, der Mittelfinger tippt zweimal auf das Legeplättchen,
		4	das auf Position H2 liegt, die Hand wird angehoben und die Handform in eine Spreizhand
		5	verändert, das Handgelenk ist weiter eingeknickt, die Hand wird mit allen Fingerkuppen mittig
		6	auf das li Drittel des Rahmens 3 aufgesetzt (3), anschließend ruckartig wieder angehoben und
		7	in einer bogenförmigen Bewegung und gleicher Handform nach re geführt, über die Hände von
		8	Jana. Die re Hand wird über dem li Drittel und Janas Händen abgesenkt, Ellenbogen
		9	aufgestützt (4) und in einer ruckartigen Bewegung wieder nach oben geführt, die Hand wird
		10	um die Achse entlang des Unterarms nach re um ca. 180° gedreht, die Handfläche weist nach
		11	oben, die Hand kommt mit dem Handrücken auf Janas li Handrücken zum Liegen, Blick ist nach
		12	re oben gerichtet (5). Die re Hand wird angehoben, Ellenbogen weiter aufgestützt, gleichzeitig
		13	löst sich die li Hand vom Gesicht und wird im Handgelenk so eingeknickt, dass die li
		14	Handfläche nach oben weist. Ayse verbleibt weiterhin li auf dem Ellenbogen auf der Tischplatte
		15	aufgestützt, die li Hand ist in Staffelhandform. Die re Hand wird ca. 5cm abgesenkt, der Blick
		16	wird zu Jana gerichtet (6), die re Hand wird noch weitere 2mal angehoben und wieder ca. 5cm
		17	in Staffelhandform abgesenkt, die li Hand gleichzeitig in gleicher Handform und Position etwas
		18	weiter weg vom Kopf in Richtung B geführt, so dass die Hände nahezu symmetrisch
		19	zueinander gehalten werden, Ellenbogen jeweils aufgestützt, Handfläche nach oben (7,8). Ayse
		20	bewegt beide Hände gleichzeitig in eine aufrechte Position, die Handinnenflächen re und li zu
		21	ihrem Gesicht bzw. ihren Wangen gewandt, beide Hände in Staffelhandform (9), anschließend
		22	lässt sie die Hände zeitgleich in Richtung Tischplatte absinken, die re Hand kommt in
		23	Staffelhandform neben der Reihe G1, G2, G3 und G4 auf dem mittleren Drittel des Rahmens 3
		24	zum Liegen (10), danach wird die li Hand auf der Tischplatte aufgelegt und zwar so, dass sie in
		25	einer Flachhand mit der Handinnenfläche zur Tischplatte weisend von der Ecke an der Position
		26	I1 aus auf dem Rahmen aufgelegt wird und dabei ungefähr die Positionen I1, I2, I3 und H1, H2
		27	und H3 bedeckt. Ayse umfasst re das Legeplättchen auf Position G3, blickt zu B (°)
11b (a-b)	<][gs]		------8------9----------10--------------11----------12-----------13-°.
	<][ls]		(lacht)
06:20		21	Jana verschiebt die Hände in einer parallelen Bewegung in Richtung ihres Oberkörpers, hebt
		22	das jeweilige Legeplättchen re von Position B3 und li von Position C3 auf, so dass sie in beiden
		23	Händen je 3 Legplättchen hat (8). In ähnlicher Weise verfährt Jana auch mit den Legeplättchen
		24	auf Position B2 und C2 und B1 und C1 (9,10). Sie hebt die so aufgehobenen Legeplättchen an,
		25	ordnet sie mit ihren Fingern zu je einem Stapel, erzeugt eine Drehbewegung um 90° mit
		26	beiden Händen um eine Achse entlang der jeweiligen Unterarms nach außen, so dass die
		27	Handinnenflächen mit den Legeplättchen zueinander gewandt sind, (11). Jana blickt zu Ayse,
		28	blickt zu B, ihre Fingerspitzen der re und li Hand berühren sich annähernd, die Handkanten
		29	sind jeweils auf der Tischplatte aufgestützt. Jana stößt die Legeplättchen in dieser Weise
		30	gleichzeitig mit li und re 3mal hörbar auf dem Tisch auf, fixiert diese Position (12,13, °.)

Abb. 10.14 Transkript (Teil 5)

Literatur

Arzarello F (2006) Semiosis as a multimodal process. In: Comité Latinoamericano de Matemática Educativa (Hrsg) Revista Latinoamericana de Investigacion en Matemática Educativa (número especial). Distrito federal, México, S 267–299

Billion L, Vogel R (2018) Multimedial gestaltete Lernumgebungen – Ein Beispiel aus dem Mathematikunterricht der Primarstufe. In: Fachgruppe Didaktik der Mathematik der Universität Paderborn (Hrsg) Beiträge zum Mathematikunterricht 2018. WTM, Münster, S 289–292

Billion L, Vogel R (2019) Rekonstruktion mathematischer Konzepte als Ausgangspunkt für die Identifikation von Potentialen unterschiedlich medial gestalteter Materialin. In Beiträge zum Mathematikunterricht. WTM, Münster (in Vorbereitung)

Brandt B, Vogel R (2017) Frühe mathematische Denkentwicklung. In: Hartmann U, Hasselhorn M, Gold A (Hrsg) Entwicklungsverläufe verstehen – kinder mit Bildungsrisiken wirksam fördern. Forschungsergebnisse des Frankfurter IDeA-Zentrums. Kohlhammer, Stuttgart, S 207–226

Cummins J (2000) Language, power and pedagogy: bilingual children in the crossfire. Multilingual Matters, Clevedon

De Freitas E, Sinclair N (2012) Diagram, gesture, agency: theorizing embodiment in the mathematics classroom. Educ Stud Math 80:133–152

Dinkelaker J, Herrle M (2009) Erziehungswissenschaftliche Vidoegraphie. Eine Einführung. VS Verlag, Wiesbaden

Dörfler W (2002) Instances of diagrammatic reasoning. https://pdfs.semanticscholar.org/c340/2b05 8b39bdba8eecb09e96a9035077dad543.pdf. Zugegriffen: 22. März 2019

Dörfler W (2006a) Inscriptions as objects of mathematical activities. In: Maasz J, Schloeglmann W (Hrsg) New mathematics education research and practice. Sense Publishers, Rotterdam, S 97–112

Dörfler W (2006b) Diagramme und Mathematikunterricht. J Math Didakt 3(4):200–219

Dörfler W (2014) Abstrakte Mathematik und Computer. In: Wassong T, Frischemeier D, Fischer PR, Hochmuth R, Peter P (Hrsg) Mit Werkzeugen Mathematik und Stochastik lernen. Springer, Wiesbaden, S 1–14

Farsani D (2014) Making multi-modal mathematical meaning in multilingual classrooms. Dissertation, University of Birmingham Research Archive, Birmingham

Fricke E (2012) Grammatik multimodal. Wie Wörter und Gesten zusammenwirken. De Gruyter, Berlin

Goldin-Meadow S (2003) Hearing gesture. How our hands help us think. Belknap Press of Harvard University Press, Cambridge

Huth M (2013) Mathematische Gestik und Lautsprache von Lernenden. In: Käpnick F, Greefrath G, Stein M (Hrsg) Beiträge zum Mathematikunterricht 2013. Berichtband der 47. Tagung der Gesellschaft für Didaktik der Mathematik in Münster 2013. WTM, Münster, S 492–495

Huth M (2014) The interplay between gesture and speech. Second graders solve mathematical problems. In: Kortenkamp U, Brandt B et al (Hrsg) Early mathematics learning. Selected papers of the POEM 2012 conference. Springer, New York, S 147–172

Huth M (2017) Inskriptionaler Charakter von Gesten. Zur Schnittstelle von Gestik und Inskription in mathematischen Interaktionen. In: Kortenkamp U, Kuzle A (Hrsg) Beiträge zum Mathematikunterricht 2017. WTM, Münster, S 477–480

Huth M (2018) Die Bedeutung von Gestik bei der Konstruktion von Fachlichkeit in mathematischen Gesprächen junger Lernender. In: Martens M, Rabenstein K et al (Hrsg) Konstruktion von Fachlichkeit. Ansätze, Erträge und Diskussionen in der empirischen Unterrichtsforschung. Klinkhardt, Bad Heilbrunn, S 219–231

Huth M, Schreiber C (2017) Semiotische Analyse. In: Beck M, Vogel R (Hrsg) Geometrische Aktivitäten und Gespräche von Kindern im Blick qualitativen Forschens. Mehrperspektivische Ergebnisse aus den Projekten erStMaL und MaKreKi. Waxmann, Münster, S 75–103

Johansson M, Lange T et al (2014) Young children's multimodal mathematical explanations. ZDM 46(6):895–909

Karmiloff-Smith A (1996) Beyond modularity: a developmental perspective on cognitive science. MIT Press, Cambridge

Kendon A (2004) Gesture. Visible action as utterance. University Press, Cambridge

Krause C (2016) The mathematics in our hands. How gestures contribute to constructing mathematical knowledge. Springer, Wiesbaden

Krauter S, Bescherer C (2013) Erlebnis Elementargeometrie, 2. Aufl. Springer Spektrum, Heidelberg

Krummheuer G (1992) Lernen mit „Format". Elemente einer interaktionistischen Lerntheorie. Diskutiert an Beispielen mathematischen Unterrichts, Deutscher Studien Verlag, Weinheim

Krummheuer G, Brandt B (2001) Paraphrase und Traduktion. Partizipationstheoretische Elemente einer Interaktionstheorie des Mathematiklernens in der Grundschule. Deutscher Studien Verlag, Weinheim

Krummheuer G, Naujok N (1999) Grundlagen und Beispiele Interpretativer Unterrichtsforschung. Leske und Budrich, Opladen

Lorenz JH (1992) Anschauung und Veranschaulichungsmittel im Mathematikunterricht. Mentales visuelles Operieren und Rechenleistung. Hogrefe, Göttingen

Lorenz JH (2011) Anschauungsmittel und Zahlenrepräsentationen. In: Steinweg AS (Hrsg) Medien und Materialien. Tagungsband des AK Grundschule in der GDM. University of Bamberg Press, Bamberg

Mayring P (2015) Qualitative Inhaltsanalyse. Grundlagen und Techniken, 12. Überarbeitete Aufl. Beltz, Weinheim

McNeill D (1992) Hand and mind. What gestures reveal about thought. University of Chicago Press, Chicago

McNeill D (2005) Gesture & thought. University of Chicago Press, Chicago

Meyer M, Prediger S (2012) Sprachenvielfalt im Mathematikunterricht – Herausforderungen, Chancen und Förderansätze. Praxis der Mathematik in der Schule 54(45):2–9

Morgan C, Craig T et al (2014) Language and communication in mathematics education: an overview of research in the field. ZDM – Int J Math Educ 46(6):843–853

Ott B (2016) Textaufgaben grafisch darstellen. Entwicklung eines Analyseinstruments und Evaluation einer Interventionsmaßnahme. Waxmann, Münster

Peirce C S (1893–1913) The essential Peirce. Selected philosophical writings. Edited by the Peirce edition project, Bd 2. University Press, Indiana

Peirce C S (1931–1935) Collected papers of Charles Sanders Peirce, Bd I–VI (Hartshorne C, Weiss P Hrsg). Harvard University Press, Cambridge

Prediger S (2007) Konzeptwechsel in der Bruchrechnung – Analyse individueller Denkweisen aus konstruktivistischer Sicht. Beiträge zum Mathematikunterricht 2007. Franzbecker, Hildesheim, S 203–206

Prediger S (2008) The relevance of didactic categories for analysing obstacles in conceptual change: revisting the case of multiplication of fractions. Learn Instr 18:3–17. https://doi.org/10.1016/j.learninstruc.2006.08.001

Prediger S (2013) Darstellungen, Register und mentale Konstruktion von Bedeutungen und Beziehungen – Mathematikspezifische sprachliche Herausforderungen identifizieren und überwinden. In: Becker-Mrotzek M, Schramm K et al (Hrsg) Sprache im Fach. Sprachlichkeit und fachliches Lernen. Waxmann, Münster, S 167–183

Radford L (2008) Why do gestures matter. Sensuous cognition and the palpability of mathematical meanings. Educ Stud Math 70(3):111–126

Schreiber CK (2010) Semiotische Prozess-Karten. Chatbasierte Inskriptionen in mathematischen Problemlöseprozessen. Waxmann, Münster

Schreiber CK, Wille AM (in diesem Band) Semiotische Perspektiven auf das Erklären von Mathematik in Laut- und Gebärdensprache. In: Kadunz G (Hrsg) Semiotische Perspektiven auf das Lernen von Mathematik II. Springer

Seel NM (1997) Pädagogische Diagnose mentaler Modelle. In: Gruber H, Renkl A (Hrsg) Wege zum Können. Determinanten des Kompetenzerwerbs. Huber, Bern, S 116–137

van Oers B (2004) Mathematisches Denken bei Vorschulkindern. In: Fthenakis WE, Oberhuemer P (Hrsg) Frühpädagogik international. Bildungsqualität im Blickpunkt. VS Verlag, Wiesbaden, S 313–329

Vogel R (2001) Lernstrategien in Mathematik. Eine empirische Untersuchung mit Lehramtsstudierenden. Franzbecker, Hildesheim

Vogel R (2014) Mathematical situations of play and exploration as an empirical research instrument. In: Kortenkamp U, Brandt B et al (Hrsg) Early mathematics learning. Selected papers of the POEM 2012 conference. Springer, New York, S 223–236

Vogel R (2017a) „wenn man da von oben guckt sieht das aus als ob …" die „Dimensionslücke" zwischen zweidimensionaler Darstellung dreidimensionaler Objekte im multimodalen Austausch. In: Beck M, Vogel R (Hrsg) Geometrische Aktivitäten und Gespräche von Kindern im Blick qualitativen Forschens. Mehrperspektivische Ergebnisse aus den Projekten erStMaL und MaKreKi. Waxmann, Münster, S 16–76

Vogel R (2017b) Diagrammatischer Charakter von Handlungen an Objekten in mathematischen Spiel- und Erkundungssituationen. In: Kortenkamp U, Kuzle A (Hrsg) Beiträge zum Mathematikunterricht 2017. WTM, Münster, S 993–996

Vogel R, Huth M (2010) Mathematical cognitive processes between the poles of mathematical technical terminology and the verbal expressions of pupils. In: Durand-Guerrier V, Soury-Lavergne S, Arzarello F (Hrsg) Proceedings of the sixth congress of the European society for research in mathematics education in Lyon 2009, S 1013–1022. http://ife.ens-lyon.fr/publications/edition-electronique/cerme6/wg6-21-vogel-huth.pdf. Zugegriffen: 5. Jan 2019

Wille A (in diesem Band) Mathematische Gebärden der Österreichischen Gebärdensprache aus semiotischer Sicht. In: Kadunz G (Hrsg) Semiotische Perspektiven auf das Lernen von Mathematik II. Springer

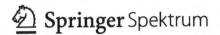

Printed in the United States
By Bookmasters